2013 年版

全国造价工程师执业资格考试培训教材

建设工程造价案例分析

2014 年修订

全国造价工程师执业资格考试培训教材编审委员会　编

中国城市出版社

·北 京·

图书在版编目（CIP）数据

建设工程造价案例分析／全国造价工程师执业资格
考试培训教材编审委员会编．--7 版．--北京：中国
城市出版社，2014.5（2016.5重印）
全国造价工程师执业资格考试培训教材
ISBN 978 - 7 -5074 -2807 -0

Ⅰ.①建… Ⅱ.①全… Ⅲ.①建筑造价管理—工程师
—资格考试—教材 Ⅳ.①TU723.3

中国版本图书馆 CIP 数据核字（2014）第 105238 号

责 任 编 辑 张礼庆
封 面 设 计 十八彩设计公司
责任技术编辑 张建军
出 版 发 行 中国城市出版社
地 址 北京市海淀区三里河路 9 号 （邮编：100835）
网 址 www. citypress. cn
发行部电话 （010）63454857 63289949
发行部传真 （010）63421417
总编室电话 （010）58933140
总编室信箱 citypress@ sina. com
经 销 新华书店
印 刷 廊坊市海涛印刷有限公司
字 数 319 千字 印张 17
开 本 787 × 1092（毫米） 1/16
版 次 2014 年 6 月第 7 版
印 次 2016 年 5 月第 13 次印刷
定 价 40.00 元

2014 年修订出版说明

　　本教材 2013 年版编审工作是在 2012 年启动，2013 年 4 月定稿成书。2013 年版《全国造价工程师执业资格考试培训教材》出版后，住房城乡建设部和财政部发布了《建筑安装工程费用项目组成》（建标［2013］44 号）、住房城乡建设部发布了《建设工程工程量清单计价规范》（GB 50500—2013）、《建筑工程施工发包与承包计价管理办法》（建设部令第 16 号）及其他与造价工程师执业资格考试相关的最新标准规范和文件。为此，中国建设工程造价管理协会特组织全国造价工程师执业资格考试培训教材编审委员会根据最新标准规范和相关文件对本教材 2013 年版进行修订，现出版 2014 年修订版供广大应考人员和考务工作者使用，特此说明。

2014 年 5 月

全国造价工程师执业资格考试培训教材编审委员会

审定委员会

顾　　问：陈　重　杨思忠
组　　长：刘　灿
副 组 长：徐惠琴　胡传海　杨丽坤
成　　员：（以姓氏笔画为序）

王美林　王海宏　刘　智　李清立　李成栋　杨志生
吴佐民　张仕廉　张有恒　张丽萍　陈建国　周守渠
赵毅明　赵曙平　倪　健　陶学明　谢洪学　谭　华

编写委员会

组　　长：张允宽
副 组 长：吴佐民
成　　员：（以姓氏笔画为序）

王洪强　王艳艳　王雪青　牛永宁　竹隰生　刘伊生
齐宝库　安　慧　许远明　孙凌志　吴新华　张成中
陈起俊　周述发　周　霞　赵　军　赵志曼　赵　亮
赵振宇　赵　辉　荀志远　柯　洪　袁大祥　贾宏俊
高显义　郭靖娟　郭　琦　黄如宝　梁宝臣　舒　宇
路君平　解本政　熊家晴　潘爱先

《建设工程造价案例分析》

编审人员名单

主　　编：齐宝库（沈阳建筑大学）

副 主 编：黄如宝（同济大学）

　　　　　陈起俊（山东建筑大学）

主　　审：赵曙平（中国有色工程设计研究总院）

　　　　　周守渠（中国石油工程造价管理中心）

　　　　　张有恒（原上海市建设工程造价管理总站）

　　　　　李清立（北京交通大学）

　　　　　倪　健（南京凯胜水泥工业设计研究院）

编写人员：陈起俊（山东建筑大学，合编第一、三章）

　　　　　王艳艳（山东建筑大学，合编第一、三章）

　　　　　黄如宝（同济大学，合编第二、四章）

　　　　　竹隰生（重庆大学，合编第二、四章）

　　　　　齐宝库（沈阳建筑大学，合编第五、六章）

　　　　　赵　亮（沈阳建筑大学，合编第五、六章）

前　言

　　造价工程师执业资格考试制度实施至今，《全国造价工程师执业资格考试培训教材》经历了不断改进和完善的过程。为适应我国工程造价管理改革发展的需要，在总结近年考试培训教材使用经验的基础上，我们组织有关专家对2009年版考试培训教材进行了修订，经专家论证和确认，形成了2013年版全国造价工程师执业资格考试培训教材，供广大应考人员和考务工作者在2013年及以后一个时期使用。

　　2013年版考试培训教材在保持整体框架不变的基础上，依据2013年版《全国造价工程师执业资格考试大纲》的要求，对教材名称、内容等方面做了部分调整：一是对教材的名称做了更改并调整了相关内容，如将原教材《工程造价管理基础理论与相关法规》更名为《建设工程造价管理》，将原教材《工程造价计价与控制》更名为《建设工程计价》，将原教材《工程造价案例分析》更名为《建设工程造价案例分析》，将原教材《工程造价计价与控制》中涉及工程造价控制的内容全部纳入新教材《建设工程造价管理》。二是根据执业资格考试加强技能考核的要求，增加了对实际能力考核的知识点，删减了部分基本概念的内容。三是增补了最新出台的涉及工程造价管理的法律、法规和相关规定，补充了新的工程计价业务的内容。四是对《建设工程技术与计量》（安装工程）教材的专业进行了调整，选考部分由原来的三个专业合并为两个专业：A. 管道和设备工程；B. 电气和自动化控制工程。

　　调整后的《全国造价工程师执业资格考试培训教材》（2013年

版）仍分为四个科目：《建设工程造价管理》、《建设工程计价》、《建设工程技术与计量》（土木建筑工程、安装工程各一册）、《建设工程造价案例分析》。

本次修订得到了各册主编、副主编、参编及主审专家的大力支持与配合，在此对现在和以往参加编写和支持编写工作的专家及有关单位一并表示由衷的感谢！

《全国造价工程师执业资格考试培训教材》（2013 年版）如在使用中存在不足之处，还望读者提出宝贵的意见和建议。

此外，为了方便考生查阅最新的有关工程造价法律、法规及规章制度，本次教材修订，同时编制了 2013 年版《建设工程造价管理文件汇编》，作为考试培训辅助用书供考生参考。

全国造价工程师执业资格考试培训教材编审委员会
2013 年 4 月

目　录

第一章 建设项目投资估算与 财务评价

本章基本知识点：

1. 建设项目投资构成与估算方法；

2. 建设项目财务评价中基本报表的编制；

3. 建设项目财务评价指标体系的分类；

4. 建设项目财务评价的主要内容。

【案例一】

背景：

某集团公司拟建设 A、B 两个工业项目，A 项目为拟建年产 30 万 t 铸钢厂，根据调查统计资料提供的当地已建年产 25 万 t 铸钢厂的主厂房工艺设备投资约 2400 万元。A 项目的生产能力指数为 1。已建类似项目资料：主厂房其他各专业工程投资占工艺设备投资的比例，见表 1-1，项目其他各系统工程及工程建设其他费用占主厂房投资的比例，见表 1-2。

表1-1　　　　　　　主厂房其他各专业工程投资占工艺设备投资的比例表

加热炉	汽化冷却	余热锅炉	自动化仪表	起重设备	供电与传动	建安工程
0.12	0.01	0.04	0.02	0.09	0.18	0.40

表1-2　　　　项目其他各系统工程及工程建设其他费用占主厂房投资的比例表

动力系统	机修系统	总图运输系统	行政及生活福利设施工程	工程建设其他费用
0.30	0.12	0.20	0.30	0.20

A项目建设资金来源为自有资金和贷款，贷款本金为8000万元，分年度按投资比例发放，贷款利率为8%（按年计息）。建设期3年，第1年投入30%，第2年投入50%，第3年投入20%。预计建设期物价年平均上涨率为3%，投资估算到开工的时间按一年考虑，基本预备费率为10%。

B项目为拟建一条化工原料生产线，厂房的建筑面积为5000m²，同行业已建类似项目的建筑工程费用为3000元/m²，设备全部从国外引进，经询价，设备的货价（离岸价）为800万美元。

问题：

1. 对于A项目，已知拟建项目与类似项目的综合调整系数为1.25，试用生产能力指数法估算A项目主厂房的工艺设备投资；用系数估算法估算A项目主厂房投资和项目的工程费用与工程建设其他费用。

2. 估算A项目的建设投资。

3. 对于A项目，若单位产量占用流动资金额为33.67元/t，试用扩大指标估算法估算该项目的流动资金。确定A项目的建设总投资。

4. 对于B项目，类似项目建筑工程费用所含的人工费、材料费、机械费和综合税费占建筑工程造价的比例分别为18.26%、57.63%、9.98%、14.13%。因建设时间、地点、标准等不同，相应的综合调整系数分别为1.25、1.32、1.15、1.2。其他内容不变。计算B项目的建筑工程费用。

5. 对于B项目，海洋运输公司的现行海运费率6%，海运保险费率为3.5‰，外贸手续费率、银行手续费率、关税税率和增值税率分别按1.5%、5‰、17%、17%计取。国内供销手续费率为0.4%，运输、装卸和包装费率为0.1%，采购保管费率为1%。美元兑换人民币的汇率均按1美元=6.2元人民币计算，设备的安装费率为设备原价的10%。估算进口设备的购置费和安装工程费。

分析要点：

本案例所考核的内容涉及建设项目投资估算类问题的主要内容和基本知识点。投资估算的方法有：单位生产能力估算法、生产能力指数估算法、比例估算法、系数估算法、指标估算法等。对于A项目，本案例是在可行性研究深度不够，尚未提出工艺设备清单的情况下，先运用生产能力指数估算法估算出拟建项目主厂房的工艺设备投资，再运用系数估算法，估算拟建项目建设投资，即：用设备系数估算法估算该项目与工艺设备有关的主厂房投资额；用主体专业系数估算法估算与主厂房有关的辅助工程、附属工程以及工程建设的其他费用；再估算基本预备费、价差预备费；最后，估算建设期贷款利息、并用流动资金的扩大指标估算法，估算出项目的流动资金投资额，得到拟建项目的建设总投资。对于 B 项目的建设投资的估算，本案例先计算建筑工程造价综合差异系数，再采用指标估算法估算建筑工程费用，并分别估算进口设备购置费和安装费。

问题 1：

1. 拟建项目主厂房工艺设备投资 $C_2 = C_1 \left(\dfrac{Q_2}{Q_1} \right)^n \times f$

式中：C_2——拟建项目主厂房工艺设备投资；

　　　C_1——类似项目主厂房工艺设备投资；

　　　Q_2——拟建项目主厂房生产能力；

　　　Q_1——类似项目主厂房生产能力；

　　　n——生产能力指数，由于 $\left(\dfrac{Q_2}{Q_1} \right) < 2$，可取 $n = 1$；

　　　f——综合调整系数。

2. 拟建项目主厂房投资 = 工艺设备投资 $\times (1 + \sum K_i)$

式中：K_i——主厂房其他各专业工程投资占工艺设备投资的比例。

拟建项目工程费与工程建设其他费用 = 拟建项目主厂房投资 $\times (1 + \sum K_j)$

式中：K_j——A 项目其他各系统工程及工程建设其他费用占主厂房的比例。

问题 2：

1. 预备费 = 基本预备费 + 价差预备费

式中：基本预备费 = （工程费用 + 工程建设其他费用）×基本预备费率；

　　　价差预备费 $P = \sum I_t \left[(1 + f)^m (1 + f)^{0.5} (1 + f)^{t-1} - 1 \right]$

　　　I_t——建设期第 t 年的投资计划额（工程费用 + 工程建设其他费用 + 基本预备费）；

　　　f——建设期年均投资价格上涨率；

　　　m——建设前期年限。

2. 建设投资 = 工程费用 + 工程建设其他费用 + 基本预备费 + 价差预备费

问题 3：

流动资金用扩大指标估算法估算：

项目的流动资金 = 拟建项目年产量×单位产量占用流动资金的数额；

建设期贷款利息 = $\sum$（年初累计借款 + 本年新增借款÷2）×贷款利率；

拟建项目总投资 = 建设投资 + 建设期贷款利息 + 流动资金。

问题 4：

根据费用权重，计算拟建工程的综合调价系数，并对拟建项目的建筑工程费用进行修正。

问题 5：

进口设备的购置费 = 设备原价 + 设备运杂费，其中，进口设备的原价是指进口设备的抵岸价。

进口设备抵岸价 = 货价 + 国外运费 + 国外运输保险费 + 银行财务费 + 外贸手续费 + 进口关税 + 增值税 + 消费税 + 海关监管手续费。

这里应注意抵岸价与到岸价的内涵不同，到岸价（CIF）只是抵岸价的主要组成部分，到岸价 = 货价 + 国外运费 + 国外运输保险费。

设备的运杂费 = 设备原价 × 设备运杂费率。

对于进口设备，这里的设备运杂费是指由我国到岸港口或边境车站起至工地仓库（或施工组织设计指定的需安装设备的堆放地点）止所发生的运费和装卸费。

设备的安装费 = 设备原价 × 安装费率。

答案：

问题 1：

解：1. 用生产能力指数估算法估算 A 项目主厂房工艺设备投资：

$$A 项目主厂房工艺设备投资 = 2400 \times \left(\frac{30}{25}\right)^{1} \times 1.25 = 3600（万元）$$

2. 用系数估算法估算 A 项目主厂房投资：

$$A 项目主厂房投资 = 3600 \times (1 + 12\% + 1\% + 4\% + 2\% + 9\% + 18\% + 40\%)$$

$$= 3600 \times (1 + 0.86) = 6696（万元）$$

其中，建安工程投资 $= 3600 \times 0.4 = 1440（万元）$

设备购置投资 $= 3600 \times 1.46 = 5256（万元）$

3. A 项目工程费用与工程建设其他费用 $= 6696 \times (1 + 30\% + 12\% + 20\% + 30\% + 20\%)$

$$= 6696 \times (1 + 1.12)$$

$$= 14195.52（万元）$$

问题 2：

解：计算 A 项目的建设投资

1. 基本预备费计算：

基本预备费 $= 14195.52 \times 10\% = 1419.55（万元）$

由此得：静态投资 $= 14195.52 + 1419.55 = 15615.07（万元）$

建设期各年的静态投资额如下：

第 1 年　$15615.07 \times 30\% = 4684.52（万元）$

第 2 年　$15615.07 \times 50\% = 7807.54（万元）$

第 3 年　$15615.07 \times 20\% = 3123.01（万元）$

2. 价差预备费计算：

价差预备费 $= 4684.52 \times [(1 + 3\%)^{1}(1 + 3\%)^{0.5}(1 + 3\%)^{1-1} - 1] + 7807.54 \times$

$$\left[(1+3\%)^1 (1+3\%)^{0.5} (1+3\%)^{2-1} - 1 \right] + 3123.01 \times \left[(1+3\%)^1 \right.$$
$$\left. (1+3\%)^{0.5} (1+3\%)^{3-1} - 1 \right]$$
$$= 212.38 + 598.81 + 340.40 = 1151.59(万元)$$

由此得：预备费 = 1419.55 + 1151.59 = 2571.14(万元)

A 项目的建设投资 = 14195.52 + 2571.14 = 16766.66(万元)

问题3：

解：估算 A 项目的总投资

1. 流动资金 = 30 × 33.67 = 1010.10(万元)

2. 建设期贷款利息计算：

第1年贷款利息 = (0 + 8000 × 30% ÷ 2) × 8% = 96(万元)

第2年贷款利息 = [(8000 × 30% + 96) + (8000 × 50% ÷ 2)] × 8%
= (2400 + 96 + 4000 ÷ 2) × 8% = 359.68(万元)

第3年贷款利息 = [(2400 + 96 + 4000 + 359.68) + (8000 × 20% ÷ 2)] × 8%
= (6855.68 + 1600 ÷ 2) × 8% = 612.45(万元)

建设期贷款利息 = 96 + 359.68 + 612.45 = 1068.13(万元)

3. 拟建项目总投资 = 建设投资 + 建设期贷款利息 + 流动资金
= 16766.66 + 1068.13 + 1010.10 = 18844.89(万元)

问题4：

解：对于 B 项目，建筑工程造价综合差异系数

18.26% × 1.25 + 57.63% × 1.32 + 9.98% × 1.15 + 14.13% × 1.2 = 1.27

B 项目的建筑工程费用为：

3000 × 5000 × 1.27 = 1905.00(万元)

问题5：

解：B 项目进口设备的购置费 = 设备原价 + 设备国内运杂费，进口设备原价计算见表1-3。

表1-3 　　　　　　　　进口设备原价计算表　　　　　　　　单位：万元

费用名称	计算公式	费用
货价	货价 = 800 × 6.20 = 4960.00	4960.00
国外运输费	国外运输费 = 4960 × 6% = 297.60	297.60
国外运输保险费	国外运输保险费 = (4960.00 + 297.60) × 3.5‰/(1 − 3.5‰) = 18.47	18.47

续表

费用名称	计算公式	费 用
关　税	关税 = (4960.00 + 297.60 + 18.47) × 17% = 5276.07 × 17% = 896.93	896.93
增值税	增值税 = (4960.00 + 297.60 + 18.47 + 896.93) × 17% = 6173.00 × 17% = 1049.41	1049.41
银行财务费	银行财务费 = 4960.00 × 5‰ = 24.80	24.80
外贸手续费	外贸手续费 = (4960.00 + 297.60 + 18.47) × 1.5% = 79.14	79.14
进口设备原价	合计	7326.35

由表得知，进口设备的原价为：7326.35 万元。

国内供销、运输、装卸和包装费 = 进口设备原价 × 费率

$$= 7326.35 × (0.4\% + 0.1\%) = 36.63（万元）$$

设备采保费 = （进口设备原价 + 国内供销、运输、装卸和包装费）× 采保费率

$$= (7326.35 + 36.63) × 1\% = 73.63（万元）$$

进口设备国内运杂费 = 国内供销、运输、装卸和包装费 + 引进设备采保费

$$= 36.63 + 73.63 = 110.26（万元）$$

进口设备购置费 = 7326.35 + 110.26 = 7436.61（万元）

设备的安装费 = 设备原价 × 安装费率

$$= 7326.35 × 10\% = 732.64（万元）$$

【案例二】

背景：

某建设项目的工程费用与工程建设其他费用的估算额为 52180 万元，预备费为 5000 万元，建设期 3 年。各年的投资比例是：第 1 年 20%，第 2 年 55%，第 3 年 25%，第 4 年投产。

该项目固定资产投资来源为自有资金和贷款。贷款本金为 40000 万元（其中外汇贷款为 2300 万美元），贷款按年度投资比例发放。贷款的人民币部分从中国建设银行获得，年利率为 6%（按季计息）；贷款的外汇部分从中国银行获得，年利率为 8%（按年计息）。外汇牌价为 1 美元兑换 6.6 元人民币。

该项目设计定员为 1100 人，工资和福利费按照每人每年 7.20 万元估算；每年其他费用为 860 万元（其中：其他制造费用为 660 万元）；年外购原材料、燃料、动力费估算为 19200 万元；年经营成本为 21000 万元，年销售收入 33000 万元，年修理费占年经营成本

10%；年预付账款为800万元；年预收账款为1200万元。各类流动资产与流动负债最低周转天数分别为：应收账款30天，现金40天，应付账款为30天，存货为40天，预付账款为30天，预收账款为30天。

问题：

1. 估算建设期贷款利息。

2. 用分项详细估算法估算拟建项目的流动资金，编制流动资金估算表。

3. 估算拟建项目的总投资。

分析要点：

本案例所考核的内容涉及建设期贷款利息计算中名义利率和实际利率的概念以及流动资金的分项详细估算法。

问题1：由于本案例人民币贷款按季计息，计息期与利率和支付期的时间单位不一致，故所给年利率为名义利率。计算建设期贷款利息前，应先将名义利率换算为实际利率。名义利率换算为实际利率的公式如下：

实际利率 = （1 + 名义利率/年计息次数）^{年计息次数} – 1

问题2：流动资金的估算采用分项详细估算法估算。

问题3：要求根据建设项目总投资的构成内容，计算建设项目总投资。建设项目经济评价中的总投资包括建设投资、建设期利息和全部流动资金之和。它区别于目前国家考核建设规模的总投资，即建设投资和30%的流动资金。

答案：

问题1：

解：计算建设期贷款利息

1. 人民币贷款实际利率计算：

人民币实际利率 = （1 + 6% ÷ 4）^{4} – 1 = 6.14%

2. 每年投资的贷款部分本金数额计算：

人民币部分：贷款本金总额为：40000 – 2300 × 6.6 = 24820（万元）

第1年为：24820 × 20% = 4964（万元）

第2年为：24820 × 55% = 13651（万元）

第3年为：24820 × 25% = 6205（万元）

美元部分：贷款本金总额为：2300万美元

第1年为：2300 × 20% = 460（万美元）

第2年为：2300 × 55% = 1265（万美元）

第3年为：2300 × 25% = 575（万美元）

3. 计算每年应计利息:

(1) 人民币建设期贷款利息计算:

第 1 年贷款利息 = $(0 + 4964 \div 2) \times 6.14\% = 152.39$(万元)

第 2 年贷款利息 = $[(4964 + 152.39) + 13651 \div 2] \times 6.14\% = 733.23$(万元)

第 3 年贷款利息 = $[(4964 + 152.39 + 13651 + 733.23) + 6205 \div 2] \times 6.14\%$
$= 1387.83$(万元)

人民币贷款利息合计 = $152.39 + 733.23 + 1387.83 = 2273.45$ (万元)

(2) 外币贷款利息计算:

第 1 年外币贷款利息 = $(0 + 460 \div 2) \times 8\% = 18.40$ (万美元)

第 2 年外币贷款利息 = $[(460 + 18.40) + 1265 \div 2] \times 8\% = 88.87$ (万美元)

第 3 年外币贷款利息 = $[(460 + 18.48 + 1265 + 88.87) + 575 \div 2] \times 8\%$
$= 169.58$(万美元)

外币贷款利息合计 = $18.40 + 88.87 + 169.58 = 276.85$ (万美元)

问题 2:

解:1. 用分项详细估算法估算流动资金

流动资金 = 流动资产 - 流动负债

式中:流动资产 = 应收账款 + 现金 + 存货 + 预付账款

流动负债 = 应付账款 + 预收账款

(1) 应收账款 = 年经营成本 ÷ 年周转次数 = $21000 \div (360 \div 30) = 1750$ (万元)

(2) 现金 = (年工资福利费 + 年其他费) ÷ 年周转次数
$= (1100 \times 7.2 + 860) \div (360 \div 40) = 975.56$ (万元)

(3) 存货:

外购原材料、燃料 = 年外购原材料、燃料动力费 ÷ 年周转次数
$= 19200 \div (360 \div 40) = 2133.33$(万元)

在产品 = (年工资福利费 + 年其他制造费 + 年外购原料燃料费 + 年修理费) ÷ 年周转次数
$= (1100 \times 7.20 + 660 + 19200 + 21000 \times 10\%) \div (360 \div 40) = 3320.00$ (万元)

产成品 = 年经营成本 ÷ 年周转次数 = $21000 \div (360 \div 40) = 2333.33$(万元)

存货 $= 2133.33 + 3320 + 2333.33 = 7786.66$(万元)

(4) 预付账款 = 年预付账款 ÷ 年周转次数 = $800 \div (360 \div 30) = 66.67$(万元)

(5) 应付账款 = 年外购原材料、燃料、动力费 ÷ 年周转次数 = $19200 \div (360 \div 30)$
$= 1600.00$(万元)

（6）预收账款＝年预收账款÷年周转次数＝1200÷（360÷30）＝100.00（万元）

由此求得：流动资产＝应收账款＋现金＋存货＋预付账款

$$＝1750＋975.56＋7786.66＋66.67＝10578.89（万元）$$

$$流动负债＝应付账款＋预收账款＝1600＋100.00＝1700.00（万元）$$

$$流动资金＝流动资产－流动负债＝10578.89－1700＝8878.89（万元）$$

2. 编制流动资金估算表，见表1-4。

表1-4　　　　　　　　　　　　流动资金估算表

序 号	项 目	最低周转天数（天）	周转次数	金额（万元）
1	流动资产			10578.89
1.1	应收账款	30	12	1750.00
1.2	存 货			7786.66
1.2.1	外购原材料、燃料、动力费	40	9	2133.33
1.2.2	在产品	40	9	3320.00
1.2.3	产成品	40	9	2333.33
1.3	现 金	40	9	975.56
1.4	预付账款	30	12	66.67
2	流动负债			1700.00
2.1	应付账款	30	12	1600.00
2.2	预收账款	30	12	100.00
3	流动资金（1-2）			8878.89

问题3：

解：根据建设项目总投资的构成内容，计算拟建项目的总投资：

总投资＝建设投资＋贷款利息＋流动资金

$$＝［（52180＋5000）＋276.85×6.6＋2273.45］＋8878.89$$

$$＝（57180＋1827.21＋2273.45）＋8878.89＝70159.55（万元）$$

【案例三】

背景：

某企业拟建一条生产线。设计使用同规模标准化设计资料。类似工程的造价指标，见表1-5；类似工程造价指标中主要材料价格表，见表1-6。拟建工程当地现行市场价格信息及指数，见表1-7。

表1-5

类似工程造价指标表

序　号	工程和费用名称	工程结算价格（万元）					备　注
		建筑工程	设备购置	安装工程	其他费用	合　计	
一	厂区内工程	13411.00	19205.00	5225.00		37841.00	
1	原料准备	3690.00	5000.00	990.00		9680.00	
2	熟料烧成及储存	2620.00	5110.00	1720.00		9450.00	
3	粉磨、储存、包装	3096.00	5050.00	666.00		8812.00	
4	全厂辅助及公用设施	2555.00	3585.00	929.00		7069.00	
5	总图运输及综合管网	1450.00	460.00	920.00		2830.00	
二	厂区外工程	6485.00	3005.00	1231.00		10721.00	
1	石灰石矿	4560.00	2100.00	190.00		6850.00	
2	黏土矿	125.00	380.00	12.00		517.00	汽车运输
3	石灰石矿皮带长廊	430.00	460.00	152.00		1042.00	1.5km
4	水源地及输水管线	160.00	20.00	31.00		211.00	
5	厂外铁路、公路	1210.00	45.00	26.00		1281.00	
6	厂外电力及通讯线路			820.00		820.00	
	工程费合计	19896.00	22210.00	6456.00		48562.00	

表1-6

类似工程材料价格表

序　号	材料名称	单　位	单价（元）	权重（%）	备　注
1	水泥	t	249.00	19.74	综合
2	钢筋	t	2736.00	39.27	综合
3	型钢	t	3120.00	20.10	综合
4	木材	m³	988.00	3.56	综合
5	砖	千块	140.00	4.45	标准
6	砂	m³	22.00	3.54	
7	石子	m³	45.00	9.34	
	合　计			100	

表1-7　　　　　　　　　　拟建工程市场价格信息及指数表

序　号	项目名称	单　位	单价（元）	备　注
一	材料			
1	水泥	t	336.00	综合
2	钢筋	t	3250.00	综合
3	型钢	t	3780.00	综合
4	木材	m³	1288.00	综合
5	砖	千块	210.00	标准
6	砂	m³	32.00	
7	石子	m³	49.00	
二	人工费			综合上调43%
三	机械费			综合上调17.5%
四	综合税费			综合上调3.6%

问题：

1. 拟建工程与类似工程在外部建设条件方面有以下不同之处：

（1）拟建工程生产所需黏土原料按外购考虑，不自建黏土矿山；

（2）拟建工程石灰石矿采用2.5km皮带长廊输送，类似工程采用具有同样输送能力的1.5km皮带长廊。

根据上述资料及内容分别计算调整类似工程造价指标中的建筑工程费、设备购置费和安装工程费。

2. 类似工程造价指标中建筑工程费用所含的材料费、人工费、机械费、综合税费占建筑工程费用的比例分别为58.64%、14.58%、9.46%、17.32%。

根据已有资料和条件，列表计算建筑工程费用中的材料综合调整系数，计算拟建工程建筑工程费用。

3. 行业部门测定的拟建工程设备购置费与类似工程设备购置费相比下降2.91%，拟建工程安装工程费与类似工程安装工程费相比增加8.91%。根据已有资料和条件计算拟建工程设备购置费、安装工程费和工程费用。

分析要点：

本案例主要考核以下内容：

1. 按照《建设项目经济评价方法与参数》第三版关于建设项目投资构成，并根据已建成的类似工程项目的各项费用，对拟建项目工程费进行估算的另一种方法。

2. 如何根据价格指数和权重的概念，计算拟建工程的综合调价系数，并对拟建项目的工程费进行修正。

答案：

问题1：

解：类似工程造价指标中建筑工程费、设备购置费和设备安装费的调整计算

1. 类似工程建筑工程费的调整：

不建黏土矿应减建筑工程费125万元。

运矿皮带长廊加长1km，应增加建筑工程费：$430 \div 1.5 \times 1.0 = 286.67$（万元）。

∴类似工程建筑工程费应调整为：$19896.00 - 125 + 286.67 = 20057.67$（万元）。

2. 类似工程设备购置费的调整：

不建黏土矿应减设备购置费380万元。

运矿皮带长廊加长1km，应增加设备购置费：$460 \div 1.5 \times 1.0 = 306.67$（万元）。

∴类似工程设备购置费应调整为：$22210.00 - 380 + 306.67 = 22136.67$（万元）。

3. 类似工程设备安装费的调整：

不建黏土矿应减设备安装费12万元。

运矿皮带长廊加长1km，应增加设备安装费：$152 \div 1.5 \times 1.0 = 101.33$（万元）。

∴类似工程设备安装费应调整为：$6456 - 12 + 101.33 = 6545.33$（万元）。

问题2：

解：类似工程造价指标中建筑工程费用中所含材料费、人工费、机械费、综合税费占建筑工程费的比例分别为：58.64%、14.58%、9.46%、17.32%。在表1-8中计算建筑工程费中材料综合调价系数，并计算拟建工程的建筑工程费。

表1-8　　　　　　　　　材料价差调整系数计算表　　　　　　　　单位：元

序 号	材料名称	单 位	指标单价	采购单价	调价系数	权重（%）	综合调价系数（%）
1	水泥	t	249.00	336.00	1.35	19.74	26.65
2	钢筋	t	2736.00	3250.00	1.19	39.27	46.73
3	型钢	t	3120.00	3780.00	1.21	20.10	24.32
4	木材	m³	988.00	1288.00	1.3	3.56	4.63
5	砖	千块	140.00	210.00	1.5	4.45	6.68

序　号	材料名称	单　位	指标单价	采购单价	调价系数	权重（%）	综合调价系数（%）
6	砂	m³	22.00	32.00	1.45	3.54	5.13
7	石子	m³	45.00	49.00	1.09	9.34	10.18
合　计							124.32

拟建工程的建筑工程费 = 20057.67 × (1 + 58.64% × 24.32% + 14.58% × 43% + 9.46% × 17.5% + 17.32% × 3.6%) = 24632.76(万元)。

问题3：

解：根据所给条件计算拟建工程设备购置费、安装工程费和工程费。

1. 拟建工程设备购置费 = 22136.67 × (1 - 2.91%) = 21492.49(万元)；

2. 拟建工程安装工程费 = 6545.33 × (1 + 8.91%) = 7128.52(万元)；

3. 拟建工程的工程费 = 24632.76 + 21492.49 + 7128.52 = 53253.77(万元)。

【案例四】

背景：

某企业拟全部使用自有资金建设一个市场急需产品的工业项目。建设期1年，运营期6年。项目投产第一年收到当地政府扶持该产品生产的启动经费100万元，其他基本数据如下：

1. 建设投资1000万元。预计全部形成固定资产，固定资产使用年限10年，按直线法折旧，期末残值100万元，固定资产余值在项目运营期末收回。投产当年又投入资本金200万元作为运营期的流动资金。

2. 正常年份年营业收入为800万元，经营成本300万元，产品营业税及附加税率为6%，所得税率为25%，行业基准收益率为10%；基准投资回收期6年。

3. 投产第一年仅达到设计生产能力的80%，预计这一年的营业收入、经营成本和总成本均达到正常年份的80%。以后各年均达到设计生产能力。

4. 运营3年后，预计需花费20万元更新新型自动控制设备配件，才能维持以后的正常运营需要，该维持运营投资按当期费用计入年度总成本。

问题：

1. 编制拟建项目投资现金流量表；

2. 计算项目的静态投资回收期；

3. 计算项目的财务净现值；

4. 计算项目的财务内部收益率；

5. 从财务角度分析拟建项目的可行性。

分析要点：

本案例全面考核了建设项目融资前财务分析。融资前财务分析应以动态分析为主，静态分析为辅。编制项目投资现金流量表，计算项目财务净现值、投资内部收益率等动态盈利能力分析指标；计算项目静态投资回收期。

本案例主要解决以下五个概念性问题：

1. 融资前财务分析只进行盈利能力分析，并以投资现金流量分析为主要手段。

2. 项目投资现金流量表中，回收固定资产余值的计算，可能出现两种情况：

营运期等于固定资产使用年限，则固定资产余值 = 固定资产残值；

营运期小于使用年限，则固定资产余值 = （使用年限 – 营运期）× 年折旧费 + 残值。

3. 项目投资现金流量表中调整所得税，是以息税前利润为基础，按下列公式计算：

调整所得税 = 息税前利润 × 所得税率

式中，息税前利润 = 利润总额 + 利息支出

或　息税前利润 = 营业收入 – 营业税金及附加 – 总成本费用 + 利息支出 + 补贴收入

　　总成本费用 = 经营成本 + 折旧费 + 摊销费 + 利息支出

或　息税前利润 = 营业收入 – 营业税金及附加 – 经营成本 – 折旧费 – 摊销费 + 补贴收入

注意这个调整所得税的计算基础区别于"利润与利润分配表"中的所得税计算基础（应纳税所得额）。

4. 财务净现值是指把项目计算期内各年的财务净现金流量，按照基准收益率折算到建设期初的现值之和。各年的财务净现金流量均为当年各种现金流入和流出在年末的差值合计。不管当年各种现金流入和流出发生在期末、期中还是期初，当年的财务净现金流量均按期末发生考虑。

5. 财务内部收益率反映了项目所占用资金的盈利率，是考核项目盈利能力的主要动态指标。在财务评价中，将求出的项目投资或资本金的财务内部收益率 $FIRR$ 与行业基准收益率 i_c 比较。当 $FIRR \geq i_c$ 时，可认为其盈利能力已满足要求，在财务上是可行的。

注意区别利用静态投资回收期与动态投资回收期判断项目是否可行的不同。当静态投资回收期小于等于基准投资回收期时，项目可行；只要动态投资回收期不大于项目寿命期，项目就可行。

答案：

问题1：

解：编制拟建项目投资现金流量表

编制现金流量表之前需要计算以下数据，并将计算结果填入表1-9中。

1. 计算固定资产折旧费：

固定资产折旧费 = (1000 - 100) ÷ 10 = 90（万元）

2. 计算固定资产余值：固定资产使用年限10年，运营期末只用了6年还有4年未折旧，所以，运营期末固定资产余值为：

固定资产余值 = 年固定资产折旧费 × 4 + 残值 = 90 × 4 + 100 = 460（万元）

3. 计算调整所得税：

调整所得税 = （营业收入 - 营业税金及附加 - 经营成本 - 折旧费 - 维持运营投资 + 补贴收入）× 25%

第2年调整所得税 = (640 - 38.40 - 240 - 90 + 100) × 25% = 92.90（万元）

第3、第4、第6、第7年调整所得税 = (800 - 48 - 300 - 90) × 25% = 90.50（万元）

第5年调整所得税 = (800 - 48 - 300 - 90 - 20) × 25% = 85.50（万元）

表1-9　　　　　　　　　　　　　　项目投资现金流量表　　　　　　　　　　单位：万元

序号	项　目	建设期	运营期					
		1	2	3	4	5	6	7
1	现金流入	0.00	740.00	800.00	800.00	800.00	800.00	1460.00
1.1	营业收入		640.00	800.00	800.00	800.00	800.00	800.00
1.2	补贴收入		100.00					
1.3	回收固定资产余值							460.00
1.4	回收流动资金							200.00
2	现金流出	1000.00	571.30	438.50	438.50	453.50	438.50	438.50
2.1	建设投资	1000.00						
2.2	流动资金投资		200.00					
2.3	经营成本		240.00	300.00	300.00	300.00	300.00	300.00
2.4	营业税及附加		38.40	48.00	48.00	48.00	48.00	48.00

序号	项 目	建设期	运营期					
		1	2	3	4	5	6	7
2.5	维持运营投资					20.00		
2.6	调整所得税		92.90	90.50	90.50	85.50	90.50	90.50
3	净现金流量	−1000	168.70	361.50	361.50	346.50	361.50	1021.50
4	累计净现金流量	−1000	−831.30	−469.80	−108.30	238.20	599.70	1621.20
5	折现系数（10%）	0.9091	0.8264	0.7513	0.6830	0.6209	0.5645	0.5132
6	折现后净现金流量	−909.10	139.41	271.59	246.90	215.14	204.07	524.23
7	累计折现净现金流量	−909.10	−769.69	−498.10	−251.20	−36.06	168.01	692.24

问题 2：

解：计算项目的静态投资回收期

$$静态投资回收期 = (累计净现金流量出现正值年份 - 1) + \frac{|出现正值年份上年累计净现金流量|}{出现正值年份当年净现金流量}$$

$$= (5 - 1) + \frac{108.30}{346.5} = 4 + 0.31 = 4.31 （年）$$

项目静态投资回收期为：4.31 年。

问题 3：

解：项目财务净现值是把项目计算期内各年的净现金流量，按照基准收益率折算到建设期初的现值之和，也就是计算期末累计折现后净现金流量 692.24 万元，见表 1-9。

问题 4：

解：计算项目的财务内部收益率

编制项目财务内部收益率试算表 1-10。

首先确定 $i_1 = 26\%$，以 i_1 作为设定的折现率，计算出各年的折现系数。利用财务内部收益率试算表，计算出各年的折现净现金流量和累计折现净现金流量，从而得到财务净现值 $FNPV_1 = 38.74$（万元），见表 1-10。

再设定 $i_2 = 28\%$，以 i_2 作为设定的折现率，计算出各年的折现系数。同样，利用财务内部收益率试算表，计算各年的折现净现金流量和累计折现净现金流量，从而得到财务净现值 $FNPV_2 = -6.85$（万元），见表 1-10。

试算结果满足：$FNPV_1 > 0$，$FNPV_2 < 0$，且满足精度要求，可采用插值法计算出拟建

项目的财务内部收益率 $FIRR$。

| 表1-10 | 财务内部收益率试算表 | | | | | | 单位：万元 |

序号	项　目	建设期	运营期					
		1	2	3	4	5	6	7
1	现金流入	0.00	740.00	800.00	800.00	800.00	800.00	1460.00
2	现金流出	1000.00	571.30	438.50	438.50	453.50	438.50	438.50
3	净现金流量	−1000	168.70	361.50	361.50	346.50	361.50	1021.50
4	折现系数（26%）	0.7937	0.6299	0.4999	0.3968	0.3149	0.2499	0.1983
5	折现后净现金流量	−793.70	106.26	180.71	143.44	109.11	90.34	202.56
6	累计折现净现金流量	−793.70	−687.44	−506.72	−363.28	−254.17	−163.83	38.74
7	折现系数（28%）	0.7813	0.6104	0.4768	0.3725	0.2910	0.2274	0.1776
8	折现后净现金流量	−781.30	102.97	172.36	134.66	100.83	82.21	181.42
9	累计折现净现金流量	−781.30	−678.33	−505.96	−371.30	−270.47	−188.27	−6.85

由表 1-10 可知：

$$i_1 = 26\% \text{ 时}, \quad FNPV_1 = 38.74$$

$$i_2 = 28\% \text{ 时}, \quad FNPV_2 = -6.85$$

用插值法计算拟建项目的内部收益率 [FIRR]，即：

$$FIRR = i_1 + (i_2 - i_1) \times [FNPV_1 \div (|FNPV_1| + |FNPV_2|)]$$
$$= 26\% + (28\% - 26\%) \times [38.74 \div (38.74 + |-6.85|)]$$
$$= 26\% + 1.70\% = 27.70\%$$

问题 5：

从财务角度分析拟建项目的可行性：

本项目的静态投资回收期为 4.31 年小于基准投资回收期 6 年；财务净现值为 692.26 万元 >0；财务内部收益率 $FIRR = 27.70\% >$ 行业基准收益率 10%。所以，从财务角度分析该项目可行。

【案例五】

背景：

1. 某拟建项目固定资产投资估算总额为 3600 万元，其中：预计形成固定资产 3060 万元（含建设期借款利息 60 万元），无形资产 540 万元。固定资产使用年限 10 年，残值率为 4%，固定资产余值在项目运营期末收回。该项目建设期为 2 年，运营期为 6 年。

2. 项目的资金投入、收益、成本等基础数据，见表 1-11。

表1-11 某建设项目资金投入、收益及成本表 单位：万元

序号	年份 项目	1	2	3	4	5~8
1	建设投资 其中：资本金 借款本金	1200	340 2000			
2	流动资金 其中：资本金 借款本金			300 100	400	
3	年销售量（万件）			60	120	120
4	年经营成本			1682	3230	3230

3. 建设投资借款合同规定的还款方式为：运营期的前 4 年等额还本，利息照付。借款利率为 6%（按年计息）；流动资金借款利率为 4%（按年计息）。

4. 无形资产在运营期 6 年中，均匀摊入成本。

5. 流动资金为 800 万元，在项目的运营期末全部收回。

6. 设计生产能力为年产量 120 万件某产品，产品售价为 38 元/件，营业税金及附加税率为 6%，所得税率为 25%，行业基准收益率为 8%。

7. 行业平均总投资收益率为 10%，资本金净利润率为 15%。

8. 应付投资者各方股利按股东会事先约定计取：运营期头两年按可供投资者分配利润 10% 计取，以后各年均按 30% 计取，亏损年份不计取。期初未分配利润作为企业继续投资或扩大生产的资金积累。

9. 本项目不考虑计提任意盈余公积金。

问题：

1. 编制借款还本付息计划表、总成本费用估算表和利润与利润分配表。
2. 计算项目总投资收益率和资本金净利润率。
3. 编制项目资本金现金流量表。计算项目的动态投资回收期和财务净现值。
4. 从财务角度评价项目的可行性。

分析要点：

本案例全面考核了建设项目融资后的财务分析。重点考核还款方式为：等额还本利息照付情况下，借款还本付息计划表、总成本费用估算表和利润与利润分配表的编制方法和总投资收益率、资本金净利润率等静态盈利能力指标的计算。未分配利润一部分用

于偿还本金，另一部分作为企业的积累。要求掌握未分配利润、法定盈余公积金和应付投资者各方股利之间的分配关系。本案例主要解决以下 9 个概念性问题：

1. 经营成本是总成本费用的组成部分，即：

总成本费用＝经营成本＋折旧费＋摊销费＋利息支出

2. 净利润＝该年利润总额－应纳所得税额×所得税率

式中：应纳所得税额＝该年利润总额－弥补以前年度亏损

3. 可供分配利润＝净利润＋期初未分配利润

式中：期初未分配利润＝上年度期末的未分配利润（LR）

4. 可供投资者分配利润＝可供分配利润－法定盈余公积金

5. 法定盈余公积金＝净利润×10%

法定盈余公积金累计额为资本金的 50% 以上的，可不再计提。

6. 应付各投资方的股利＝可供投资者分配利润×约定的分配比例（亏损年份不计取）

7. 未分配利润＝可供投资者分配利润－应付各投资方的股利

式中：未分配利润按借款合同规定的还款方式，编制等额还本利息照付的利润与利润分配表时，可能会出现以下两种情况：

（1）未分配利润＋折旧费＋摊销费≤该年应还本金，则该年的未分配利润全部用于还款，不足部分为该年的资金亏损，并需用临时借款来弥补偿还本金的不足部分；

（2）未分配利润＋折旧费＋摊销费＞该年应还本金，则该年为资金盈余年份，用于还款的未分配利润按以下公式计算：

该年用于还款的未分配利润＝该年应还本金－折旧费－摊销费

8. 项目总投资收益率：项目正常年份息税前利润或营运期内年平均息税前利润（EBIT）与项目总投资（TI）的比率。只有在正常年份中各年的息税前利润差异较大时，才采用营运期内年平均息税前利润计算。按下列公式计算：

总投资收益率＝（正常年份息税前利润或营运期内年平均息税前利润÷总投资）×100%

9. 项目资本金净利润率：正常生产年份的年净利润或营运期内年平均净利润与项目资本金的比率。按下列公式计算：

资本金净利润率＝（正常生产年份年净利润或营运期内年平均净利润÷资本金）×100%

流动资金借款在生产经营期内只计算每年所支付的利息，本金在运营期末一次性偿还。短期借款利息的计算与流动资金借款利率相同，短期借款本金的偿还按照随借随还的原则处理，即当年借款尽可能于下年偿还。

答案：

问题1：

解：1. 第3年初累计借款（建设投资借款及建设期利息）为 $2000 + 60 = 2060$（万元），运营期前四年等额还本，利息照付；则各年等额偿还本金 = 第3年年初累计借款 ÷ 还款期 $= 2060 \div 4 = 515$（万元）。

其余计算结果，见表1-12。

表1-12 　　　　　　　　　　　某项目借款还本付息计划表　　　　　　　　　单位：万元

序号	项目	计算期							
		1	2	3	4	5	6	7	8
1	借款1（建设投资借款）								
1.1	期初借款余额			2060.00	1545.00	1030.00	515.00		
1.2	当期还本付息			638.60	607.70	576.80	545.90		
	其中：还本			515.00	515.00	515.00	515.00		
	付息（6%）			123.60	92.70	61.80	30.90		
1.3	期末借款余额		2060.00	1545.00	1030.00	515.00			
2	借款2（流动资金借款）								
2.1	期初借款余额			100.00	500.00	500.00	500.00	500.00	500.00
2.2	当期还本付息			4.00	20.00	20.00	20.00	20.00	520.00
	其中：还本								500.00
	付息（4%）			4.00	20.00	20.00	20.00	20.00	20.00
2.3	期末借款余额			100.00	500.00	500.00	500.00	500.00	
3	借款3（临时借款）								
3.1	期初借款余额				131.24				
3.2	当期还本付息				136.49				
	其中：还本				131.24				
	付息（4%）				5.25				
3.3	期末借款余额			131.24					
4	借款合计								
4.1	期初借款余额			2160.00	2176.24	1530.00	1015.00	500.00	500.00
4.2	当期还本付息			642.60	764.19	596.80	565.90	20.00	520.00
	其中：还本			515.00	646.24	515.00	515.00		500.00
	付息			127.60	117.95	81.80	50.90	20.00	20.00
4.3	期末借款余额		2060.00	1776.24	1530.00	1015.00	500.00	500.00	

2. 根据总成本费用的构成列出总成本费用估算表的费用名称，见表1－13。计算固定资产折旧费和无形资产摊销费，并将折旧费、摊销费、年经营成本和借款还本付息表中的第3年贷款利息与该年流动资金贷款利息等数据，并填入总成本费用估算表1－13中，计算出该年的总成本费用。

（1）计算固定资产折旧费和无形资产摊销费：

折旧费 =［（固定资产投资估算总额 - 无形资产）×（1 - 残值率）］÷使用年限

　　　　 =［（3600 - 540）×（1 - 4%）］÷10 = 293.76（万元）

摊销费 = 无形资产÷摊销年限 = 540÷6 = 90（万元）

（2）计算各年的营业收入、营业税金及附加，并将各年的总成本逐一填入利润与利润分配表1－14中：

第3年　　　　营业收入 = 60×38 = 2280（万元）

第4~8年　　　营业收入 = 120×38 = 4560（万元）

第3年　　　　营业税金及附加 = 2280×6% = 136.80（万元）

第4~8年　　　营业税金及附加 = 4560×6% = 273.60（万元）

表1-13　　　　　　　　　　某项目总成本费用估算表　　　　　　　单位：万元

序号	项目 \ 年份	3	4	5	6	7	8
1	经营成本	1682.00	3230.00	3230.00	3230.00	3230.00	3230.00
2	折旧费	293.76	293.76	293.76	293.76	293.76	293.76
3	摊销费	90.00	90.00	90.00	90.00	90.00	90.00
4	建设投资借款利息	123.60	92.70	61.80	30.90		
5	流动资金借款利息	4.00	20.00	20.00	20.00	20.00	20.00
6	短期借款利息		5.25				
7	总成本费用	2193.36	3731.71	3695.56	3664.66	3633.76	3633.76

3. 将第3年总成本计入该年的利润与利润分配表中，并计算该年的其他费用：利润总额、应纳所得税额、所得税、净利润、可供分配利润、法定盈余公积金、可供投资者分配利润、应付各投资方股利、还款未分配利润以及下年期初未分配利润等，均按利润与利润分配表中的公式逐一计算求得，见表1-14。

表1-14   某项目利润与利润分配表   单位：万元

序号	项目　　　年份	3	4	5	6	7	8
1	营业收入	2280.00	4560.00	4560.00	4560.00	4560.00	4560.00
2	总成本费用	2193.36	3731.71	3695.56	3664.66	3633.76	3633.76
3	营业税金及附加（1）×6%	136.80	273.60	273.60	273.60	273.60	273.60
4	补贴收入						
5	利润总额（1-2-3+4）	-50.16	554.69	590.84	621.74	652.64	652.64
6	弥补以前年度亏损		50.16				
7	应纳税所得额（5-6）		504.53	590.84	621.74	652.64	652.64
8	所得税（7）×25%		126.13	147.71	155.44	163.16	163.16
9	净利润（5-8）	-50.16	428.56	443.13	466.30	489.48	489.48
10	期初未分配利润			39.51	175.59	285.44	508.18
11	可供分配利润（9+10-6）		378.40	482.64	641.89	774.92	997.66
12	法定盈余公积金（9）×10%		42.86	44.31	46.63	48.95	48.95
13	可供投资者分配利润（11-12）		335.54	438.33	595.26	725.97	948.71
14	应付投资者各方股利		33.55	131.50	178.58	217.79	284.61
15	未分配利润（13-14）		301.99	306.83	416.68	508.18	664.10
15.1	用于还款未分配利润		262.48	131.24	131.24		
15.2	剩余利润（转下年度期初未分配利润）		39.51	175.59	285.44	508.18	664.10
16	息税前利润（5+当年利息支出）	77.44	672.64	672.64	672.64	672.64	672.64

第3年利润为负值，是亏损年份。该年不计所得税、不提取盈余公积金和可供投资者分配的股利，并需要临时借款。

借款额＝515-293.76-90＝131.24（万元）。见借款还本付息表1-12。

4. 第4年期初累计借款额＝2060-515+131.24+500＝2176.24（万元），将应计利息计入总成本分析表1-13，汇总得该年总成本。将总成本计入利润与利润分配表1-14中，计算第4年利润总额、应纳所得税额、所得税和净利润。该年净利润428.56万元，大于还款未分配利润与上年临时借款之和，故为盈余年份，可提法定取盈余公积金和可供投资者分配的利润等。

第4年应还本金＝515+131.24＝646.24（万元）

第4年还款未分配利润＝646.24-293.76-90＝262.48（万元）

第 4 年法定盈余公积金 = 净利润 × 10% = 428.56 × 10% = 42.86（万元）

第 4 年可供分配利润 = 净利润 - 期初未弥补的亏损 + 期初未分配利润

$$= 428.56 - 50.16 + 0 = 378.40（万元）$$

第 4 年可供投资者分配利润 = 可供分配利润 - 盈余公积金

$$= 378.40 - 42.86 = 335.54（万元）$$

第 4 年应付各投资方的股利 = 可供投资者分配股利 × 10%

$$= 335.54 × 10% = 33.55（万元）$$

第 4 年剩余的未分配利润 = 335.54 - 33.55 - 262.48 = 301.99 - 262.48 = 39.51（万元）（为下年度的期初未分配利润），见表 1 - 14。

5. 第 5 年年初累计欠款额 = 1545 + 131.24 - 646.24 = 1030（万元），见表 1 - 12，用以上方法计算出第 5 年的利润总额、应纳所得税额、所得税、净利润、可供分配利润和法定盈余公积金。该年期初无亏损，期初未分配利润为 39.51（万元）。

∴ 第 5 年可供分配利润 = 净利润 - 弥补以前年度亏损 + 期初未分配利润

$$= 443.13 - 0 + 39.51 = 482.64（万元）$$

第 5 年法定盈余公积金 = 443.13 × 10% = 44.31（万元）

第 5 年可供投资者分配利润 = 可供分配利润 - 法定盈余公积金

$$= 482.64 - 44.31 = 438.33（万元）$$

第 5 年应付各投资方的股利 = 可供投资者分配股利 × 30%

$$438.33 × 30% = 131.50（万元）$$

第 5 年还款未分配利润 = 515 - 293.76 - 90 = 131.24（万元）

第 5 年剩余未分配利润 = 438.33 - 131.50 - 131.24 = 306.83 - 131.24 = 175.59（万元）（为第 6 年度的期初未分配利润）

6. 第 6 年各项费用计算同第 5 年。

以后各年不再有贷款利息和还款未分配利润，只有下年度积累的期初未分配利润。

问题 2：

解：项目的总投资收益率、资本金净利润率等静态盈利能力指标，按以下计算：

1. 计算总投资收益率 = 正常年份的息税前利润 ÷ 总投资

$$投资收益率 = [672.64 ÷ (3540 + 60 + 800)] × 100% = 15.29\%$$

2. 计算资本金净利润率

由于正常年份净利润差异较大，故用运营期的年平均净利润计算：

$$年平均净利润 = (-50.16 + 428.56 + 443.13 + 466.30 + 489.48 + 489.48) ÷ 6$$

$$= 2266.79 ÷ 6 = 377.80（万元）$$

资本金利润率 = $[377.80 \div (1540 + 300)] \times 100\% = 20.53\%$

问题3：

解：1. 根据背景资料、借款还本付息表中的利息、利润与利润分配表中的营业税、所得税等数据编制拟建项目资本金现金流量表1-15。

2. 计算回收固定资产余值，填入项目资本金现金流量表1-15内。

固定资产余值 = $293.76 \times 4 + 3060 \times 4\% = 1297.44$（万元）

3. 计算回收全部流动资金，填入资本金现金流量表1-15内。

全部流动资金 = $300 + 100 + 400 = 800$（万元）

4. 根据项目资本金现金流量表1-15，计算项目的动态投资回收期。

表1-15 某项目资本金现金流量表 单位：万元

序号	项　目	1	2	3	4	5	6	7	8
1	现金流入			2280.00	4560.00	4560.00	4560.00	4560.00	6657.44
1.1	营业收入			2280.00	4560.00	4560.00	4560.00	4560.00	4560.00
1.2	回收固定资产余值								1297.44
1.3	回收流动资金								800.00
2	现金流出	1200.00	340.00	2630.16	4393.92	4248.11	4224.94	3686.76	4186.76
2.1	项目资本金	1200.00	340.00	300.00					
2.2	借款本金偿还			383.76	646.24	515.00	515.00		500.00
2.3	借款利息支付			127.60	117.95	81.80	50.90	20.00	20.00
2.4	经营成本			1682.00	3230.00	3230.00	3230.00	3230.00	3230.00
2.5	营业税金及附加			136.80	273.60	273.60	273.60	273.60	273.60
2.6	所得税				126.13	147.71	155.44	163.16	163.16
3	净现金流量	-1200.00	-340.00	-350.16	166.08	311.89	335.07	873.24	2470.68
4	累计净现金流量	-1200.00	-1540.00	-1890.16	-1724.08	-1412.19	-1077.12	-203.88	2266.80
5	折现系数 $i_c = 8\%$	0.9259	0.8573	0.7938	0.7350	0.6806	0.6302	0.5835	0.5403
6	折现净现金流量	-1111.08	-291.48	-277.96	122.07	212.27	211.16	509.54	1334.91
7	累计折现净现金流量	-1111.08	-1402.56	-1680.52	-1558.45	-1346.18	-1135.02	-625.48	709.43

动态投资回收期 = （累计净现金流量现值出现正值的年份 – 1） + （出现正值年份上

年累计净现金流量现值绝对值 ÷ 出现正值年份当年净现金流量现值）

= （8 – 1） + （| – 625.48 | ÷ 1334.91） = 7.47 （年）

项目的财务净现值就是计算期累计折现净现金流量值，即 $FNPV = 709.43$ （万元）。

问题 4：

从财务评价角度评价该项目的可行性。

因为项目投资收益率为 15.29% > 行业平均值 10%，项目资本金净利润率为 20.53% > 行业平均值 15%，项目的自有资金财务净现值 $FNPV = 709.43$ 万元 > 0，动态投资回收期 7.47 年，不大于项目寿命期 8 年。所以，表明项目的盈利能力大于行业平均水平。该项目可行。

【案例六】

背景：

某拟建工业项目的有关基础数据如下：

1. 项目建设期 2 年，运营期 6 年，建设投资 2000 万元，预计全部形成固定资产。

2. 项目资金来源为自有资金和贷款。建设期内，每年均衡投入自有资金和贷款本金各 500 万元，贷款年利率为 6%。流动资金全部用项目资本金支付，金额为 300 万元，于投产当年投入。

3. 固定资产使用年限为 8 年，采用直线法折旧，残值为 100 万元。

4. 项目贷款在运营期间按照等额还本、利息照付的方法偿还。

5. 项目投产第 1 年的营业收入和经营成本分别为 700 万元和 250 万元，第 2 年的营业收入和经营成本分别为 900 万元和 300 万元，以后各年的营业收入和经营成本分别为 1000 万元和 320 万元。不考虑项目维持运营投资、补贴收入。

6. 企业所得税率为 25%，营业税金及附加税率为 6%。

问题：

1. 列式计算建设期贷款利息、固定资产年折旧费和计算期第 8 年的固定资产余值。

2. 计算各年还本、付息额及总成本费用，并编制借款还本付息计划表和总成本费用估算表。

3. 计算运营期内各年的息税前利润，并计算总投资收益率和项目资本金净利润率。

4. 从项目资本金出资者的角度，计算计算期第 8 年的净现金流量。

分析要点：

本案例考核固定资产投资贷款还本付息估算时，还款方式为等额还本、利息照付，

并编制借款还本付息计划表和总成本费用表。计算总投资收益率时应注意：总投资 =
建设投资 + 建设期贷款利息 + 全部流动资金，年息税前利润 = 利润总额 + 当年应还
利息。

等额还本、利息照付是指在还款期内每年等额偿还本金，而利息按年初借款余额和
利率的乘积计算，利息不等，而且每年偿还的本利和不等，计算步骤如下：

1. 计算建设期末的累计借款本金和未付的资本化利息之和 I_c。

2. 计算在指定偿还期内，每年应偿还的本金 A，$A = I_c/n$，（n 为贷款偿还期，不包括
建设期）。

3. 计算每年应付的利息额。年应付利息 = 年初借款余额 × 年利率。

4. 计算每年的还本付息总额。年还本付息总额 = A + 年应付利息。

答案：

问题1：

解：1. 建设期借款利息：

第 1 年贷款利息 = 500/2 × 6% = 15.00（万元）

第 2 年贷款利息 =［（500 + 15）+ 500/2］× 6% = 45.90（万元）

建设期借款利息 = 15 + 45.90 = 60.90（万元）

2. 固定资产年折旧费 = （2000 + 60.90 − 100）/8 = 245.11（万元）

3. 计算期第 8 年的固定资产余值 = 固定资产年折旧费 × （8 − 6）+ 残值

= 245.11 × 2 + 100 = 590.22（万元）

问题2：

解：借款还本付息计划表，见表1−16。总成本费用估算表，见表1−17。

表1−16   借款还本付息计划表   单位：万元

项　目		计算期						
		1	2	3	4	5	6	7	8
期初借款余额			515.00	1060.90	884.08	707.26	530.44	353.62	176.80
当期还本付息				240.47	229.86	219.26	208.65	198.04	187.41
其中：	还本			176.82	176.82	176.82	176.82	176.82	176.80
	付息			63.65	53.04	42.44	31.83	21.22	10.61
期末借款余额		515.00	1060.90	884.08	707.26	530.44	353.62	176.80	

表1-17 总成本费用估算表 单位：万元

序号	项目＼年份	3	4	5	6	7	8
1	年经营成本	250.00	300.00	320.00	320.00	320.00	320.00
2	年折旧费	245.11	245.11	245.11	245.11	245.11	245.11
3	长期借款利息	63.65	53.04	42.44	31.83	21.22	10.61
4	总成本费用	558.76	598.15	607.55	596.94	586.33	575.72

问题3：

解：1. 计算期内各年的息税前利润，见表1-18。

表1-18 某项目利润表的部分数据 单位：万元

序号	项目＼年份	3	4	5	6	7	8
1	营业收入	700.00	900.00	1000.00	1000.00	1000.0	1000.00
2	总成本费用	558.76	598.15	607.55	596.94	586.33	575.72
3	营业税金及附加（1）×6%	42.00	54.00	60.00	60.00	60.00	60.00
4	补贴收入						
5	利润总额（1－2－3＋4）	99.24	247.85	332.45	343.06	353.67	364.28
6	弥补以前年度亏损						
7	应纳所得税额（5－6）	99.24	247.85	332.45	343.06	353.67	364.28
8	所得税（7）×25%	24.81	61.96	83.11	85.77	88.42	91.07
9	净利润（5－8）	74.43	185.89	249.34	257.29	265.25	273.21
10	息税前利润＝（5）＋当年应还利息	162.89	300.89	374.89	374.89	374.89	374.89

2. 计算项目的总投资收益率

运营期的6年内，项目正常年份的息税前利润为374.89万元。

项目总投资＝建设投资＋建设期借款利息＋全部流动资金

$$=2000.00＋60.90＋300.00＝2360.90（万元）$$

项目的总投资收益率＝正常年份的息税前利润÷项目总投资

$$=374.89÷2360.90×100\%＝15.88\%$$

3. 计算项目的资本金净利润率

运营期的6年内，项目的年平均净利润计算为：

$(74.43 + 185.89 + 249.34 + 257.29 + 265.25 + 273.21) \div 6 = 1305.41 \div 6 = 217.57$（万元）

项目的资本金 $= 1000 + 300 = 1300$（万元）

资本金净利润率 $=$ 年平均净利润 $\div$ 项目的资本金 $= 217.57 \div 1300 \times 100\% = 16.74\%$

问题 4：

解：计算第 8 年的现金流入

第 8 年的现金流入 $=$（营业收入 $+$ 回收固定资产余值 $+$ 回收流动资金）

$\qquad = 1000 + 590.22 + 300 = 1890.22$（万元）

计算第 8 年的现金流出

第 8 年所得税（$1000 - 1000 \times 6\% - 575.72$）$\times 25\% = 91.07$（万元）

第 8 年的现金流出 $=$（借款本金偿还 $+$ 借款利息支付 $+$ 经营成本 $+$ 营业税金及附加 $+$

$\qquad$ 所得税）

$\qquad = 176.80 + 10.61 + 320 + 60 + 91.07 = 658.48$（万元）

计算第 8 年的净现金流量

第 8 年的净现金流量 $=$ 现金流入 $-$ 现金流出

$\qquad = 1890.22 - 658.48 = 1231.74$（万元）

【案例七】

背景：

某拟建工业项目的基础数据如下：

1. 固定资产投资估算总额为 5263.90 万元（其中包括无形资产 600 万元）。建设期 2 年，运营期 8 年。

2. 本项目固定资产投资来源为自有资金和贷款。自有资金在建设期内均衡投入；贷款本金为 2000 万元，在建设期内每年贷入 1000 万元。贷款年利率为 10%（按年计息）。贷款合同规定的还款方式为：运营期的前 4 年等额还本付息。无形资产在运营期 8 年中均匀摊入成本。固定资产残值 300 万元，按直线法折旧，折旧年限 12 年。所得税率为 25%。

3. 本项目第 3 年投产，当年达产率为 70%，第 4 年达产率为 90%，以后各年均达到设计生产能力。流动资金全部为自有资金。

4. 股东会约定正常年份按可供投资者分配利润 50% 比例，提取应付投资者各方的股利。营运期的头两年，按正常年份的 70% 和 90% 比例计算。

5. 项目的资金投入、收益、成本，见表 1-19。

表1-19　　　　　　　　　　建设项目资金投入、收益、成本费用表　　　　　　单位：万元

序 号	项 目	1	2	3	4	5	6	7	8～10
1	建设投资 其中：资本金 贷款本金	1529.45 1000.00	1529.45 1000.00						
2	营业收入			3500.00	4500.00	5000.00	5000.00	5000.00	5000.00
3	营业税金及附加			210.00	270.00	300.00	300.00	300.00	300.00
4	经营成本			2490.84	3202.51	3558.34	3558.34	3558.34	3558.34
5	流动资产（现金＋应收账款＋ 预付账款＋存货）			532.00	684.00	760.00	760.00	760.00	760.00
6	流动负债（应付账款＋ 预收账款）			89.83	115.50	128.33	128.33	128.33	128.33
7	流动资金［(5)－(6)］			442.17	568.50	631.67	631.67	631.67	631.67

问题：

1. 计算建设期贷款利息和运营期年固定资产折旧费、年无形资产摊销费。

2. 编制项目的借款还本付息计划表、总成本费用估算表和利润与利润分配表。

3. 编制项目的财务计划现金流量表。

4. 编制项目的资产负债表。

5. 从清偿能力角度，分析项目的可行性。

分析要点：

本案例重点考核融资后投资项目财务分析中，还款方式为等额还本付息情况下，借款还本付息表、总成本费用估算表和利润与利润分配表的编制方法。为了考查拟建项目计算期内各年的财务状况和清偿能力，还必须掌握项目财务计划现金流量表以及资产负债表的编制方法。

1. 根据所给贷款利率计算建设期与运营期贷款利息，编制借款还本付息计划表。

运营期各年利息＝该年期初借款余额×贷款利率

运营期各年期初借款余额＝（上年期初借款余额－上年偿还本金）

运营期每年等额还本付息金额按以下公式计算：

$$A = P \times \frac{(1+i)^n \times i}{(1+i)^n - 1} = P \times (A/P, i, n)$$

2. 根据背景材料所给数据，按以下公式计算利润与利润分配表的各项费用：

营业税金及附加＝营业收入×营业税金及附加税率

利润总额＝营业收入－总成本费用－营业税金及附加

所得税＝（利润总额－弥补以前年度亏损）×所得税率

在未分配利润＋折旧费＋摊销费＞该年应还本金的条件下：

用于还款的未分配利润＝应还本金－折旧费－摊销费

3. 编制财务计划现金流量表应掌握净现金流量的计算方法：

该表的净现金流量等于经营活动、投资活动和筹资活动三个方面的净现金流量之和。

（1）经营活动的净现金流量＝经营活动的现金流入－经营活动的现金流出

式中：经营活动的现金流入：包括营业收入、增值税销项税额、补贴收入以及与经营活动有关的其他流入。

经营活动的现金流出包括经营成本、增值税进项税额、营业税金及附加、增值税、所得税以及与经营活动有关的其他流出。

（2）投资活动的净现金流量＝投资活动的现金流入－投资活动的现金流出

式中：对于新设法人项目，投资活动的现金流入为0。

投资活动的现金流出包括建设投资、维持运营投资、流动资金以及与投资活动有关的其他流出。

（3）筹资活动的净现金流量＝筹资活动的现金流入－筹资活动的现金流出

式中：筹资活动的现金流入：包括项目资本金投入、建设投资借款、流动资金借款、债券、短期借款以及与筹资活动有关的其他流入。

筹资活动的现金流出包括各种利息支出、偿还债务本金、应付利润（股利分配）以及与筹资活动有关的其他流出。

4. 累计盈余资金＝∑净现金流量（即各年净现金流量之和）。

5. 编制资产负债表应掌握以下各项费用的计算方法：

资产：流动资产总额（货币资金、应收账款、预付账款、存货、其他之和）、在建工程、固定资产净值、无形及其他资产净值，其中货币资金包括现金和累计盈余资金。

负债：指流动负债、建设投资借款和流动资金借款。

所有者权益：资本金、资本公积金、累计盈余公积金和累计未分配利润。

以上费用大都可直接从利润与利润分配表和财务计划现金流量表中取得。

6. 清偿能力分析：包括资产负债率和财务比率。

（1）资产负债率＝$\dfrac{\text{负债总额}}{\text{资产总额}} \times 100\%$

（2）流动比率 $= \dfrac{流动资产总额}{流动负债总额} \times 100\%$

答案：

问题1：

解：1. 建设期贷款利息计算：

第1年贷款利息 $= (0 + 1000 \div 2) \times 10\% = 50（万元）$

第2年贷款利息 $= [(1000 + 50) + 1000 \div 2] \times 10\% = 155（万元）$

建设期贷款利息总计 $= 50 + 155 = 205（万元）$

2. 年固定资产折旧费 $= (5263.9 - 600 - 300) \div 12 = 363.66（万元）$

3. 年无形资产摊销费 $= 600 \div 8 = 75（万元）$

问题2：

解：1. 根据贷款利息公式列出借款还本付息表中的各项费用，并填入建设期两年的贷款利息，见表1–20。第3年年初累计借款额为2205万元，则运营期的前4年应偿还的等额本息：

$$A = P \times \left(\frac{(1+i)^{n} \times i}{(1+i)^{n} - 1} \right) = 2205 \times \left(\frac{(1+10\%)^{4} \times 10\%}{(1+10\%)^{4} - 1} \right) = 2205 \times 0.31547 = 695.61（万元）$$

表1-20 借款还本付息计划表 单位：万元

项　目		计算期					
		1	2	3	4	5	6
借款（建设投资借款）							
期初借款余额			1050.00	2205.00	1729.89	1207.27	632.39
当期还本付息				695.61	695.61	695.61	695.63
其中	还本			475.11	522.62	574.88	632.39
	付息	50.00	155.00	220.50	172.99	120.73	63.24
期末借款余额		1050.00	2205.00	1729.89	1207.27	632.39	

2. 根据总成本费用的组成，列出总成本费用中的各项费用，并将借款还本付息表中第3年应计利息 $= 2205 \times 10\% = 220.50$（万元）和年经营成本、年折旧费、摊销费一并填入总成本费用表中，汇总得出第3年的总成本费用为：3150万元，见表1–21。

表1-21　　　　　　　　　　总成本费用估算表　　　　　　　　单位：万元

序号	年份 费用名称	3	4	5	6	7	8	9	10
1	经营成本	2490.84	3202.51	3558.34	3558.34	3558.34	3558.34	3558.34	3558.34
2	折旧费	363.66	363.66	363.66	363.66	363.66	363.66	363.66	363.66
3	摊销费	75.00	75.00	75.00	75.00	75.00	75.00	75.00	75.00
4	利息支出	220.50	172.99	120.73	63.24				
5	总成本费用	3150.00	3814.16	4117.73	4060.24	3997.00	3997.00	3997.00	3997.00

3. 将各年的营业收入、营业税金及附加和第3年的总成本费用3150万元一并填入利润与利润分配表1-22的该年份内，并按以下公式计算出该年利润总额、所得税及净利润。

（1）第3年利润总额 = 3500 - 3150 - 210 = 140（万元）

第3年应缴纳所得税 = 140 × 25% = 35（万元）

第3年净利润 = 140 - 35 = 105（万元）

期初未分配利润和弥补以前年度亏损为0，本年净利润 = 可供分配利润

第3年提取法定盈余公积金 = 105 × 10% = 10.50（万元）

第3年可供投资者分配利润 = 105 - 10.5 = 94.50（万元）

第3年应付投资者各方股利 = 94.50 × 50% × 70% = 33.08（万元）

第3年未分配利润 = 94.50 - 33.08 = 61.42（万元）

第3年用于还款的未分配利润 = 475.11 - 363.66 - 75 = 36.45（万元）

第3年剩余未分配利润 = 61.42 - 36.45 = 24.97（万元）（为下年度期初未分配利润）

（2）第4年年初尚欠贷款本金 = 2205 - 475.11 = 1729.89（万元），应计利息172.99万元，填入总成本费用估算表1-21中，汇总得出第4年的总成本费用为：3814.16万元。将总成本带入利润与利润分配表1-22中，计算出净利润311.88万元。

第4年可供分配利润 = 311.88 + 24.97 = 336.85（万元）

第4年提取法定盈余公积金 = 311.88 × 10% = 31.19（万元）

第4年可供投资者分配利润 = 336.85 - 31.19 = 305.66（万元）

第4年应付投资者各方股利 = 305.66 × 50% × 90% = 137.55（万元）

第4年未分配利润 = 305.66 - 137.55 = 168.11（万元）

第4年用于还款的未分配利润 = 522.62 - 363.66 - 75 = 83.96（万元）

第4年剩余未分配利润 = 168.11 - 83.96 = 84.15（万元），为下年度期初未分配利润。

（3）第5年年初尚欠贷款本金 = 1729.89 - 522.62 = 1207.27（万元），应计利息

120.73 万元，填入总成本费用估算表 1-21 中，汇总得出第 5 年的总成本费用为：4117.73 万元。将总成本带入利润与利润分配表 1-22 中，计算出净利润 436.70 万元。

第 5 年可供分配利润 = 436.70 + 84.15 = 520.85（万元）

第 5 年提取法定盈余公积金 = 436.70 × 10% = 43.67（万元）

第 5 年可供投资者分配利润 = 520.85 - 43.67 = 477.18（万元）

第 5 年应付投资者各方股利 = 477.18 × 50% = 238.59（万元）

第 5 年未分配利润 = 477.18 - 238.59 = 238.59（万元）

第 5 年用于还款的未分配利润 = 574.88 - 363.66 - 75 = 136.22（万元）

第 5 年剩余未分配利润 = 238.59 - 136.22 = 102.37（万元），为下年度期初未分配利润。

（4）第 6 年年初尚欠贷款本金 = 1207.27 - 574.88 = 632.39（万元），应计利息 63.24 万元，填入总成本费用估算表 1-21 中，汇总得出第 6 年的总成本费用为：4060.24 万元。将总成本带入利润与利润分配表 1-22 中，计算出净利润 479.82 万元。

本年的可供分配利润、提取法定盈余公积金、可供投资者分配利润、用于还款的未分配利润、剩余未分配利润的计算均与第 5 年相同。

（5）第 7、第 8、第 9 年和第 10 年已还清贷款，所以，总成本费用表中，不再有固定资产贷款利息，总成本均为 3997 万元；利润与利润分配表中用于还款的未分配利润也均为 0；净利润只用于提取盈余公积金 10% 和应付投资者各方股利 50%，剩余的未分配利润转下年期初未分配利润。

表1-22 　　　　　　　　利润与利润分配表 　　　　　　　　单位：万元

序号	年份 费用名称	3	4	5	6	7	8	9	10
1	营业收入	3500	4500	5000	5000	5000	5000	5000	5000
2	营业税金及附加	210	270	300	300	300	300	300	300
3	总成本费用	3150	3814.16	4117.73	4060.24	3997.00	3997.00	3997.00	3997.00
4	补贴收入								
5	利润总额（1-2-3+4）	140	415.84	582.27	639.76	703.00	703.00	703.00	703.00
6	弥补以前年度亏损								
7	应纳税所得额（5-6）	140	415.84	582.27	639.76	703.00	703.00	703.00	703.00
8	所得税（7）×25%	35.00	103.95	145.57	159.94	175.75	175.75	175.75	175.75
9	净利润（5-8）	105.00	311.88	436.70	479.82	527.25	527.25	527.25	527.25
10	期初未分配利润		24.97	84.15	102.37	73.37	273.94	374.23	424.37
11	可供分配利润（9+10）	105.00	336.85	520.85	582.19	600.62	801.19	901.48	951.62

序号	费用名称 ＼ 年份	3	4	5	6	7	8	9	10
12	提取法定盈余公积金（9）×10%	10.50	31.19	43.67	47.98	52.73	52.73	52.73	52.73
13	可供投资者分配的利润（11－12）	94.50	305.66	477.18	534.21	547.89	748.46	848.75	898.89
14	应付投资者各方股利	33.08	137.55	238.59	267.11	273.95	374.23	424.38	449.45
15	未分配利润（13－14）	61.42	168.11	238.59	267.10	273.94	374.23	424.37	449.44
15.1	用于还款利润	36.45	83.96	136.22	193.73				
15.2	剩余利润转下年期初未分配利润	24.97	84.15	102.37	73.37	273.94	374.23	424.37	449.44
16	息税前利润（5＋利息支出）	360.50	588.83	703.00	703.00	703.00	703.00	703.00	703.00

问题3：

解：编制项目财务计划现金流量表，见表1-23。

表中各项数据均取自于借款还本付息表、总成本费用估算表和利润与利润分配表。

问题4：

解：编制项目的资产负债表，见表1-24。表中各项数据均取自背景资料、财务计划现金流量表、借款还本付息计划表和利润与利润分配表。

表1-23　　　　　　　　　项目财务计划现金流量表　　　　　　　单位：万元

序号	项目	1	2	3	4	5	6	7	8	9	10
1	经营活动净现金流量			764.16	923.53	996.09	981.72	965.91	965.91	965.91	965.91
1.1	现金流入			3500.00	4500.00	5000.00	5000.00	5000.00	5000.00	5000.00	5000.00
1.1.1	营业收入			3500.00	4500.00	5000.00	5000.00	5000.00	5000.00	5000.00	5000.00
1.2	现金流出			2735.84	3576.47	4003.91	4018.28	4034.09	4034.09	4034.09	4034.09
1.2.1	经营成本			2490.84	3202.51	3558.34	3558.34	3558.34	3558.34	3558.34	3558.34
1.2.2	营业税金及附加			210.00	270.00	300.00	300.00	300.00	300.00	300.00	300.00
1.2.3	所得税			35.00	103.96	145.57	159.94	175.75	175.75	175.75	175.75
2	投资活动净现金流量	-2579.45	-2684.45	-442.17	-126.33	-63.17					
2.1	现金流入										
2.2	现金流出	2579.45	2684.45	442.17	126.33	63.17					
2.2.1	建设投资	2579.45	2684.45								
2.2.2	流动资金			442.17	126.33	63.17					
3	筹资活动净现金流量	2579.45	2684.45	-286.52	-706.83	-871.04	-962.72	-273.96	-374.24	-424.38	-449.45

续表

序号	项　目	1	2	3	4	5	6	7	8	9	10
3.1	现金流入	2579.45	2684.45	442.17	126.33	63.17					
3.1.1	项目资本金投入	1529.45	1529.45	442.17	126.33	63.17					
3.1.2	建设投资借款	1050.00	1155.00								
3.1.3	流动资金借款										
3.2	现金流出			728.69	833.16	934.21	962.72	273.96	374.24	424.38	449.45
3.2.1	各种利息支出			220.50	172.99	120.73	63.24				
3.2.2	偿还债务本金			475.11	522.62	574.89	632.38				
3.2.3	应付利润			33.08	137.55	238.59	267.10	273.96	374.24	424.38	449.45
4	净现金流量 （1+2+3）			35.47	90.37	61.89	19.00	691.95	591.67	541.53	516.46
5	累计盈余资金	0.00	0.00	35.47	125.85	187.74	206.72	898.68	1490.36	2031.89	2548.35

表1-24　　　　　　　　　　　　　资产负债表　　　　　　　　　　单位：万元

序号	费用名称	1	2	3	4	5	6	7	8	9	10
1	资　产	2579.45	5263.90	5392.71	5221.40	5004.78	4687.47	5014.14	5441.10	5918.20	6420.37
1.1	流动资产总额			567.47	834.82	1056.86	1178.21	1943.54	2809.16	3724.92	4665.75
1.1.1	流动资产			532	684	760	760	760	760	760	760
1.1.2	累计盈余资金	0	0	35.47	125.85	187.74	206.72	898.68	1490.36	2031.89	2548.35
1.1.3	累计期初未 分配利润			0	24.97	109.12	211.49	284.86	558.80	933.03	1357.40
1.2	在建工程	2579.45	5263.90								
1.3	固定资产净值			4300.24	3936.58	3572.92	3209.26	2845.60	2481.94	2118.28	1754.62
1.4	无形资产净值			525	450	375	300	225	150	75	0
2	负债及所 有者权益	2579.45	5263.90	5392.71	5221.39	5004.77	4687.46	5014.13	5441.09	5918.19	6420.36
2.1	负　债	1050	2205	1819.72	1322.77	760.72	128.33	128.33	128.33	128.33	128.33
2.1.1	流动负债			89.83	115.50	128.33	128.33	128.33	128.33	128.33	128.33
2.1.2	贷款负债	1050	2205	1729.89	1207.27	632.39					
2.2	所有者权益	1529.45	3058.90	3572.99	3898.62	4244.05	4559.13	4885.80	5312.76	5789.86	6292.03
2.2.1	资本金	1529.45	3058.90	3501.07	3627.40	3690.57	3690.57	3690.57	3690.57	3690.57	3690.57
2.2.2	累计盈余 公积金	0	0	10.50	41.69	85.36	133.34	186.07	238.80	291.53	344.26

续表

序号	费用名称	1	2	3	4	5	6	7	8	9	10
2.2.3	累计未分配利润	0	0	61.42	229.53	468.12	735.22	1009.16	1383.39	1807.76	2257.20
计算指标	资产负债率%	40.71	41.89	33.74	25.33	15.20	2.74	2.56	2.36	2.17	2.00
	流动比率%			631.72	722.79	823.55	918.11	1514.49	2189.01	2901.61	3635.74

问题 5：

解：资产负债表中：

1. 资产

（1）流动资产总额：指流动资产、累计盈余资金额以及期初未分配利润之和。流动资产取自背景材料中表 1-19；期初未分配利润取自利润与利润分配表 1-22 中数据的累计值。累计盈余资金取自财务计划现金流量表 1-23。

（2）在建工程：指建设期各年的固定资产投资额，取自背景材料中表 1-19。

（3）固定资产净值：指投产期逐年从固定资产投资中扣除折旧费后的固定资产余值。

（4）无形资产净值：指投产期逐年从无形资产中扣除摊销费后的无形资产余值。

2. 负债

（1）流动资金负债：取自背景材料表 1-19 中的应付账款。

（2）投资贷款负债：取自借款还本付息计划表 1-20。

3. 所有者权益

（1）资本金：取自背景材料中表 1-19。

（2）累计盈余公积金：根据利润与利润分配表 1-22 中盈余公积金的累计计算。

（3）累计未分配利润：根据利润与利润分配表 1-22 中未分配利润的累计计算。

表中，各年的资产与各年的负债和所有者权益之间应满足以下条件：

$$资产 = 负债 + 所有者权益$$

评价：根据利润与利润分配表计算出该项目的借款能按合同规定在运营期前 4 年内等额还本付息还清贷款。并自投产年份开始就为盈余年份。还清贷款后，每年的资产负债率，均在 3% 以内，流动比率大，说明偿债能力强。该项目可行。

【案例八】

背景：

某新建项目正常年份的设计生产能力为 100 万件某产品，年固定成本为 580 万元，每件产品销售价预计 60 元，销售税金及附加税率为 6%，单位产品可变成本估算额 40 元。

问题：

1. 对项目进行盈亏平衡分析，计算项目的产量盈亏平衡点和单价盈亏平衡点。

2. 在市场销售良好情况下，正常生产年份的最大可能盈利额多少？

3. 在市场销售不良情况下，企业欲保证年利润 120 万元的年产量应为多少？

4. 在市场销售不良情况下，企业将产品的市场价格由 60 元降低 10% 销售，则欲保证年利润 60 万元的年产量应为多少？

5. 从盈亏平衡分析角度，判断该项目的可行性。

分析要点：

在建设项目的经济评价中，所研究的问题都是发生于未来，所引用的数据也都来源于预测和估计，从而使经济评价不可避免地带有不确定性。因此，对于大中型建设项目除进行财务评价外，一般还需进行不确定性分析。盈亏平衡分析是项目不确定性分析中常用的一种方法。

盈亏平衡分析的基本公式：

$$产量盈亏平衡点 = \frac{固定成本}{产品单价(1 - 销售税及附加税率) - 单位产品可变成本}$$

$$单价盈亏平衡点 = \frac{固定成本 + 设计生产能力 \times 可变成本}{设计生产能力(1 - 销售税及附加税率)}$$

答案：

问题1：

解：项目产量盈亏平衡点和单价盈亏平衡点计算如下：

$$产量盈亏平衡点 = \frac{580}{60(1 - 6\%) - 40} = 35.37(万件)$$

$$单价盈亏平衡点 = \frac{580 + 100 \times 40}{100 \times (1 - 6\%)} = 48.72(元/件)$$

问题2：

解：在市场销售良好情况下，正常年份最大可能盈利额为：

最大可能盈利额 R = 正常年份总收益额 - 正常年份总成本

R = 设计能力 × [单价 × (1 - 销售税金及附加税率)] - (固定成本 + 设计能力 × 单位可变成本) = $100 \times 60 \times (1 - 6\%) - (580 + 100 \times 40) = 1060(万元)$

问题3：

解：在市场销售不良情况下，每年欲获 120 万元利润的最低年产量为：

$$产量 = \frac{利润 + 固定成本}{产品单价(1 - 销售税及附加税率) - 单位产品可变成本}$$

$$= \frac{120 + 580}{60(1 - 6\%) - 40} = 42.68(\text{万件})$$

问题4：

解：在市场销售不良情况下，为了促销，产品的市场价格由 60 元降低 10% 时，还要维持每年 60 万元利润额的年产量应为：

$$\text{产量} = \frac{60 + 580}{54(1 - 6\%) - 40} = 59.48(\text{万件})$$

问题5：

解：根据上述计算结果分析如下：

1. 本项目产量盈亏平衡点 35.37 万件，而项目的设计生产能力为 100 万件，远大于盈亏平衡产量，可见，项目盈亏平衡产量仅为设计生产能力 35.37%，所以，该项目盈利能力和抗风险能力较强。

2. 本项目单价盈亏平衡点 48.72 元/件，而项目预测单价为 60 元/件，高于盈亏平衡的单价。在市场销售不良情况下，为了促销，产品价格降低在 18.8% 以内，仍可保本。

3. 在不利的情况下，单位产品价格即使压低 10%，只要年产量和年销售量达到设计能力的 59.48%，每年仍能盈利 60 万元，所以，该项目获利的机会大。

综上所述，从盈亏平衡分析角度判断该项目可行。

【案例九】

背景：

某投资项目的设计生产能力为年产 10 万台某种设备，主要经济参数的估算值为：初始投资额为 1200 万元，预计产品价格为 40 元/台，年经营成本 170 万元，运营年限 10 年，运营期末残值为 100 万元，基准收益率为 12%，现值系数见表 1-25。

表1-25   现值系数表

n	1	3	7	10
$(P/A, 12\%, 10)$	0.8929	2.4018	4.5638	5.6502
$(P/F, 12\%, 10)$	0.8929	0.7118	0.4523	0.3220

问题：

1. 以财务净现值为分析对象，就项目的投资额、产品价格和年经营成本等因素进行敏感性分析。

2. 绘制财务净现值随投资、产品价格和年经营成本等因素的敏感性曲线图。

3. 保证项目可行的前提下，计算该产品价格下浮临界百分比。

分析要点：

本案例属于不确定性分析的另一种方法——敏感性分析的案例，它较为全面地考核了有关项目的投资额、单位产品价格和年经营成本发生变化时，项目投资效果变化情况分析的内容。本案例主要解决以下两个问题：

1. 掌握各因素变化对财务评价指标影响的计算方法，并找出其中最敏感的因素；

2. 利用平面直角坐标系描述投资额、单位产品价格和年经营成本等影响因素对财务评价指标影响的敏感程度。

答案：

问题1：

解：1. 计算初始条件下项目的净现值：

$$NPV_0 = -1200 + (40 \times 10 - 170)(P/A, 12\%, 10) + 100(P/F, 12\%, 10)$$
$$= -1200 + 230 \times 5.6502 + 100 \times 0.3220$$
$$= -1200 + 1299.55 + 32.20 = 131.75(万元)$$

2. 分别对投资额、单位产品价格和年经营成本，在初始值的基础上按照 $\pm 10\%$、$\pm 20\%$ 的幅度变动，逐一计算出相应的净现值。

（1）投资额在 $\pm 10\%$、$\pm 20\%$ 范围内变动

$$NPV_{10\%} = -1200(1 + 10\%) + (40 \times 10 - 170)(P/A, 12\%, 10) + 100 \times (P/F, 12\%, 10)$$
$$= -1320 + 230 \times 5.6502 + 100 \times 0.3220 = 11.75(万元)$$

$$NPV_{20\%} = -1200(1 + 20\%) + 230 \times 5.6502 + 100 \times 0.3220 = -108.25(万元)$$

$$NPV_{-10\%} = -1200(1 - 10\%) + 230 \times 5.6502 + 100 \times 0.3220 = 251.75(万元)$$

$$NPV_{-20\%} = -1200(1 - 20\%) + 230 \times 5.6502 + 100 \times 0.3220 = 371.75(万元)$$

（2）单位产品价格在 $\pm 10\%$、$\pm 20\%$ 范围内变动

$$NPV_{10\%} = -1200 + [40(1 + 10\%) \times 10 - 170](P/A, 12\%, 10) + 100 \times (P/F, 12\%, 10)$$
$$= -1200 + 270 \times 5.6502 + 100 \times 0.3220 = 357.75(万元)$$

$$NPV_{20\%} = -1200 + [40(1 + 20\%) \times 10 - 170](P/A, 12\%, 10) + 100 \times (P/F, 12\%, 10)$$
$$= -1200 + 310 \times 5.6502 + 100 \times 0.3220 = 583.76(万元)$$

$$NPV_{-10\%} = -1200 + [40(1 - 10\%) \times 10 - 170](P/A, 12\%, 10) + 100 \times (P/F, 12\%, 10)$$
$$= -1200 + 190 \times 5.6502 + 100 \times 0.3220 = -94.26(万元)$$

$$NPV_{-20\%} = -1200 + [40(1 - 20\%) \times 10 - 170](P/A, 12\%, 10) + 100 \times (P/F, 12\%, 10)$$
$$= -1200 + 150 \times 5.6502 + 100 \times 0.3220 = -320.27(万元)$$

（3）年经营成本在 ±10%、±20% 范围内变动

$$NPV_{10\%} = -1200 + [40 \times 10 - 170(1 + 10\%)](P/A,12\%,10) + 100 \times (P/F,12\%,10)$$
$$= -1200 + 213 \times 5.6502 + 100 \times 0.3220 = 35.69(万元)$$

$$NPV_{20\%} = -1200 + [40 \times 10 - 170(1 + 20\%)](P/A,12\%,10) + 100 \times (P/F,12\%,10)$$
$$= -1200 + 196 \times 5.6502 + 100 \times 0.3220 = -60.36(万元)$$

$$NPV_{-10\%} = -1200 + [40 \times 10 - 170(1 - 10\%)](P/A,12\%,10) + 100 \times (P/F,12\%,10)$$
$$= -1200 + 247 \times 5.6502 + 100 \times 0.3220 = 227.80(万元)$$

$$NPV_{-20\%} = -1200 + [40 \times 10 - 170(1 - 20\%)](P/A,12\%,10) + 100 \times (P/F,12\%,10)$$
$$= -1200 + 264 \times 5.6502 + 100 \times 0.3220 = 323.85(万元)$$

将计算结果列于表 1-26 中。

表1-26   单因素敏感性分析表

变化幅度 因素	-20%	-10%	0	+10%	+20%	平均 +1%	平均 -1%
投资额	371.75	251.75	131.75	11.75	-108.25	-9.11%	+9.11%
单位产品价格	-320.27	-94.26	131.75	357.75	583.76	+17.15%	-17.15%
年经营成本	323.85	227.80	131.75	35.69	-60.36	-7.29%	+7.29%

由表 1-26 可以看出，在变化率相同的情况下，单位产品价格的变动对净现值的影响为最大。当其他因素均不发生变化时，单位产品价格每下降 1%，净现值下降 17.15%；对净现值影响次大的因素是投资额。当其他因素均不发生变化时，投资额每上升 1%，净现值将下降 9.11%；对净现值影响最小的因素是年经营成本。当其他因素均不发生变化时，年经营成本每增加 1%，净现值将下降 7.29%。由此可见，净现值对各个因素敏感程度的排序是：单位产品价格、投资额、年经营成本，最敏感的因素是产品价格。因此，从方案决策角度来讲，应对产品价格进行更准确的测算。使未来产品价格发生变化的可能性尽可能地减少，以降低投资项目的风险。

问题2：

解：财务净现值对各因素的敏感曲线，如图 1-1 所示。

由图 1-1 可知财务净现值对单位产品价格最敏感，其次是投资和年经营成本。

问题3：

计算产品价格的临界百分比。

解1：由图 1-1 可知，用几何方法求解

$357.75 : 131.75 = (X + 10\%) : X$

$131.75X + 131.75 \times 10\% = 357.75X$

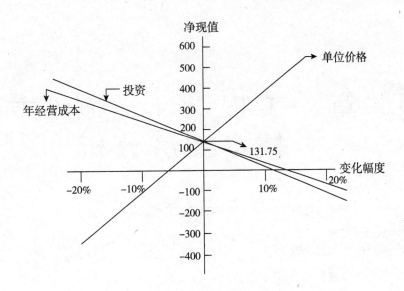

图1-1 净现值对各因素的敏感曲线

$$X = \frac{131.75 \times 10\%}{(357.75 - 131.75)} = 0.0583 = 5.83\%$$

∴ 该项目产品价格的临界值为：−5.83%，即：最多下浮5.83%。

解2：用代数方法求解

设财务净现值 = 0 时，产品价格的下浮率为 X，则 X 便是产品价格下浮临界百分比。

$-1200 + [40(1 + X) \times 10 - 170](P/A,12\%,10) + 100 \times (P/F,12\%,10) = 0$

$-1200 + (400 + 400X - 170) \times 5.6502 + 100 \times 0.322 = 0$

$-1200 + 2260.08X + 1299.55 + 32.20 = 0$

$2260.08X = 1200 - 1299.55 - 32.20 = -131.75$

$X = -131.75 \div 2260.08 = -0.0583 = -5.83\%$

∴ 该项目产品价格下浮临界百分比为：−5.83%，即：最多下浮5.83%。

第二章 工程设计、施工方案技术经济分析

本章基本知识点：

1. 设计方案评价指标与评价方法；

2. 施工方案评价指标与评价方法；

3. 综合评价法在设计、施工方案评价中的应用；

4. 价值工程在设计、施工方案评价中的应用；

5. 寿命周期费用理论在方案评价中的应用；

6. 决策树法的基本概念及其在投资方案决策中的运用；

7. 工程网络进度计划时间参数的计算，进度计划的调整与优化。

【案例一】

背景：

某六层单元式住宅共 54 户，建筑面积为 3949.62m²。原设计方案为砖混结构，内、外墙为 240mm 砖墙。现拟定的新方案为内浇外砌结构，外墙做法不变，内墙采用 C20 混凝土浇筑。新方案内横墙厚为 140mm，内纵墙厚为 160mm，其他部位的做法、选材及建筑标准与原方案相同。

两方案各项指标见表 2-1。

表2-1 设计方案指标对比表

设计方案	建筑面积（m²）	使用面积（m²）	概算总额（元）
砖混结构	3949.62	2797.20	4163789.00
内浇外砌结构	3949.62	2881.98	4300342.00

问题：

1. 请计算两方案如下技术经济指标：

（1）两方案建筑面积、使用面积单方造价各为多少？每平方米差价多少？

（2）新方案每户增加使用面积多少平方米？多投入多少元？

2. 若作为商品房，按使用面积单方售价5647.96元出售，两方案的总售价相差多少？

3. 若作为商品房，按建筑面积单方售价4000.00元出售，两方案折合使用面积单方售价各为多少元？相差多少？

分析要点：

本案例主要考核利用技术经济指标对设计方案进行比较和评价，要求能准确计算各项指标值，并能根据评价指标进行设计方案的分析比较。

需要注意的是，问题2和问题3的设问是"售价相差多少"，而不是"差价多少"，故既要答差额，也要答差率。

答案：

问题1：

解：1. 两方案的建筑面积、使用面积单方造价及每平方米差价见表2-2。

表2-2　　　　　　建筑面积、使用面积单方造价及每平方米差价计算表

方案	建筑面积		使用面积	
	单方造价（元/m²）	差价（元/m²）	单方造价（元/m²）	差价（元/m²）
砖混结构	4163789.00/3949.62＝1054.23	34.57	4163789.00/2797.20＝1488.56	3.59
内浇外砌结构	4300342.00/3949.62＝1088.80		4300342.00/2881.98＝1492.15	

由表2-2可知，按单方建筑面积计算，新方案比原方案每平方米高出34.57元；而按单方使用面积计算，新方案则比原方案高出3.59元。

2. 每户平均增加的使用面积为：$(2881.98 - 2797.20)/54 = 1.57(\text{m}^2)$

每户多投入：$(4300342.00 - 4163789.00)/54 = 2528.76(元)$

折合每平方米使用面积单价为：$2528.76/1.57 = 1610.68(元/\text{m}^2)$

计算结果是每户增加使用面积1.57m²，每户多投入2528.76元。

问题2：

解：若作为商品房按使用面积单方售价5647.96元出售，则：

总销售差价 $= 2881.98 \times 5647.96 - 2797.20 \times 5647.96$

　　　　　　$= 478834.05(元)$

总销售额差率 $= 478834.05/(2797.20 \times 5647.96) = 3.03\%$

问题3：

解：若作为商品房按建筑面积单方售价4000.00元出售，

则两方案的总售价均为：3949.62×4000.00 = 15798480.00（元）

折合成使用面积单方售价：

砖混结构方案：单方售价 = 15798480.00/2797.20 = 5647.96（元/m²）

内浇外砌结构方案：单方售价 = 15798480.00/2881.98 = 5481.81（元/m²）

在保持销售总额不变的前提下，按使用面积计算，两方案

单方售价差额 = 5647.96 - 5481.81 = 166.15（元/m²）

单方售价差率 = 166.15/5647.96 = 2.94%

【案例二】

背景：

某市高新技术开发区拟开发建设集科研和办公于一体的综合大楼，其设计方案主体土建工程结构型式对比如下：

A方案：结构方案为大柱网框架剪力墙轻墙体系，采用预应力大跨度叠合楼板，墙体材料采用多孔砖及移动式可拆装式分室隔墙，窗户采用中空玻璃断桥铝合金窗，面积利用系数为93%，单方造价为1438元/m²；

B方案：结构方案同A方案，墙体采用内浇外砌，窗户采用双玻塑钢窗，面积利用系数为87%，单方造价为1108元/m²；

C方案：结构方案采用框架结构，采用全现浇楼板，墙体材料采用标准黏土砖，窗户采用双玻铝合金窗，面积利用系数为79%，单方造价为1082元/m²。

方案各功能的权重及各方案的功能得分见表2-3。

表2-3　　　　　　　　　　各方案功能的权重及得分表

功能项目	功能权重	各方案功能得分		
		A	B	C
结构体系	0.25	10	10	8
楼板类型	0.05	10	10	9
墙体材料	0.25	8	9	7
面积系数	0.35	9	8	7
窗户类型	0.10	9	7	8

问题:

1. 试应用价值工程方法选择最优设计方案。

2. 为控制工程造价和进一步降低费用,拟针对所选的最优设计方案的土建工程部分,以分部分项工程费用为对象开展价值工程分析。将土建工程划分为四个功能项目,各功能项目得分值及其目前成本见表 2-4。按限额和优化设计要求,目标成本额应控制在12170 万元。

表2-4 各功能项目得分及目前成本表

功能项目	功能得分	目前成本(万元)
A. 桩基围护工程	10	1520
B. 地下室工程	11	1482
C. 主体结构工程	35	4705
D. 装饰工程	38	5105
合 计	94	12812

试分析各功能项目的目标成本及其可能降低的额度,并确定功能改进顺序。

3. 若某承包商以表 2-4 中的总成本加 3.98% 的利润报价(不含税)中标并与业主签订了固定总价合同,而在施工过程中该承包商的实际成本为 12170 万元,则该承包商在该工程上的实际利润率为多少?

4. 若要使实际利润率达到 10%,成本降低额应为多少?

分析要点:

问题 1 考核运用价值工程进行设计方案评价的方法、过程和原理。

问题 2 考核运用价值工程进行设计方案优化和工程造价控制的方法。

价值工程要求方案满足必要功能,清除不必要功能。在运用价值工程对方案的功能进行分析时,各功能的价值指数有以下三种情况:

(1) $VI = 1$,说明该功能的重要性与其成本的比重大体相当,是合理的,无须再进行价值工程分析;

(2) $VI < 1$,说明该功能不太重要,而目前成本比重偏高,可能存在过剩功能,应作为重点分析对象,寻找降低成本的途径;

(3) $VI > 1$,出现这种结果的原因较多,其中较常见的是:该功能较重要,而目前成本偏低,可能未能充分实现该重要功能,应适当增加成本,以提高该功能的实现程度。

各功能目标成本的数值为总目标成本与该功能的功能指数的乘积。

问题3考核预期利润率与实际利润率之间的关系。由本题的计算结果可以看出，若承包商能有效地降低成本，就可以大幅度提高利润率。在本题计算中需注意的是，成本降低额亦即利润的增加额，实际利润为预期利润与利润增加额之和。

答案：

问题1：

解：分别计算各方案的功能指数、成本指数和价值指数，并根据价值指数选择最优方案。

1. 计算各方案的功能指数，见表2-5。

表2-5　　　　　　　　　　　　功能指数计算表

方案功能	功能权重	方案功能加权得分		
		A	B	C
结构体系	0.25	$10 \times 0.25 = 2.50$	$10 \times 0.25 = 2.50$	$8 \times 0.25 = 2.00$
模板类型	0.05	$10 \times 0.05 = 0.50$	$10 \times 0.05 = 0.50$	$9 \times 0.05 = 0.45$
墙体材料	0.25	$8 \times 0.25 = 2.00$	$9 \times 0.25 = 2.25$	$7 \times 0.25 = 1.75$
面积系数	0.35	$9 \times 0.35 = 3.15$	$8 \times 0.35 = 2.80$	$7 \times 0.35 = 2.45$
窗户类型	0.10	$9 \times 0.10 = 0.90$	$7 \times 0.10 = 0.70$	$8 \times 0.10 = 0.80$
合　计		9.05	8.75	7.45
功能指数		$9.05/25.25 = 0.358$	$8.75/25.25 = 0.347$	$7.45/25.25 = 0.295$

注：表2-5中各方案功能加权得分之和为：$9.05 + 8.75 + 7.45 = 25.25$

2. 计算各方案的成本指数，见表2-6。

表2-6　　　　　　　　　　成本指数计算表

方　案	A	B	C	合计
单方造价（元/m²）	1438	1108	1082	3628
成本指数	0.396	0.305	0.298	0.999

3. 计算各方案的价值指数，见表2-7。

表2-7　　　　　　　　　　价值指数计算表

方　案	A	B	C
功能指数	0.358	0.347	0.295
成本指数	0.396	0.305	0.298
价值指数	0.904	1.138	0.990

由表2-7的计算结果可知，B方案的价值指数最高，为最优方案。

问题2：

解：根据表2-4所列数据，分别计算桩基围护工程、地下室工程、主体结构工程和装饰工程的功能指数、成本指数和价值指数；再根据给定的总目标成本额，计算各工程内容的目标成本额，从而确定其成本降低额度。具体计算结果汇总见表2-8。

表2-8　　　　　功能指数、成本指数、价值指数和目标成本降低额计算表

功能项目	功能评分	功能指数	目前成本（万元）	成本指数	价值指数	目标成本（万元）	目标成本降低额（万元）
桩基围护工程	10	0.1064	1520	0.1186	0.8971	1295	225
地下室工程	11	0.1170	1482	0.1157	1.0112	1424	58
主体结构工程	35	0.3723	4705	0.3672	1.0139	4531	174
装饰工程	38	0.4043	5105	0.3985	1.0146	4920	185
合　计	94	1.0000	12812	1.0000		12170	642

由表2-8的计算结果可知，桩基围护工程、地下室工程、主体结构工程和装饰工程均应通过适当方式降低成本。根据目标成本降低额的大小，功能改进顺序依次为：桩基围护工程、装饰工程、主体结构工程、地下室工程。

问题3：

解：

该承包商在该工程上的实际利润率 = 实际利润额/实际成本额

$= (12812 \times 3.98\% + 12812 - 12170)/12170 = 9.47\%$

问题4：

解：设成本降低额为 x 万元，则

$(12812 \times 3.98\% + x)/(12812 - x) = 10\%$

解得 $x = 701.17$ 万元

因此，若要使实际利润率达到10%，成本降低额应为701.17万元。

【案例三】

背景：

某房地产公司对某公寓项目的开发征集到若干设计方案，经筛选后对其中较为出色

的四个设计方案作进一步的技术经济评价。有关专家决定从五个方面（分别以 $F_1 \sim F_5$ 表示）对不同方案的功能进行评价，并对各功能的重要性达成以下共识：F_2 和 F_3 同样重要，F_4 和 F_5 同样重要，F_1 相对于 F_4 很重要，F_1 相对于 F_2 较重要；此后，各专家对该四个方案的功能满足程度分别打分，其结果见表2-9。

据造价工程师估算，A、B、C、D 四个方案的单方造价分别为 1420 元/m²、1230 元/m²、1150 元/m²、1360 元/m²。

表2-9　　　　　　　　　　　方案功能得分表

功　能	方案功能得分			
	A	B	C	D
F_1	9	10	9	8
F_2	10	10	8	9
F_3	9	9	10	9
F_4	8	8	8	7
F_5	9	7	9	6

问题：

1. 计算各功能指标的权重。

2. 用价值指数法选择最佳设计方案。

分析要点：

本案例主要考核 0~4 评分法的运用。本案例与案例二不同的是，在案例二中各功能因素的权重均是已知的，而本案例仅给出各功能因素重要性之间的关系，各功能因素的权重需要根据 0~4 评分法的计分办法自行计算。按 0~4 评分法的规定，两个功能因素比较时，其相对重要程度有以下三种基本情况：

（1）很重要的功能因素得 4 分，另一很不重要的功能因素得 0 分；

（2）较重要的功能因素得 3 分，另一较不重要的功能因素得 1 分；

（3）同样重要或基本同样重要时，则两个功能因素各得 2 分。

答案：

问题1：

解：根据背景资料所给出的条件，各功能指标权重的计算结果见表 2-10。

表2-10   功能权重计算表

	F_1	F_2	F_3	F_4	F_5	得 分	权 重
F_1	×	3	3	4	4	14	$14/40 = 0.350$
F_2	1	×	2	3	3	9	$9/40 = 0.225$
F_3	1	2	×	3	3	9	$9/40 = 0.225$
F_4	0	1	1	×	2	4	$4/40 = 0.100$
F_5	0	1	1	2	×	4	$4/40 = 0.100$
合 计						40	1.000

问题2：

解：分别计算各方案的功能指数、成本指数、价值指数如下：

1. 计算功能指数

将各方案的各功能得分分别与该功能的权重相乘，然后汇总即为该方案的功能加权得分，各方案的功能加权得分为：

$W_A = 9 \times 0.350 + 10 \times 0.225 + 9 \times 0.225 + 8 \times 0.100 + 9 \times 0.100 = 9.125$

$W_B = 10 \times 0.350 + 10 \times 0.225 + 9 \times 0.225 + 8 \times 0.100 + 7 \times 0.100 = 9.275$

$W_C = 9 \times 0.350 + 8 \times 0.225 + 10 \times 0.225 + 8 \times 0.100 + 9 \times 0.100 = 8.900$

$W_D = 8 \times 0.350 + 9 \times 0.225 + 9 \times 0.225 + 7 \times 0.100 + 6 \times 0.100 = 8.150$

各方案功能的总加权得分为 $W = W_A + W_B + W_C + W_D = 9.125 + 9.275 + 8.900 + 8.150 = 35.45$

因此，各方案的功能指数为：

$F_A = 9.125/35.45 = 0.257$

$F_B = 9.275/35.45 = 0.262$

$F_C = 8.900/35.45 = 0.251$

$F_D = 8.150/35.45 = 0.230$

2. 计算各方案的成本指数

各方案的成本指数为：

$C_A = 1420/(1420 + 1230 + 1150 + 1360) = 1420/5160 = 0.275$

$C_B = 1230/5160 = 0.238$

$C_C = 1150/5160 = 0.223$

$C_D = 1360/5160 = 0.264$

3. 计算各方案的价值指数

各方案的价值指数为：

$V_A = F_A/C_A = 0.257/0.275 = 0.935$

$$V_B = F_B / C_B = 0.262/0.238 = 1.101$$

$$V_C = F_C / C_C = 0.251/0.223 = 1.126$$

$$V_D = F_D / C_D = 0.230/0.264 = 0.871$$

由于 C 方案的价值指数最大，所以 C 方案为最佳方案。

【案例四】

背景：

某大型综合楼建设项目，现有 A、B、C 三个设计方案，经造价工程师估算的基础资料，见表2-11。

表2-11　　　　各设计方案的基础资料

指标＼方案	A	B	C
初始投资（万元）	4000	3000	3500
维护费用（万元/年）	30	80	50
使用年限（年）	70	50	60

经专家组确定的评价指标体系为①初始投资；②年维护费用；③使用年限；④结构体系；⑤墙体材料；⑥面积系数；⑦窗户类型。各指标的重要程度系数依次为5、3、2、4、3、6、1，各专家对指标打分的算术平均值，见表2-12。

表2-12　　　　各设计方案的评价指标得分

指标＼方案	A	B	C
初始投资	8	10	9
年维护费用	10	8	9
使用年限	10	8	9
结构体系	10	6	8
墙体材料	6	7	7
面积系数	10	5	6
窗户类型	8	7	8

问题：

1. 如果不考虑其他评审要素，使用最小年费用法选择最佳设计方案（折现率按 10% 考虑）。

2. 如果按上述 7 个指标组成的指标体系对 A、B、C 三个设计方案进行综合评审，确定各指标的权重，并用综合评分法选择最佳设计方案。

3. 如果上述 7 个评价指标的后 4 个指标定义为功能项目，寿命期年费用作为成本，试用价值工程方法优选最佳设计方案。

除问题 1 保留两位小数外，其余计算结果均保留三位小数

分析要点：

对设计方案的优选可以从不同的角度进行分析与评价。如果侧重于经济角度考虑，可采用最小费用法或最大效益法；如果侧重于技术角度考虑，可采用综合评分法或称加权打分法；如果从技术与经济相结合的角度进行分析与评价，则可采用价值工程法和费用效率法等。

答案：

问题 1：

解：计算各方案的寿命期年费用

A 方案：$4000 \times (A/P,10\%,70) + 30 = 4000 \times 0.1 \times 1.1^{70}/(1.1^{70}-1) + 30 = 430.51$（万元）

B 方案：$3000 \times (A/P,10\%,50) + 80 = 3000 \times 0.1 \times 1.1^{50}/(1.1^{50}-1) + 80 = 382.58$（万元）

C 方案：$3500 \times (A/P,10\%,60) + 50 = 3500 \times 0.1 \times 1.1^{60}/(1.1^{60}-1) + 50 = 401.15$（万元）

结论：B 方案的寿命期年费用最小，故选择 B 方案为最佳设计方案。

问题 2：

解：1. 计算各指标的权重

各指标重要程度的系数之和：$5 + 3 + 2 + 4 + 3 + 6 + 1 = 24$

初始投资的权重：$5/24 = 0.208$

年维护费用的权重：$3/24 = 0.125$

使用年限的权重：$2/24 = 0.083$

结构体系的权重：$4/24 = 0.167$

墙体材料的权重：$3/24 = 0.125$

面积系数的权重：$6/24 = 0.250$

窗户类型的权重：$1/24 = 0.042$

2. 计算各方案的综合得分

A 方案：$8 \times 0.208 + 10 \times 0.125 + 10 \times 0.083 + 10 \times 0.167 + 6 \times 0.125 + 10 \times 0.250 + 8 \times 0.042 = 9.000$

B 方案：$10 \times 0.208 + 8 \times 0.125 + 8 \times 0.083 + 6 \times 0.167 + 7 \times 0.125 + 5 \times 0.250 + 7 \times 0.042 = 7.165$

C 方案：$9 \times 0.208 + 9 \times 0.125 + 9 \times 0.083 + 8 \times 0.167 + 7 \times 0.125 + 6 \times 0.250 + 8 \times 0.042 = 7.791$

结论：A 方案的综合得分最高，故选择 A 方案为最佳设计方案。

问题 3：

解：1. 确定各方案的功能指数

（1）计算各功能项目的权重

功能项目重要程度系数为 4：3：6：1，系数之和为 $4 + 3 + 6 + 1 = 14$

结构体系的权重：$4/14 = 0.286$

墙体材料的权重：$3/14 = 0.214$

面积系数的权重：$6/14 = 0.429$

窗户类型的权重：$1/14 = 0.071$

（2）计算各方案的功能综合得分

A 方案：$10 \times 0.286 + 6 \times 0.214 + 10 \times 0.429 + 8 \times 0.071 = 9.002$

B 方案：$6 \times 0.286 + 7 \times 0.214 + 5 \times 0.429 + 7 \times 0.071 = 5.856$

C 方案：$8 \times 0.286 + 7 \times 0.214 + 6 \times 0.429 + 8 \times 0.071 = 6.928$

（3）计算各方案的功能指数

功能合计得分：$9.002 + 5.856 + 6.928 = 21.786$

$F_A = 9.002/21.786 = 0.413$

$F_B = 5.856/21.786 = 0.269$

$F_C = 6.928/21.786 = 0.318$

2. 确定各方案的成本指数

各方案的寿命期年费用之和为 $430.51 + 382.58 + 401.15 = 1214.24$（万元）

$C_A = 430.51/1214.24 = 0.355$

$C_B = 382.58/1214.24 = 0.315$

$C_C = 401.15/1214.24 = 0.330$

3. 确定各方案的价值指数

$V_A = F_A/C_A = 0.413/0.355 = 1.163$

$$V_B = F_B / C_B = 0.269 / 0.315 = 0.854$$

$$V_C = F_C / C_C = 0.318 / 0.330 = 0.964$$

结论：A 方案的价值指数最大，故选择 A 方案为最佳设计方案。

【案例五】

背景：

承包商 B 在某高层住宅楼的现浇楼板施工中，拟采用钢木组合模板体系或小钢模体系施工。经有关专家讨论，决定从模板总摊销费用（F_1）、楼板浇筑质量（F_2）、模板人工费（F_3）、模板周转时间（F_4）、模板装拆便利性（F_5）五个技术经济指标对该两个方案进行评价，并采用 0~1 评分法对各技术经济指标的重要程度进行评分，其部分结果见表 2-13，两方案各技术经济指标的得分见表 2-14。

经造价工程师估算，钢木组合模板在该工程的总摊销费用为 40 万元，每平方米楼板的模板人工费为 8.5 元；小钢模在该工程的总摊销费用为 50 万元，每平方米楼板的模板人工费为 6.8 元。该住宅楼的楼板工程量为 2.5 万 m²。

表2-13 指标重要程度评分表

	F_1	F_2	F_3	F_4	F_5
F_1	×	0	1	1	1
F_2		×	1	1	1
F_3			×	0	1
F_4				×	1
F_5					×

表2-14 指标得分表

指标 ＼ 方案	钢木组合模板	小钢模
总摊销费用	10	8
楼板浇筑质量	8	10
模板人工费	8	10
模板周转时间	10	7
模板装拆便利性	10	9

问题：

　. 1. 试确定各技术经济指标的权重（计算结果保留三位小数）。

　2. 若以楼板工程的单方模板费用作为成本比较对象，试用价值指数法选择较经济的模板体系（功能指数、成本指数、价值指数的计算结果均保留三位小数）。

　3. 若该承包商准备参加另一幢高层办公楼的投标，为提高竞争能力，公司决定模板总摊销费用仍按本住宅楼考虑，其他有关条件均不变。该办公楼的现浇楼板工程量至少要达到多少平方米才应采用小钢模体系（计算结果保留两位小数）？

分析要点：

本案例主要考核 0~1 评分法的运用和成本指数的确定。

问题 1 需要根据 0~1 评分法的计分办法将表 2–13 中的空缺部分补齐后再计算各技术经济指标的得分，进而确定其权重。0~1 评分法的特点是：两指标（或功能）相比较时，不论两者的重要程度相差多大，较重要的得 1 分，较不重要的得 0 分。在运用 0~1 评分法时还需注意，采用 0~1 评分法确定指标重要程度得分时，会出现合计得分为零的指标（或功能），需要将各指标合计得分分别加 1 进行修正后再计算其权重。

问题 2 需要根据背景资料所给出的数据计算两方案楼板工程量的单方模板费用，再计算其成本指数。

问题 3 应从建立单方模板费用函数入手，再令两模板体系的单方模板费用之比与其功能指数之比相等，然后求解该方程。

答案：

问题 1：

解：根据 0~1 评分法的计分办法，两指标（或功能）相比较时，较重要的指标得 1 分，另一较不重要的指标得 0 分。例如，在表 2–13 中，F_1 相对于 F_2 较不重要，故得 0 分（已给出），而 F_2 相对于 F_1 较重要，故应得 1 分（未给出）。各技术经济指标得分和权重的计算结果见表 2–15。

表2-15　　　　　　　　　　　指标权重计算表

	F_1	F_2	F_3	F_4	F_5	得分	修正得分	权重
F_1	×	0	1	1	1	3	4	4/15 = 0.267
F_2	1	×	1	1	1	4	5	5/15 = 0.333
F_3	0	0	×	0	1	1	2	2/15 = 0.133
F_4	0	0	1	×	1	2	3	3/15 = 0.200
F_5	0	0	0	0	×	0	1	1/15 = 0.067
合　计						10	15	1.000

问题2：

解：1. 计算两方案的功能指数，结果见表2-16。

表2-16　　　　　　　　　　　　　　　　功能指数计算表

技术经济指标	权重	钢木组合模板	小钢模
总摊销费用	0.267	$10 \times 0.267 = 2.67$	$8 \times 0.267 = 2.14$
楼板浇筑质量	0.333	$8 \times 0.333 = 2.66$	$10 \times 0.333 = 3.33$
模板人工费	0.133	$8 \times 0.133 = 1.06$	$10 \times 0.133 = 1.33$
模板周转时间	0.200	$10 \times 0.200 = 2.00$	$7 \times 0.200 = 1.40$
模板装拆便利性	0.067	$10 \times 0.067 = 0.67$	$9 \times 0.067 = 0.60$
合　计	1.000	9.06	8.80
功能指数		$9.06/（9.06 + 8.80）= 0.507$	$8.80/（9.06 + 8.80）= 0.493$

2. 计算两方案的成本指数

钢木组合模板的单方模板费用为：$40/2.5 + 8.5 = 24.5$（元/m^2）

小钢模的单方模板费用为：$50/2.5 + 6.8 = 26.8$（元/m^2）

则：

钢木组合模板的成本指数为：$24.5/（24.5 + 26.8）= 0.478$

小钢模的成本指数为：$26.8/（24.5 + 26.8）= 0.522$

3. 计算两方案的价值指数

钢木组合模板的价值指数为：$0.507/0.478 = 1.061$

小钢模的价值指数为：$0.493/0.522 = 0.944$

因为钢木组合模板的价值指数高于小钢模的价值指数，故应选用钢木组合模板体系。

问题3：

解：单方模板费用函数为：$C = C_1/Q + C_2$

式中：C——单方模板费用（元/m^2）

　　　C_1——模板总摊销费用（万元）

　　　C_2——每平方米楼板的模板人工费（元/m^2）

　　　Q——现浇楼板工程量（万 m^2）

则：

钢木组合模板的单方模板费用为：$C_Z = 40/Q + 8.5$

小钢模的单方模板费用为：$C_X = 50/Q + 6.8$

令该两模板体系的单方模板费用之比（即成本指数之比）等于其功能指数之比，有：

$(40/Q + 8.5)/(50/Q + 6.8) = 0.507/0.493$

即：

$0.507(50 + 6.8Q) - 0.493(40 + 8.5Q) = 0$

所以，$Q = 7.58$ 万 m^2

因此，该办公楼的现浇楼板工程量至少达到 7.58 万 m^2 才应采用小钢模体系。

【案例六】

背景：

某分包商承包了某专业分项工程，分包合同中规定：工程量为 $2400m^3$；合同工期为 30 天，6 月 11 日开工，7 月 10 日完工；逾期违约金为 1000 元/天。

该分包商根据企业定额规定：正常施工情况下（按计划完成每天安排的工作量），采用计日工资的日工资标准为 60 元/工日（折算成小时工资为 7.5 元/小时）；延时加班，每小时按小时工资标准的 120% 计；夜间加班，每班按日工资标准的 130% 计。

该分包商原计划每天安排 20 人（按 8 小时计算）施工，由于施工机械调配出现问题，致使该专业分项工程推迟到 6 月 18 日才开工。为了保证按合同工期完工，分包商可采取延时加班（每天延长工作时间，不超过 4 小时）或夜间加班（每班按 8 小时计算）两种方式赶工。延时加班和夜间加班的人数与正常作业的人数相同。

经造价工程师分析，在采取每天延长工作时间方式赶工的情况下，延时加班时间内平均降效 10%；在采取夜间加班方式赶工的情况下，加班期内白天施工平均降效 5%，夜间施工平均降效 15%。

问题：

1. 若该分包商不采取赶工措施，试分析该分项工程的工期延误对该工程总工期的影响。

2. 若采取每天延长工作时间方式赶工，每天需增加多少工作时间（按小时计算，计算结果保留两位小数）？每天需额外增加多少费用？若延时加班时间按四舍五入取整计算并支付费用，应如何安排延时加班？

3. 若采取夜间加班方式赶工，需加班多少天（计算结果四舍五入取整）？

4. 若夜间施工每天增加其他费用 100 元，每天需额外增加多少费用？

5. 从经济角度考虑，该分包商是否应该采取赶工措施？说明理由。假设分包商需赶工，应采取哪一种赶工方式？

分析要点：

本案例考核分项工程工期延误对工程总工期的影响和以加班方式组织施工的经济

问题。

问题 1 其实很简单，若给出具体数据，通过定量计算容易得出正确的结果，但本题是定性分析，却未必能回答完整。

以加班方式组织施工，既降低工效又增加成本，与正常施工相比，肯定是不经济的。但是，在由于承包商自己原因工期已经延误的情况下，若不能按合同工期完工，承包商将承担逾期违约金。因此，是否采取赶工措施以及采取什么赶工措施，应当通过定量分析才能得出结论。

问题 2 至问题 5 就是通过对延时加班和夜间加班效率降低及所增加的成本与逾期违约金的比较得出相应的结论。其中，问题 2 需要注意的是，在实际工作中，延时加班并不是纯粹的数学问题，不可能精确到分或秒来安排和支付费用，而通常是按整数计算加班时间并支付费用。因此，如果充分利用每天的延时加班时间（如本题中用足 3 小时），并不需要在剩余的 23 天中每天都安排延时加班。

答案：

问题 1：

若该分包商不采取赶工措施，该分项工程的工期延误对该工程总工期的影响有以下三种情况：

（1）若该分项工程在总进度计划的关键线路上，则该工程的总工期需要相应延长7 天；

（2）若该分项工程在总进度计划的非关键线路上且其总时差大于或等于 7 天，则该工程的总工期不受影响；

（3）若该分项工程在总进度计划的非关键线路上，但其总时差小于 7 天，则该工程的总工期会受影响；延长的天数为 7 天与该分项工程总时差天数之差。

问题 2：

解：（1）每天需增加的工作时间：

解 1：计划工效为：$2400/30 = 80(\mathrm{m^3/d}) = 80/8 = 10(\mathrm{m^3/h})$

设每天延时加班需增加的工作时间为 x 小时，则

$$(30 - 7) \times [80 + 10x(1 - 10\%)] = 2400$$

解得 $x = 2.71$，则每天需延时加班 2.71h。

解 2：$7 \times 8 \div (1 - 10\%) \div 23 = 2.71(\mathrm{h})$

（2）每天需额外增加的费用为：$20 \times 2.71 \times 7.5 \times 20\% = 81.3(元)$

（3）$23 \times 2.71 \div 3 = 20.78 \approx 21(\mathrm{d})$

因此，应安排 21d 延时加班，每天加班 3h。

问题3：

解：需要加班的天数：

解1：设需夜间加班 y 天，则

$$80(23 - y) + 80y(1 - 5\%) + 80y(1 - 15\%) = 2400$$

解得 $y = 8.75 \approx 9$（d），需夜间加班 9d。

解2：$(30 - 23)/(1 - 5\% - 15\%) = 8.75 \approx 9(d)$

解3：$1 \times (1 - 5\%) + 1 \times (1 - 15\%) - 1 = 0.8(d)$

$$7 \div 0.8 = 8.75 \approx 9(d)$$

问题4：

解：每天需额外增加的费用为：$20 \times 60 \times 30\% + 100 = 460$（元）

问题5：

（1）采取每天延长工作时间的方式赶工，需额外增加费用共 $81.3 \times 23 = 1869.9$（元）。

（2）采取夜间加班方式赶工，需额外增加费用共 $460 \times 9 = 4140$（元）。

（3）因为两种赶工方式所需增加的费用均小于逾期违约金 $1000 \times 7 = 7000$（元），所以该分包商应采取赶工措施。因采取延长工作时间方式费用最低，所以应采取每天延长工作时间的方式赶工。

【案例七】

背景：

某公司承包了一建设项目的设备安装工程，采用固定总价合同，合同价为5500万元，合同工期为200天。合同中规定，实际工期每拖延1天，逾期违约金为5万元；实际工期每提前1天，提前工期奖为3万元。

经造价工程师分析，该设备安装工程成本最低的工期为210天，相应的成本为5000万元。在此基础上，工期每缩短1天，需增加成本10万元；工期每延长1天，需增加成本9万元。在充分考虑施工现场条件和本公司人力、施工机械条件的前提下，该工程最可能的工期为206天。根据本公司类似工程的历史资料，该工程按最可能的工期、合同工期和成本最低的工期完成的概率分别为0.6、0.3和0.1。

问题：

1. 该工程按合同工期和按成本最低的工期组织施工的利润额各为多少？试分析这两种施工组织方案的优缺点。

2. 在确保该设备安装工程不亏本的前提下，该设备安装工程允许的最长工期为多少（计算结果四舍五入取整）？

3. 若按最可能的工期组织施工，该设备安装工程的利润额为多少？相应的成本利润率为多少（计算结果保留两位小数）？

4. 假定该设备安装工程按合同工期、成本最低的工期和最可能的工期组织施工的利润额分别为 380 万元、480 万元和 420 万元，该设备安装工程的期望利润额为多少？相应的产值利润率为多少（计算结果保留两位小数）？

分析要点：

本案例考核工期与成本之间的关系。

一般而言，每个工程都客观上存在成本最低的工期，即按比此工期长或短的工期组织施工都将增加成本。因此，当招标人在招标时对工期未作特别规定或限制的情况下，投标人通常应当按成本最低的工期及相应的成本加上适当的利润投标。但是，若招标人在招标时对工期作了限制性规定（如在本案例中，招标人可能在招标文件中规定工期不得超过 200 天），如果投标人按成本最低的工期投标，将被视为未对招标文件做出实质性反应，从而作为废标处理。按合同工期组织施工和按成本最低的工期组织施工，各有利弊。至于中标人与招标人签订合同后究竟选择哪种施工组织方式，取决于中标人的价值取向和经营理念。因此，问题 1 并未要求优选施工组织方式，而是要求分析这两种施工组织方式的优缺点。

问题 2 可以从成本最低的工期角度出发，考虑由于延长工期所增加的成本和逾期违约金而抵消全部利润所增加的时间，也可以采用列方程的方式求解。

问题 3 给出 3 种解题方式。解 1 采用列方程的方式求解，虽然计算式较复杂，但不易出错；解 2 和解 3 是在问题 1 答案的基础上，考虑按最可能工期组织施工与按合同工期和按成本最低的工期组织施工之间的成本差异列式计算，虽然计算式较简单，但思路要非常清晰，否则容易出错。

问题 4 考核期望值的概念。为了避免由于问题 1 至问题 3 的计算结果错误而导致本题计算错误，故作为已知条件假定了 3 种施工组织方式情况下的利润额。这样的处理方式在工程造价案例分析科目考试中时有应用，注意不要用这些假定的数值检验相关问题的答案（但这些假定数值之间的相对大小关系与相关问题的正确答案应当是一致的）。

问题 3 和问题 4 还分别考核了成本利润率和产值利润率两个概念。这本是简单的问题，但需要注意的是，如果实际考试中仅仅涉及其中一种利润率，不要将两者混淆。

答案:

问题1:

解: 1. 按合同工期组织施工的利润额 $=5500-5000-10\times(210-200)=400$(万元)

　　按成本最低的工期组织施工的利润额 $=5500-5000-5\times(210-200)=450$

(万元)

2. 按合同工期组织施工的优点是企业可获得较好的信誉,利于今后承接其他工程;缺点是利润额较低,具体工程的经济效益较差。

按成本最低的工期组织施工的优点是利润额较高,具体工程的经济效益较好;缺点是影响企业的信誉,可能会影响今后承接其他工程。

问题2:

解1: 允许的最长工期 $=210+450\div(5+9)=242$(d)

解2: 设允许的最长工期为 x 天,则

$5500-5000-9\times(x-210)-5\times(x-200)=0$

解得 $x=242$d

问题3:

解:

1. 按最可能工期组织施工的利润额为:

解1: $5500-5000-10\times(210-206)-5\times(206-200)=430$(万元)

解2: $400+10\times(206-200)-5\times(206-200)=430$(万元)

解3: $450-10\times(210-206)+5\times(210-206)=430$(万元)

2. 相应的成本利润率 $=430\div(5500-430)=8.48\%$

问题4:

解: 1. 该工程的期望利润额 $=420\times0.6+380\times0.3+480\times0.1=414$(万元)

2. 相应的产值利润率 $=414\div5500=7.53\%$

【案例八】

背景:

某项目混凝土总需要量为 5000m^3,混凝土工程施工有两种方案可供选择:方案A为现场制作,方案B为购买商品混凝土。已知商品混凝土平均单价为410元/m^3,现场制作混凝土的单价计算公式为:

$$C=\frac{C_1}{Q}+\frac{C_2\times T}{Q}+C_3$$

式中：C——现场制作混凝土的单价（元/m³）；

　　　C_1——现场搅拌站一次性投资（元），本案例 C_1 为 200000 元；

　　　C_2——搅拌站设备装置的租金和维修费（与工期有关的费用），本案例 C_2 为
　　　　　　15000 元/月；

　　　C_3——在现场制作混凝土所需费用（与混凝土数量有关的费用），本案例 C_3 为
　　　　　　320 元/m³；

　　　Q——现场制作混凝土的数量；

　　　T——工期（月）。

问题：

1. 若混凝土浇筑工期不同时，A、B 两个方案哪一个较经济？

2. 当混凝土浇筑工期为 12 个月时，现场制作混凝土的数量最少为多少立方米才比购买商品混凝土经济？

3. 假设该工程的一根 9.9m 长的现浇钢筋混凝土梁可采用三种设计方案，其断面尺寸均满足强度要求。该三种方案分别采用 A、B、C 三种不同的现场制作混凝土，有关数据见表 2-17。经测算，现场制作混凝土所需费用如下：A 种混凝土为 220 元/m³，B 种混凝土为 230 元/m³，C 种混凝土为 225 元/m³。另外，梁侧模 21.4 元/m²，梁底模 24.8 元/m²；钢筋及制作、绑扎为 3390 元/t。

试选择一种最经济的方案。

表2-17　　　　　　　　　　　　　各方案基础数据表

方案	断面尺寸（mm）	钢筋（kg/m³）	混凝土种类
一	300×900	95	A
二	500×600	80	B
三	300×800	105	C

分析要点：

本案例考核技术经济分析方法的一般应用。

问题 1 和问题 2 都是对现场制作混凝土与购买商品混凝土的比较分析，是同一个问题的两个方面：问题 1 的条件是混凝土数量一定而工期不定，问题 2 的条件是工期一定而混凝土数量不定。由现场制作混凝土的单价计算公式可知，该单价与工期成正比，即工期越长单价越高；与混凝土数量成反比，即混凝土数量越多单价越低。

问题 3 要注意的是，若背景资料仅给出模板单价（即侧模与底模单价相同），在计算模板面积时，不能以梁的周长与其长度相乘，因为梁的顶面无模板。

答案：

问题 1：

解：现场制作混凝土的单价与工期有关，当 A、B 两个方案的单价相等时，工期 T 满足以下关系：

$$\frac{200000}{5000} + \frac{15000 \times T}{5000} + 320 = 410$$

$$T = \frac{(410 - 320 - 200000/5000)}{15000} \times 5000$$

解得 $T = 16.67$ 个月

由此可得到以下结论：

当工期 $T = 16.67$ 个月时，A、B 两方案单价相同；

当工期 $T < 16.67$ 个月时，A 方案（现场制作混凝土）比 B 方案（购买商品混凝土）经济；

当工期 $T > 16.67$ 个月时，B 方案比 A 方案经济。

问题 2：

解：当工期为 12 个月时，现场制作混凝土的最少数量计算如下：

设该最少数量为 x，根据公式有：

$$\frac{200000}{x} + \frac{15000 \times 12}{x} + 320 = 410$$

解得 $x = 4222.22\text{m}^3$

即当 $T = 12$ 个月时，现场制作混凝土的数量必须大于 4222.22m^3 时才比购买商品混凝土经济。

问题 3：

解：三种方案的费用计算见表 2-18。

表2-18   三种方案费用计算表

		方案一	方案二	方案三
混凝土	工程量（m³）	2.673	2.970	2.376
	单价（元/m³）	220	230	225
	费用小计（元）	588.06	683.10	534.60

		方案一	方案二	方案三
钢筋	工程量（kg）	253.94	237.60	249.48
	单价（元/kg）		3.39	
	费用小计（元）	860.86	805.46	845.74
梁侧模板	工程量（m²）	17.82	11.88	15.84
	单价（元/m²）		21.4	
	费用小计（元）	381.35	254.23	338.98
梁底模板	工程量（m²）	2.97	4.95	2.97
	单价（元/m²）		24.8	
	费用小计（元）	73.66	122.76	73.66
费用合计（元）		1903.93	1865.55	1792.98

由表 2-18 的计算结果可知，第三种方案的费用最低，为最经济的方案。

【案例九】

背景：

某机械化施工公司承包了某工程的土方施工任务，坑深为 -4.0m，土方工程量为 9800m³，平均运土距离为 8km，合同工期为 10 天。该公司现有 WY50、WY75、WY100 液压挖掘机各 4 台、2 台、1 台及 5t、8t、15t 自卸汽车各 10 台、20 台、10 台，其主要参数见表 2-19 和表 2-20。

表2-19 挖掘机主要参数

型 号	WY50	WY75	WY100
斗容量（m³）	0.50	0.75	1.00
台班产量（m³）	401	549	692
台班单价（元/台班）	880	1060	1420

表2-20 自卸汽车主要参数

载重能力	5t	8t	15t
运距8km时台班产量（m³）	28	45	68
台班单价（元/台班）	318	458	726

问题：

1. 若挖掘机和自卸汽车按表中型号只能各取一种，且数量没有限制，如何组合最经济？相应的每立方米土方的挖运直接费为多少？

2. 若该工程只允许白天一班施工，且每天安排的挖掘机和自卸汽车的型号、数量不变，需安排几台何种型号的挖掘机和几台何种型号的自卸汽车（不考虑土方回填和人工清底）？

3. 按上述安排的挖掘机和自卸汽车的型号和数量，每立方米土方的挖运直接费为多少？

分析要点：

本案例考核施工机械的经济组合。通常每种型号的施工机械都有其适用的范围，需要根据工程的具体情况通过技术经济比较来选择。另外，企业的机械设备数量总是有限的，因而理论计算的最经济组合不一定能实现，只能在现有资源条件下选择相对最经济的组合。

本案例中挖掘机的选择比较简单，只有一种可能性，而由于企业资源条件的限制，自卸汽车的选择则较为复杂，在充分利用最经济的8t自卸汽车之后，还要选择次经济的15t自卸汽车（必要时，还可能选择最不经济的5t自卸汽车）。

在解题过程中需注意以下几点：

第一，挖掘机与自卸汽车的配比若有小数，不能取整，应按实际计算数值继续进行其他相关计算。

第二，计算出的机械台数若有小数，不能采用四舍五入的方式取整，而应取其整数部分的数值加1。

第三，不能按总的土方工程量分别独立地计算挖掘机和自卸汽车的需要量，例如，仅就运土而言，每天安排20台8t自卸汽车和3台5t自卸汽车亦可满足背景资料所给定的条件，且按有关参数计算比本案例的答案稍经济，但是，这样安排机械组合使得挖掘机的挖土能力与自卸汽车的运土能力不匹配，由此可能产生以下两种情况：一是挖掘机充分发挥其挖土能力，9天完成后退场，由于自卸汽车需10天才能运完所有土方，这意味着每天现场都有多余土方不能运出，从而必将影响运土效率，导致10天运不完所有土方；二是挖掘机按运土进度适当放慢挖掘进度，10天挖完所有土方，则两台WY75挖掘机均要增加一个台班，挖土费增加，亦不经济，如果考虑到提前一天挖完土方可能带来的收益，显然10天挖完土方更不经济。

答案：

问题1：

解：1. 计算三种型号挖掘机每立方米土方的挖土直接费

WY50 挖掘机的挖土直接费为：880/401 = 2.19（元/m³）

WY75 挖掘机的挖土直接费为：1060/549 = 1.93（元/m³）

WY100 挖掘机的挖土直接费为：1420/692 = 2.05（元/m³）

取单价为 1.93 元/m³ 的 WY75 挖掘机。

2. 计算三种型号自卸汽车每立方米土方的运土直接费

5t 自卸汽车的运土直接费为：318/28 = 11.36（元/m³）

8t 自卸汽车的运土直接费为：458/45 = 10.18（元/m³）

15t 自卸汽车的运土直接费为：726/68 = 10.68（元/m³）

取单价为 10.18 元/m³ 的 8t 自卸汽车。

3. 相应的每立方米土方的挖运直接费为：1.93 + 10.18 = 12.11（元/m³）

问题 2：

解：每天需 WY75 挖掘机的数量为：9800/（549 × 10）= 1.79（台）。

取每天安排 WY75 挖掘机 2 台。

按问题 1 的组合，每天需要的挖掘机和自卸汽车的台数比例为：549/45 = 12.2，则每天应安排 8t 自卸汽车 2 × 12.2 = 24.4（台）。

取每天安排 8t 自卸汽车 25 台。

由于该公司目前仅有 20 台 8t 自卸汽车，故超出部分（24.4 - 20）台只能另选其他型号自卸汽车。

由于已选定每天安排 2 台 WY75 挖掘机，则挖完该工程土方的天数为：

9800/（549 × 2）= 8.93（d）≈ 9（d）

因此，20 台 8t 自卸汽车每天不能运完的土方量为：

9800/9 - 45 × 20 = 189（m³）

为每天运完以上土方量，可选择以下四种 15t 和 5t 自卸汽车的组合：

1. 3 台 15t 自卸汽车：

运土量为：68 × 3 = 204m³ > 189m³，

相应的费用为：726 × 3 = 2178（元）；

2. 2 台 15t 自卸汽车和 2 台 5t 自卸汽车：

运土量为：（68 + 28）× 2 = 192m³ > 189m³，

相应的费用为：（726 + 318）× 2 = 2088（元）；

3. 1 台 15t 自卸汽车和 5 台 5t 自卸汽车：

运土量为：68 + 28 × 5 = 208m³ > 189m³，

相应的费用为：726 + 318 × 5 = 2316（元）；

4.　7台5t自卸汽车：

运土量为：$28 \times 7 = 196 m^3 > 189 m^3$，

相应的费用为：$318 \times 7 = 2226$（元）。

在上述四种组合中，第二种组合费用最低，故应另外再安排2台15t自卸汽车和2台5t自卸汽车。

综上所述，为完成该工程的土方施工任务，每天需安排WY75挖掘机2台，8t自卸汽车20台，15t自卸汽车和5t自卸汽车各2台。

问题3：

解：按上述安排的挖掘机和自卸汽车的数量，每立方米土方相应的挖运直接费为：

$(1060 \times 2 + 458 \times 20 + 726 \times 2 + 318 \times 2) \times 9/9800 = 12.28$（元/$m^3$）。

【案例十】

背景：

某特大城市为改善目前已严重拥堵的某城市主干道的交通状况，拟投资建设一交通项目，有地铁、轻轨和高架道路三个方案。该三个方案的使用寿命均按50年计算，分别需每15年、10年、20年大修一次。单位时间价值为10元/h，基准折现率为8%，其他有关数据，见表2-21。

不考虑建设工期的差异，即建设投资均按期初一次性投资考虑，不考虑动拆迁工作和建设期间对交通的影响，三个方案均不计残值，每年按360天计算。

寿命周期成本和系统效率计算结果取整数，系统费用效率计算结果保留两位小数。

表2-21　　　　　　　　各方案基础数据表

方案	地铁	轻轨	高架道路
建设投资（万元）	1000000	500000	300000
年维修和运行费（万元/年）	10000	8000	3000
每次大修费（万元/次）	40000	30000	20000
日均客流量（万人/d）	50	30	25
人均节约时间（h/人）	0.7	0.6	0.4
运行收入（元/人）	3	3	0
土地升值（万元/年）	50000	40000	30000

表2-22　　　　　　　　　　　　　　现值系数表

n	10	15	20	30	40	45	50
$(P/A, 8\%, n)$	6.710	8.559	9.818	11.258	11.925	12.108	12.233
$(P/F, 8\%, n)$	0.463	0.315	0.215	0.099	0.046	0.031	0.021

问题：

1. 三个方案的年度寿命周期成本各为多少？

2. 若采用寿命周期成本的费用效率（CE）法，应选择哪个方案？

3. 若轻轨每年造成的噪声影响损失为7000万元，将此作为环境成本，则在地铁和轻轨两个方案中，哪个方案较好？

分析要点：

本案例考核寿命周期成本分析的有关问题。

工程寿命周期成本包括资金成本、环境成本和社会成本。由于环境成本和社会成本较难定量分析，一般只考虑资金成本，但本案例问题3以简化的方式考虑了环境成本，旨在强化环境保护的理念。

工程寿命周期资金成本包括建设成本（设置费）和使用成本（维持费），其中，建设成本内容明确，估算的结果也较为可靠；而使用成本内容繁杂，且不确定因素很多，估算的结果不甚可靠，本案例主要考虑了大修费与年维修和运行费。为简化计算，本题未考虑各方案的残值，且假设三方案的使用寿命相同。

在寿命周期成本评价方法中，费用效率法是较为常用的一种。运用这种方法的关键在于将系统效率定量化，尤其是应将系统的非直接收益定量化，在本案例中主要考虑了土地升值和节约时间的价值。

需要注意的是，环境成本应作为寿命周期费用增加的内容，而不能作为收益的减少，否则，可能导致截然相反的结论。

答案：

问题1：

解：1. 计算地铁的年度寿命周期成本 LCC_D

（1）年度建设成本（设置费）

$$IC_D = 1000000(A/P, 8\%, 50) = 1000000/12.233 = 81746（万元）$$

（2）年度使用成本（维持费）

$$SC_D = 10000 + 40000\big[(P/F,8\%,15) + (P/F,8\%,30)$$
$$+ (P/F,8\%,45)\big](A/P,8\%,50)$$
$$= 10000 + 40000(0.315 + 0.099 + 0.031)/12.233 = 11455（万元）$$

（3）年度寿命周期成本

$$LCC_D = IC_D + SC_D = 81746 + 11455 = 93201（万元）$$

2. 计算轻轨的年度寿命周期成本 LCC_Q

（1）年度建设成本（设置费）

$$IC_Q = 500000(A/P,8\%,50) = 500000/12.233 = 40873（万元）$$

（2）年度使用成本（维持费）

$$SC_Q = 8000 + 30000\big[(P/F,8\%,10) + (P/F,8\%,20) + (P/F,8\%,30)$$
$$+ (P/F,8\%,40)\big](A/P,8\%,50)$$
$$= 8000 + 30000(0.463 + 0.215 + 0.099 + 0.046)/12.233 = 10018（万元）$$

（3）年度寿命周期成本

$$LCC_Q = IC_Q + SC_Q = 40873 + 10018 = 50891（万元）$$

3. 计算高架道路的年度寿命周期成本 LCC_G

（1）年度建设成本（设置费）

$$IC_G = 300000(A/P,8\%,50) = 300000/12.233 = 24524（万元）$$

（2）使用成本（维持费）

$$SC_G = 3000 + 20000\big[(P/F,8\%,20) + (P/F,8\%,40)\big](A/P,8\%,50)$$
$$= 3000 + 20000(0.215 + 0.046)/12.233 = 3427（万元）$$

（3）年度寿命周期成本

$$LCC_G = IC_G + SC_G = 24524 + 3427 = 27951（万元）$$

问题 2：

解：1. 计算地铁的年度费用效率 CE_D

（1）年度系统效率 SE_D

$$SE_D = 50 \times (0.7 \times 10 + 3) \times 360 + 50000 = 230000（万元）$$

（2）$CE_D = SE_D/LCC_D = 230000/93201 = 2.47$

2. 计算轻轨的年度费用效率 CE_Q

（1）年度系统效率 SE_Q

$$SE_Q = 30 \times (0.6 \times 10 + 3) \times 360 + 40000 = 137200（万元）$$

（2）$CE_Q = SE_Q/LCC_Q = 137200/50891 = 2.70$

3. 计算高架道路的年度费用效率 CE_G

（1）年度系统效率 SE_G

$$SE_G = 25 \times 0.4 \times 10 \times 360 + 30000 = 66000（万元）$$

（2）$CE_G = SE_G / LCC_G = 66000/27951 = 2.36$

由于轻轨的费用效率最高，因此，应选择建设轻轨。

问题 3：

将 7000 万元的环境成本加到轻轨的寿命周期成本上，则轻轨的年度费用效率

$$CE_Q = SE_Q / LCC_Q = 137200/(50891 + 7000) = 2.37$$

由问题 2 可知，$CE_D = 2.47 > CE_Q = 2.37$，因此，若考虑将噪声影响损失作为环境成本，则地铁方案优于轻轨方案。

【案例十一】

背景：

某建设项目有 A、B、C 三个投资方案。其中，A 方案投资额为 2000 万元的概率为 0.6，投资额为 2500 万元的概率为 0.4；在这两种投资额情况下，年净收益额为 400 万元的概率为 0.7，年净收益额为 500 万元的概率为 0.3。

通过对 B 方案和 C 方案的投资额数额及发生概率、年净收益额数额及发生概率的分析，得到该两方案的投资效果、发生概率及相应的净现值数据，见表 2-23。

表2-23　　　　　　　　　　　B 方案和 C 方案评价参数表

方　案	效　果	概　率	净现值（万元）
B 方案	好	0.24	900
	较好	0.06	700
	较差	0.56	500
	很差	0.14	−100
C 方案	好	0.24	1000
	较好	0.16	600
	较差	0.36	200
	很差	0.24	−300

假定 A、B、C 三个投资方案的建设投资均发生在期初，年净收益额均发生在各年的年末，寿命期均为 10 年，基准折现率为 10%。

在计算净现值时取年金现值系数 $(P/A, 10\%, 10) = 6.145$。

问题：

1. 简述决策树的概念。

2. A 方案投资额与年净收益额四种组合情况的概率分别为多少？

3. A 方案净现值的期望值为多少？

4. 试运用决策树法进行投资方案决策。

分析要点：

本案例考核决策树法的运用，主要考核决策树的概念及其绘制和计算，要求熟悉决策树法的适用条件，能根据给定条件正确画出决策树，并能正确计算各机会点的数值，进而做出决策。

决策树的绘制是自左向右（决策点和机会点的编号左小右大，上小下大），而计算则是自右向左。各机会点的期望值计算结果应标在该机会点上方，最后将决策方案以外的方案枝用两短线排除。

需要说明的是，在题目限定用决策树法进行方案决策时，要计算各方案投资额与年净收益四种组合情况的概率及相应的净现值，进而计算各方案净现值的期望值。但是，如果题目仅仅要求计算各方案净现值的期望值，则可以直接用年净收益额的期望值减去投资额的期望值求得净现值的期望值。为此，问题 3 给出了两种解法。

答案：

问题 1：

答：决策树是以方框和圆圈为节点，并由直线连接而成的一种像树枝形状的结构，其中，方框表示决策点，圆圈表示机会点；从决策点画出的每条直线代表一个方案，叫作方案枝，从机会点画出的每条直线代表一种自然状态，叫作概率枝。

问题 2：

解：

投资额为 2000 万元与年净收益为 400 万元组合的概率为：$0.6 \times 0.7 = 0.42$

投资额为 2000 万元与年净收益为 500 万元组合的概率为：$0.6 \times 0.3 = 0.18$

投资额为 2500 万元与年净收益为 400 万元组合的概率为：$0.4 \times 0.7 = 0.28$

投资额为 2500 万元与年净收益为 500 万元组合的概率为：$0.4 \times 0.3 = 0.12$

问题 3：

解 1：

投资额为 2000 万元与年净收益为 400 万元组合的净现值为：

$NPV_1 = -2000 + 400 \times 6.145 = 458$（万元）

投资额为 2000 万元与年净收益为 500 万元组合的净现值为：

$$NPV_2 = -2000 + 500 \times 6.145 = 1072.5(万元)$$

投资额为 2500 万元与年净收益为 400 万元组合的净现值为：

$$NPV_3 = -2500 + 400 \times 6.145 = -42(万元)$$

投资额为 2500 万元与年净收益为 500 万元组合的净现值为：

$$NPV_4 = -2500 + 500 \times 6.145 = 572.5(万元)$$

因此，A 方案净现值的期望值为：

$$E(NPV_A) = 458 \times 0.42 + 1072.5 \times 0.18 - 42 \times 0.28 + 572.5 \times 0.12 = 442.35(万元)$$

解 2：

$$E(NPV_A) = -(2000 \times 0.6 + 2500 \times 0.4) + (400 \times 0.7 + 500 \times 0.3) \times 6.145$$
$$= 442.35(万元)$$

问题 4：

解：1. 画出决策树，标明各方案的概率和相应的净现值，如图 2-1 所示。

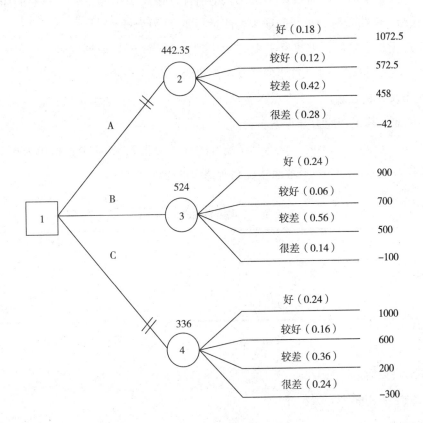

图 2-1　决策树

2. 计算图 2-1 中各机会点净现值的期望值（将计算结果标在各机会点上方）。

机会点②：$E(NPV_A) = 442.35$（万元）（直接用问题 3 的计算结果）

机会点③：$E(NPV_B) = 900 \times 0.24 + 700 \times 0.06 + 500 \times 0.56 - 100 \times 0.14 = 524$（万元）

机会点④：$E(NPV_C) = 1000 \times 0.24 + 600 \times 0.16 + 200 \times 0.36 - 300 \times 0.24 = 336$（万元）

3. 选择最优方案。

因为机会点③净现值的期望值最大，故应选择 B 方案。

【案例十二】

背景：

某企业生产的某种产品在市场上供不应求，因此该企业决定投资扩建新厂。据研究分析，该产品 10 年后将升级换代，目前的主要竞争对手也可能扩大生产规模，故提出以下三个扩建方案：

1. 大规模扩建新厂，需投资 3 亿元。据估计，该产品销路好时，每年的净现金流量为 9000 万元；销路差时，每年的净现金流量为 3000 万元。

2. 小规模扩建新厂，需投资 1.4 亿元。据估计，该产品销路好时，每年的净现金流量为 4000 万元；销路差时，每年的净现金流量为 3000 万元。

3. 先小规模扩建新厂，3 年后，若该产品销路好再决定是否再次扩建。若再次扩建，需投资 2 亿元，其生产能力与方案 1 相同。

据预测，在今后 10 年内，该产品销路好的概率为 0.7，销路差的概率为 0.3。

基准收益率 $i_c = 10\%$，不考虑建设期所持续的时间。

表2-24   现值系数表

n	1	3	7	10
$(P/A, 10\%, n)$	0.909	2.487	4.868	6.145
$(P/F, 10\%, n)$	0.909	0.751	0.513	0.386

问题：

1. 画出决策树。

2. 试决定采用哪个方案扩建。

分析要点：

本案例已知三个方案的净现金流量和概率，可采用决策树方法进行分析决策。由于方案 3 需分为前 3 年和后 7 年两个阶段考虑，因而本案例是一个两级决策问题，相应地，在决策树中有两个决策点，这是在画决策树时需注意的。另外，由于净现金流量和投资发生在不同时间，故首先需要将净现金流量折算成现值，然后再进行期望值的计算。

本案例的难点在于方案 3 期望值的计算。在解题时需注意以下几点：

一是方案 3 决策点 II 之后的方案枝没有概率枝，或者说，销路好的概率为 1.0。但是，不能由此推论两级决策点后的方案枝肯定没有概率枝。

二是背景资料未直接给出方案 3 在三种情况下（销路好再次扩建、销路好不扩建、销路差）的净现金流量，需根据具体情况，分别采用方案 1 和方案 2 的相应数据。尤其是背景资料中的 "其生产能力与方案 1 相同"，隐示其年净现金流量为 9000 万元。

三是机会点③期望值的计算比较复杂，包括以下两种状态下的两个方案：（1）销路好状态下的前 3 年小规模扩建，后 7 年再次扩建；（2）销路差状态下小规模扩建持续 10 年。

四是需二次折现，即后 7 年的净现金流量按年金现值计算后，还要按一次支付现值系数折现到前 3 年年初。

答案：

问题 1：

解：根据背景资料所给出的条件画出决策树，标明各方案的概率和净现金流量，如图2-2所示。

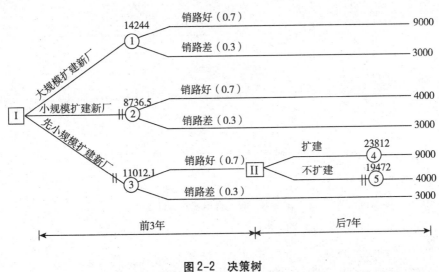

图2-2　决策树

问题 2：

解：1. 计算二级决策点各备选方案的期望值并做出决策

机会点④的期望值：$9000 \times (P/A, 10\%, 7) - 20000 = 9000 \times 4.868 - 20000 = 23812$（万元）

机会点⑤的期望值：$4000 \times (P/A, 10\%, 7) = 4000 \times 4.868 = 19472$（万元）

由于机会点④的期望值大于机会点⑤的期望值，因此应采用3年后销路好时再次扩建的方案。

2. 计算一级决策点各备选方案的期望值并做出决策

机会点①的期望值：$(9000 \times 0.7 + 3000 \times 0.3) \times (P/A, 10\%, 10) - 30000$

$$= 7200 \times 6.145 - 30000 = 14244（万元）$$

机会点②的期望值：$(4000 \times 0.7 + 3000 \times 0.3) \times (P/A, 10\%, 10) - 14000$

$$= 3700 \times 6.145 - 14000 = 8736.5（万元）$$

机会点③的期望值：

$4000 \times 0.7 \times (P/A, 10\%, 3) + 23812 \times 0.7 \times (P/F, 10\%, 3) + 3000 \times 0.3 \times (P/A, 10\%, 10) - 14000 = 4000 \times 0.7 \times 2.487 + 23812 \times 0.7 \times 0.751 + 3000 \times 0.3 \times 6.145 - 14000 = 11012.1（万元）$

由于机会点①的期望值最大，故应采用大规模扩建新厂方案。

【案例十三】

背景：

某工程双代号施工网络计划如图 2-3 所示，该进度计划已经监理工程师审核批准，合同工期为 23 个月。

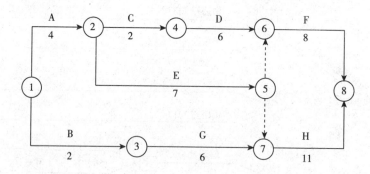

图 2-3　双代号施工网络计划

问题：

1. 该施工网络计划的计算工期为多少个月？关键工作有哪些？

2. 计算工作 B、C、G 的总时差和自由时差。

3. 如果工作 C 和工作 G 需共用一台施工机械且只能按先后顺序施工（工作 C 和工作 G 不能同时施工），该施工网络进度计划应如何调整较合理？

分析要点：

本案例考核网络计划的有关问题。

问题 1 考核网络计划关键线路和总工期的确定。

问题 2 考核网络计划时间参数的计算。

问题 3 考核网络计划在资源限定条件下的调整以及按工期要求对可行的调整方案的比选。在这一问题中，涉及工作之间的逻辑关系、网络图的绘制原则、节点编号的确定以及虚工作的运用，见图 2-6。

网络计划的调整不仅可能改变总工期，而且可能改变关键线路。本案例为了强调这一点，在设置网络计划各工作的逻辑关系和持续时间时，特别使两个调整方案的关键线路和总工期均与原网络计划不同，而且互不相同。

需要特别指出的是，问题 3 需按要求重新绘制网络计划，通过计算比较工期长短后才能得出正确答案。不能简单地认为，由于在原网络计划中 G 工作之后是关键工作，因而应当先安排 G 工作再安排 C 工作。

答案：

问题 1：

解：按工作计算法，对该网络计划工作最早时间参数进行计算：

1. 工作最早开始时间 ES_{i-j}。

$$ES_{1-2} = ES_{1-3} = 0$$

$$ES_{2-4} = ES_{2-5} = ES_{1-2} + D_{1-2} = 0 + 4 = 4$$

$$ES_{3-7} = ES_{1-3} + D_{1-3} = 0 + 2 = 2$$

$$ES_{4-6} = ES_{2-4} + D_{2-4} = 4 + 2 = 6$$

$$ES_{6-8} = \max\{(ES_{2-5} + D_{2-5}), (ES_{4-6} + D_{4-6})\} = \max\{(4+7), (6+6)\} = 12$$

$$ES_{7-8} = \max\{(ES_{2-5} + D_{2-5}), (ES_{3-7} + D_{3-7})\} = \max\{(4+7), (2+6)\} = 11$$

2. 工作最早完成时间 EF_{i-j}。

$$EF_{1-2} = ES_{1-2} + D_{1-2} = 0 + 4 = 4$$

$$EF_{1-3} = ES_{1-3} + D_{1-3} = 0 + 2 = 2$$

$$\cdots\cdots$$

$$EF_{6-8} = ES_{6-8} + D_{6-8} = 12 + 8 = 20$$

$$EF_{7-8} = ES_{7-8} + D_{7-8} = 11 + 11 = 22$$

上述计算也可直接在图上进行，其计算结果如图 2-4 所示。该网络计划的计算工期：

$$T_c = \max\{EF_{6-8}, EF_{7-8}\} = \max\{20, 22\} = 22(月)$$

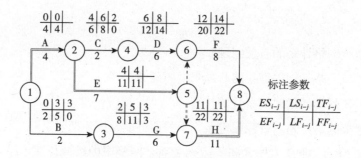

图 2-4 施工网络计划工期计算

关键路线为所有线路中最长的线路,其长度等于 22 个月。从图 2-4 可见,关键线路为 1-2-5-7-8,关键工作为 A、E、H。不必将所有工作总时差计算出来后,再来确定关键工作。

问题 2:

解:按工作计算法,对该网络计划工作最迟时间参数进行计算:

1. 工作最迟完成时间 LF_{i-j}。

$$LF_{6-8} = LF_{7-8} = T_c = 22$$

$$LF_{4-6} = LF_{6-8} - D_{6-8} = 22 - 8 = 14$$

$$\cdots\cdots$$

$$LF_{2-5} = \min\{(LF_{6-8} - D_{6-8}), (LF_{7-8} - D_{7-8})\}$$

$$= \min\{(22 - 8), (22 - 11)\} = \min\{14, 11\} = 11$$

$$\cdots\cdots$$

2. 工作最迟开始时间 LS_{i-j}。

$$LS_{6-8} = LF_{6-8} - D_{6-8} = 22 - 8 = 14$$

$$LS_{7-8} = LF_{7-8} - D_{7-8} = 22 - 11 = 11$$

$$\cdots\cdots$$

$$LS_{2-5} = LF_{2-5} - D_{2-5} = 11 - 7 = 4$$

$$\cdots\cdots$$

上述计算也可直接在图上进行,其结果如图 2-4 所示。利用前面的计算结果,根据总时差和自由时差的定义,可以进行如下计算:

工作 B:$TF_{1-3} = LS_{1-3} - ES_{1-3} = 3 - 0 = 3$ $\qquad FF_{1-3} = ES_{3-7} - EF_{1-3} = 2 - 2 = 0$

工作 C:$TF_{2-4} = LS_{2-4} - ES_{2-4} = 6 - 4 = 2$ $\qquad FF_{2-4} = ES_{4-6} - EF_{2-4} = 6 - 6 = 0$

工作 G:$TF_{3-7} = LS_{3-7} - ES_{3-7} = 5 - 2 = 3$ $\qquad FF_{3-7} = ES_{7-8} - EF_{3-7} = 11 - 8 = 3$

总时差和自由时差计算也可直接在图上进行,标注在相应位置,如图 2-4 所示,其他工作的总时差和自由时差本题没有要求。

问题3：

解：工作 C 和工作 G 共用一台施工机械且需按先后顺序施工时，有两种可行的方案：

1. 方案一：按先 C 后 G 顺序施工，调整后网络计划如图 2-5 所示。

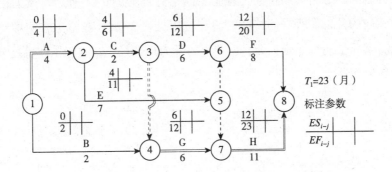

图2-5 先C后G顺序施工网络计划

按工作计算法，只需计算各工作的最早开始时间和最早完成时间，如图 2-5 所示，即可求得计算工期：

$T_1 = \max\{EF_{6-8}, EF_{7-8}\} = \max\{20, 23\} = 23$（月），关键路线为 1-2-3-4-7-8。

2. 方案二：按先 G 后 C 顺序施工，调整后网络计划如图 2-6 所示。按工作计算法，只需计算各工作的最早开始时间和最早完成时间，见图 2-6，即可求得计算工期：

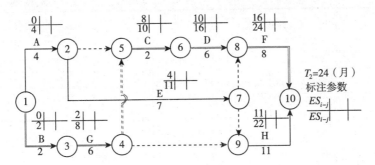

图2-6 先G后C顺序施工网络计划

$T_2 = \max\{EF_{8-10}, EF_{9-10}\} = \max\{24, 22\} = 24$（月），关键线路为 1-3-4-5-6-8-10。

通过上述两方案的比较，方案一的工期比方案二的工期短，且满足合同工期的要求。因此，应按先 C 后 G 的顺序组织施工较为合理。

【案例十四】

背景：

根据工作之间的逻辑关系，某工程施工网络计划如图 2-7 所示。该工程有两个施工组织方案，相应的各工作所需的持续时间和费用见表 2-25。在施工合同中约定：合同工期为 271 天，实际工期每拖延 1 天，逾期违约金为 0.5 万元；实际工期每提前 1 天，提前工期奖为 0.5 万元。

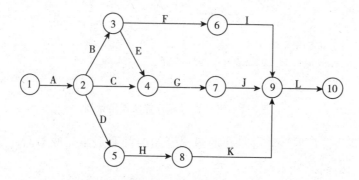

图2-7　某工程施工网络计划

表2-25　　　　　　　　　　　　　　基础资料表

工　作	施工组织方案 I		施工组织方案 II	
	持续时间（d）	费用（万元）	持续时间（d）	费用（万元）
A	30	13	28	16
B	46	20	42	22
C	28	10	28	10
D	40	19	39	19.5
E	50	23	48	23.5
F	38	13	38	13
G	59	25	55	28
H	43	18	43	18
I	50	24	48	25
J	39	12.5	39	12.5
K	35	15	33	16
L	50	20	49	21

问题：

1. 分别计算两种施工组织方案的工期和综合费用并确定其关键线路。

2. 如果对该工程采用混合方案组织施工，应如何组织施工较经济？相应的工期和综合费用各为多少？（在本题的解题过程中不考虑工作持续时间变化对网络计划关键线路的影响）

分析要点：

本案例考核施工组织方案的比选原则和方法以及在费用最低的前提下对施工进度计划（网络计划）的优化。

问题1涉及关键线路的确定和综合费用的计算。若题目不要求计算网络计划的时间参数，而仅仅要求确定关键线路，则并不一定要通过计算网络计划的时间参数，按总时差为零的工作所组成的线路来确定关键线路；而可先列出网络计划中的所有线路，再分别计算各线路的长度，其中最长的线路即为关键线路。

所谓综合费用，是指施工组织方案本身所需的费用与根据该方案计算工期和合同工期的差额所产生的工期奖罚费用之和，其数值大小是选择施工组织方案的重要依据。

问题2实际上是对施工进度计划的优化。采用混合方案组织施工有以下两种可能性：一是关键工作采用方案Ⅱ（工期较短），非关键工作采用方案Ⅰ（费用较低）组织施工；二是在方案Ⅰ的基础上，按一定的优先顺序压缩关键线路。通过比较以上两种混合组织施工方案的综合费用，取其中费用较低者付诸实施。

由于本工程非关键线路的时差天数很多，非关键工作持续时间少量延长或关键工作持续时间少量压缩不改变网络计划的关键线路，因此，本题出于简化计算的考虑，在解题过程中不考虑工作持续时间变化对网络计划关键线路的影响。但是，在实际组织施工时，要注意原非关键工作延长后可能成为关键工作，甚至可能使计划工期（未必是合同工期）延长；而关键工作压缩后可能使原非关键工作成为关键工作，从而改变关键线路或形成多条关键线路。需要说明的是，按惯例，施工进度计划应提交给监理工程师审查，不满足合同工期要求的施工进度计划是不会被批准的。因此，从理论上讲，当原施工进度计划不满足合同工期要求时，即使压缩费用大于工期奖，也必须压缩（当然，实际操作时，承包商仍可能宁可承受逾期违约金而按费用最低的原则组织施工）。另外还要注意，两种方案的关键线路可能不同，在解题时要注意加以区分。

答案：

问题1：

解：根据对图2-7施工网络计划的分析可知，该网络计划共有四条线路，即：

线路1：1-2-3-6-9-10

线路2：1-2-3-4-7-9-10

线路3：1-2-4-7-9-10

线路4：1-2-5-8-9-10

1. 按方案 I 组织施工，将表 2-25 中各工作的持续时间标在网络图上，如图 2-8 所示。

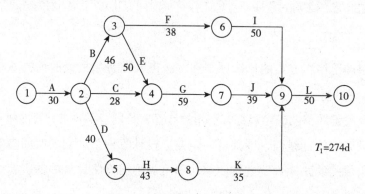

图2-8　方案 I 施工网络计划

图 2-8 中四条线路的长度分别为：

$t_1 = 30 + 46 + 38 + 50 + 50 = 214$ （d）

$t_2 = 30 + 46 + 50 + 59 + 39 + 50 = 274$ （d）

$t_3 = 30 + 28 + 59 + 39 + 50 = 206$ （d）

$t_4 = 30 + 40 + 43 + 35 + 50 = 198$ （d）

所以，关键线路为 1-2-3-4-7-9-10，计算工期 $T_1 = 274$d。

将表 2-25 中各工作的费用相加，得到方案 I 的总费用为 212.5 万元，则其综合费用 $C_1 = 212.5 + （274 - 271） \times 0.5 = 214$ （万元）。

2. 按方案 II 组织施工，将表 2-25 中各工作的持续时间标在网络图上，如图 2-9 所示。

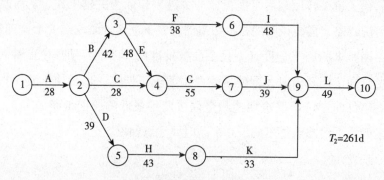

图2-9　方案 II 施工网络计划

图 2-9 中四条线路的长度分别为：

$t_1 = 28 + 42 + 38 + 48 + 49 = 205$ （d）

$t_2 = 28 + 42 + 48 + 55 + 39 + 49 = 261$ （d）

$t_3 = 28 + 28 + 55 + 39 + 49 = 199$ （d）

$t_4 = 28 + 39 + 43 + 33 + 49 = 192$ （d）

所以，关键线路仍为 1-2-3-4-7-9-10，计算工期 $T_2 = 261$d。

将表 2-25 中各工作的费用相加，得到方案 II 的总费用为 224.5 万元，则其综合费用 $C_2 = 224.5 + (261 - 271) \times 0.5 = 219.5$（万元）。

问题2：

解：1. 关键工作采用方案 II，非关键工作采用方案 I

即关键工作 A、B、E、G、J、L 执行方案 II 的工作时间，保证工期为 261d；非关键工作执行方案 I 的工作时间，而其中费用较低的非关键工作有：$t_D = 40$d，$c_D = 19$ 万元；$t_I = 50$d，$c_I = 24$ 万元；$t_K = 35$d，$c_K = 15$ 万元。则，按此方案混合组织施工的综合费用为：

$C' = 219.5 - (19.5 - 19) - (25 - 24) - (16 - 15) = 217$（万元）

2. 在方案 I 的基础上，按压缩费用从少到多的顺序压缩关键线路

（1）计算各关键工作的压缩费用

关键工作 A、B、E、G、L 每压缩一天的费用分别为 1.5、0.5、0.25、0.75、1.0（万元）。

（2）先对压缩费用小于工期奖的工作压缩，即压缩工作E 2d，但工作 E 压缩后仍不满足合同工期要求，故仍需进一步压缩；再压缩工作B 4d，则工期为 268（274 - 2 - 4 = 268）d，相应的综合费用为：

$C'' = 212.5 + 0.25 \times 2 + 0.5 \times 4 + (268 - 271) \times 0.5 = 213.5$（万元）

因此，应在方案 I 的基础上压缩关键线路来组织施工，相应的工期为 268d，相应的综合费用为 213.5 万元。

【案例十五】

背景：

某建设单位拟建一幢建筑面积为 8650m² 的综合办公楼，该办公楼供暖热源拟由社会热网公司提供，室内采暖方式可以考虑两种：方案 A 为暖气片采暖、方案 B 为低温地热辐射（地热盘管）采暖。有关投资和费用资料如下：

（1）一次性支付社会热网公司入网费 60 元/m²，每年缴纳外网供暖费用为 28 元/m²

（其中包含应由社会热网公司负责的室内外维修支出费用5元/m²）。

（2）方案A的室内外工程初始投资为110元/m²；每年日常维护管理费用5元/m²。

（3）方案B的室内外工程初始投资为130元/m²；每年日常维护管理费用6元/m²；该方案应考虑室内有效使用面积增加带来的效益（按每年2元/m²计算）。

（4）不考虑建设期的影响，初始投资设在期初。两个方案的使用寿命均为50年，大修周期均为15年，每次大修费用均为16元/m²。不计残值。

表2-26 现值系数表

n	10	15	20	25	30	35	40	45	50
$(P/A, 6\%, n)$	7.3601	9.7122	11.4699	12.7834	13.7648	14.4982	15.0463	15.4558	15.7619
$(P/F, 6\%, n)$	0.5584	0.4173	0.3118	0.2330	0.1741	0.1301	0.0972	0.0727	0.0543

问题：

1. 试计算方案A、B的初始投资费用、年运行费用、每次大修费用。

2. 绘制方案B的全寿命周期费用现金流量图，并计算其费用现值。

3. 在建设单位拟采用方案B后，有关专家提出一个新的方案C，即供暖热源采用地下水源热泵，室内供热为集中空调（同时也用于夏季制冷）。其初始工程投资为280元/m²；每年地下水资源费用为10元/m²，每年用电及维护管理等费用45元/m²；大修周期10年，每次大修费15元/m²，使用寿命为50年，不计残值。该方案应考虑室内有效使用面积增加和冬期供暖、夏季制冷使用舒适度带来的效益（按每年6元/m²计算）。初始投资和每年运行费用、大修费用及效益均按60%为采暖，40%为制冷计算，试在方案B、C中选择较经济的方案。

分析要点：

本案例是典型的设计方案的技术经济分析问题。三种建筑采暖方案拥有不同的初始投资、年运行费用和大修费用，需要在考虑资金时间价值的情况下利用技术经济分析的费用现值或费用年值方法选择费用最低的方案。

这类问题要求能够根据题意正确识别并计算每一种方案的初始投资、年运行费用和每次大修费用；要求能够正确确定每一个方案在全寿命周期内的每一笔现金流量，例如能够正确确定寿命周期内需要进行的大修理次数和大修理发生的时间点；要求能够理解不同方案的功能差异，方案评价计算中能够根据题意正确考虑不同方案的不同功能所带来的折算效益。

答案：

问题1：

解：1. 方案 A 初始投资费用、年运行费用、每次大修费用：

初始投资费用：$W_A = 60 \times 8650 + 110 \times 8650 = 147.05$（万元）

年运行费用：$W_A' = 28 \times 8650 + 5 \times 8650 = 28.545$（万元）

每次大修费用：$16 \times 8650 = 13.84$（万元）

2. 方案 B 初始投资费用、年运行费用、每次大修费用：

初始投资费用：$W_B = 60 \times 8650 + 130 \times 8650 = 164.35$（万元）

年运行费用：$W_B' = 28 \times 8650 + (6-2) \times 8650 = 27.68$（万元）

每次大修费用：$16 \times 8650 = 13.84$（万元）

问题2：

解：1. 方案 B 的全寿命周期费用现金流量图：

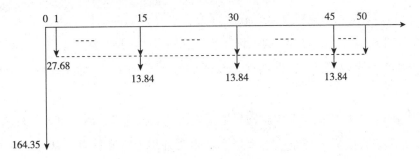

图2-10　方案 B 的全寿命周期费用现金流量

2. 方案 B 的费用现值：

$P_B = 27.68 \times (P/A, 6\%, 50) + 13.84 \times (P/F, 6\%, 15) + 13.84 \times (P/F, 6\%, 30)$

$\quad + 13.84 \times (P/F, 6\%, 45) + 164.35$

$\quad = 27.68 \times 15.7619 + 13.84 \times 0.4173 + 13.84 \times 0.1741 + 13.84 \times 0.0727 + 164.35$

$\quad = 609.83$（万元）

问题3：

解：1. 方案 C 初始投资费用、年运行费用、每次大修费用：

初始投资费用：$W_C = 280 \times 8650 \times 60\% = 145.32$（万元）

年运行费用：$W_C' = (10 \times 8650 + 45 \times 8650 - 6 \times 8650) \times 60\% = 25.431$（万元）

每次大修费用：$15 \times 8650 \times 60\% = 7.785$（万元）

2. 方案 C 的费用现值：

$P_C = 25.431 \times (P/A, 6\%, 50) + 7.785 \times (P/F, 6\%, 10) + 7.785 \times (P/F, 6\%, 20)$

$$+7.785 \times (P/F,6\%,30) + 7.785 \times (P/F,6\%,40) + 145.32$$

$$=25.431 \times 15.7619 + 7.785 \times 0.5584 + 7.785 \times 0.3118 + 7.785 \times 0.1741$$

$$+7.785 \times 0.0972 + 145.32$$

$$=555.03(万元)$$

3. 方案选择：

因为费用现值 $P_C < P_B$，所以选择方案 C。

【案例十六】

背景：

某建设单位通过招标与某施工单位签订了施工合同，该合同中部分条款如下：

1. 合同总价为 5880 万元，其中基础工程 1600 万元，上部结构工程 2880 万元，装饰装修工程 1400 万元；

2. 合同工期为 15 个月，其中基础工程工期为 4 个月，上部结构工程工期为 9 个月，装饰装修工程工期为 5 个月；上部结构工程与装饰装修工程工期搭接 3 个月；

3. 工期提前奖为 30 万元/月，误期损害赔偿金为 50 万元/月，均在最后 1 个月结算时一次性结清；

4. 每月工程款于次月初提交工程款支付申请表，经工程师审核后于第 3 个月末支付。

施工企业在签订合同后，经企业管理层和项目管理层分析和计算，基础工程和上部结构工程均可压缩工期 1 个月，但需分别在相应分部工程开始前增加技术措施费 25 万元和 40 万元。

假定月利率按 1% 考虑，各分部工程每月完成的工作量相同且能及时收到工程款。

问题：

1. 若不考虑资金的时间价值，施工单位应选择什么施工方案组织施工？说明理由。

2. 从施工单位的角度绘制只加快基础工程施工方案的现金流量图。

3. 若按合同工期组织施工，该施工单位工程款的现值为多少？（以开工日为折现点）

4. 若考虑资金的时间价值，该施工单位应选择什么施工方案组织施工？说明理由。

表2-27　　　　　　　　　　　　　现值系数表

n	2	3	4	5	8	9	10	13
$(P/A, 1\%, n)$	1.970	2.941	3.902	4.853	7.625	8.566	9.471	12.134
$(P/F, 1\%, n)$	0.980	0.971	0.961	0.951	0.923	0.914	0.905	0.879

分析要点：

本案例是从施工单位的角度分别分析在不考虑资金时间价值和考虑资金时间价值的条件下，对施工方案进行优选。

本案例问题 3 和问题 4 中各施工方案的现金流量图是解题的前提条件。

绘制现金流量图的关键是要结合工程实际准确地判断出每一笔现金流量发生的时间点，题目的背景资料中有些现金流量是明确的，而还有一些情况下是需要考生根据题目要求自己分析判断的。

在问题 4 解题过程中应注意的是，要将施工方案列全，不要遗漏基础工程和上部结构工程均加快的施工方案。

另外，利用资金时间价值系数表进行计算时，当遇到表中数据缺乏时，在计算时应列出计算公式。

答案：

问题 1：

答：若不考虑资金时间价值，施工单位应选择只加快基础工程的施工方案。

因为基础工程加快 1 个月，增加的措施费为 25 万元，小于工期提前奖 30 万元/月，而上部结构工程加快 1 个月增加的措施费为 40 万元，大于工期提前奖 30 万元/月。

问题 2：

解：

$A_1 = 1600/3 = 533.33$（万元/月）

$A_2 = 2880/9 = 320$（万元/月）

$A_3 = 1400/5 = 280$（万元/月）

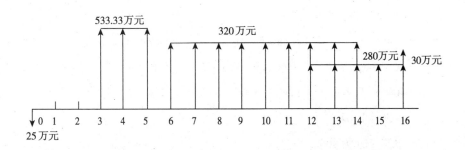

图2-11　只加快基础工程施工方案的现金流量图

问题 3:

解:

$A_1 = 1600/4 = 400$ (万元/月)

$A_2 = 2880/9 = 320$ (万元/月)

$A_3 = 1400/5 = 280$ (万元/月)

$PV = A_1 \times (P/A, 1\%, 4) \times (P/F, 1\%, 2) + A_2 \times (P/A, 1\%, 9) \times (P/F, 1\%, 6)$

$\qquad + A_3 \times (P/A, 1\%, 5) \times (P/F, 1\%, 12)$

$\qquad = 400 \times 3.902 \times 0.980 + 320 \times 8.566 \times 1.01^{-6} + 280 \times 4.853 \times 1.01^{-12}$

$\qquad = 5317.75$ (万元)

问题 4:

解:除按合同工期组织施工之外,该施工单位还有以下三种加快进度的施工方案可供选择:(1) 只加快基础工程施工进度;(2) 只加快上部结构工程施工进度;(3) 基础工程和上部结构工程均加快施工进度。

(1) 只加快基础工程施工方案的现金流现值(即按图 2-11 计算)

$PV_1 = A_1 \times (P/A, 1\%, 3) \times (P/F, 1\%, 2) + A_2 \times (P/A, 1\%, 9) \times (P/F, 1\%, 5)$

$\qquad + A_3 \times (P/A, 1\%, 5) \times (P/F, 1\%, 11) + 30 \times (P/F, 1\%, 16) - 25$

$\qquad = 533.33 \times 2.941 \times 0.980 + 320 \times 8.566 \times 0.951 + 280 \times 4.853 \times 1.01^{-11}$

$\qquad + 30 \times 1.01^{-16} - 25$

$\qquad = 5362.50$ (万元)

(2) 只加快上部结构工程施工方案的现金流现值

$A_1 = 1600/4 = 400$ (万元/月)

$A_2 = 2880/8 = 360$ (万元/月)

$A_3 = 1400/5 = 280$ (万元/月)

$PV_2 = A_1 \times (P/A, 1\%, 4) \times (P/F, 1\%, 2) + A_2 \times (P/A, 1\%, 8) \times (P/F, 1\%, 6) + A_3$

$\qquad \times (P/A, 1\%, 5) \times (P/F, 1\%, 11) + 30 \times (P/F, 1\%, 16) - 40 \times (P/F, 1\%, 4)$

$\qquad = 400 \times 3.902 \times 0.980 + 360 \times 7.625 \times 1.01^{-6} + 280 \times 4.853 \times 1.01^{-11}$

$\qquad + 30 \times 1.01^{-16} - 40 \times 0.961$

$\qquad = 5320.60$ (万元)

(3) 基础工程和上部结构工程均加快施工方案的现金流现值

$A_1 = 1600/3 = 533.33$ (万元/月)

$A_2 = 2880/8 = 360$ (万元/月)

$A_3 = 1400/5 = 280$ (万元/月)

$$PV_3 = A_1 \times (P/A,1\%,3) \times (P/F,1\%,2) + A_2 \times (P/A,1\%,8) \times (P/F,1\%,5)$$
$$+ A_3 \times (P/A,1\%,5) \times (P/F,1\%,10) + 30 \times 2 \times (P/F,1\%,15) - 25 -$$
$$40 \times (P/F,1\%,3)$$
$$= 533.33 \times 2.941 \times 0.980 + 360 \times 7.625 \times 0.951 + 280 \times 4.853 \times 0.905$$
$$+ 30 \times 2 \times 1.01^{-15} - 25 - 40 \times 0.971$$
$$= 5365.24(万元)$$

结论：因基础工程和上部结构工程均加快施工方案的现金流现值最大，故施工单位应选择基础工程和上部结构工程均加快进度的施工方案。

第三章　工程计量与计价

本章基本知识点：

1. 《全国统一建筑安装工程基础定额》、《全国统一建筑工程预算工程量计算规则》、《全国统一安装工程预算工程量计算规则》、《建设工程工程量清单计价规范》（GB50500—2013）、《房屋建筑与装饰工程量计算规范》（GB50854—2013）、《通用安装工程工程量计算规范》（GB50856—2013）、《建筑工程建筑面积计算规范》（GB/T50353—2013）、《建筑安装工程费用项目组成》（建标（2013）44号文件）；

2. 建筑安装工程人工、材料、机械台班消耗指标的确定方法；

3. 概预算工料单价的组成、确定、换算及补充方法；

4. 工程造价指数的确定及运用；

5. 设计概算的编制方法；

6. 单位工程施工图预算的编制方法；

7. 建设工程工程量清单计价方法。

【案例一】

背景：

某钢筋混凝土框架结构建筑物，共四层，首层层高4.2m，第二至四层层高分别为3.9m，首层平面图、柱独立基础配筋图、柱网布置及配筋图、一层顶梁结构图、一层顶板结构图如图3-1A、图3-1B、图3-1C、图3-1D、图3-1E所示。柱顶的结构标高为15.9m，外墙为240mm厚加气混凝土砌块填充墙，首层墙体砌筑在顶面标高为-0.20m的钢筋混凝土基础梁上，M5.0混合砂浆砌筑。M1为1900mm×3300mm的铝合金平开门；C1为2100mm×2400mm的铝合金推拉窗；C2为1200mm×2400mm的铝合金推拉窗；C3为1800mm×2400mm的铝合金推拉窗；门窗详见图集L03J602；窗台高900mm。门窗洞口上设钢筋混凝土过梁，截面为240mm×180mm，过梁两端各伸入砌体250mm。已知本工程抗震设防烈度为7度，抗震等级为四级（框架结构），梁、板、柱的混凝土均采用 C30 商品混凝土；钢筋的保护层厚度：板为 15mm，梁柱为 25mm，基础为 35mm。楼板厚有 150mm、100mm 两种。块料地面的做法为：素水泥浆一遍，25mm 厚 1∶3 干硬性水泥砂浆结合层，800mm×800mm 全瓷地面砖，白水泥砂浆擦缝。木质踢脚线高 150mm，基层为 9mm 厚胶合板，面层为红榉木装饰板，上口钉木线。柱面的装饰做法为：木龙骨榉木饰面包方柱，木龙骨为 25mm×30mm，中距 300mm×300mm，基层为 9mm 厚胶合板，面层为红榉木装饰板。四周内墙面做法为：20mm 厚 1∶2.5 水泥砂浆抹面。天棚吊顶为轻钢龙骨矿棉板平顶，U 形轻钢龙骨中距为 450mm×450mm，面层为矿棉吸声板，首层吊顶底标高为 3.4m。

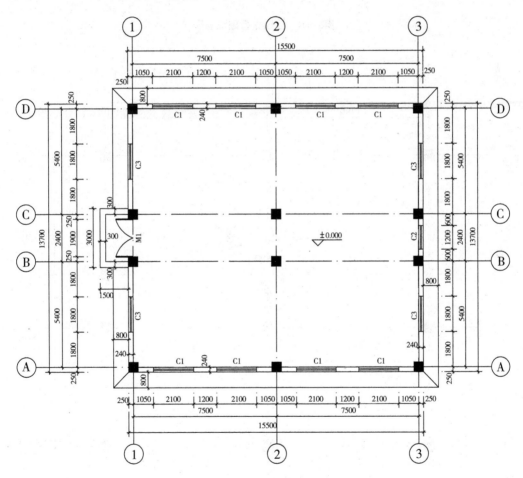

图3-1A　首层平面图

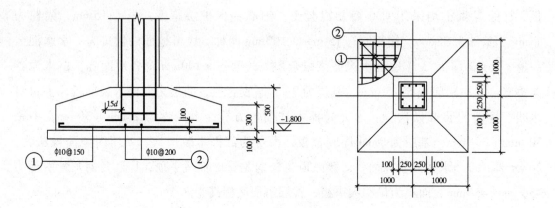

图3-1B 柱独立基础配筋图

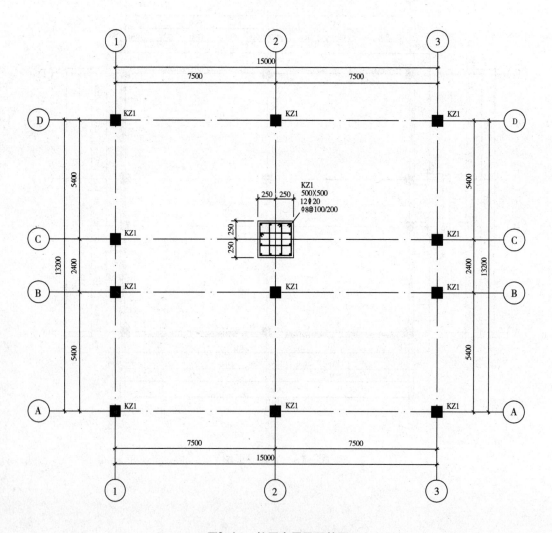

图3-1C 柱网布置及配筋图

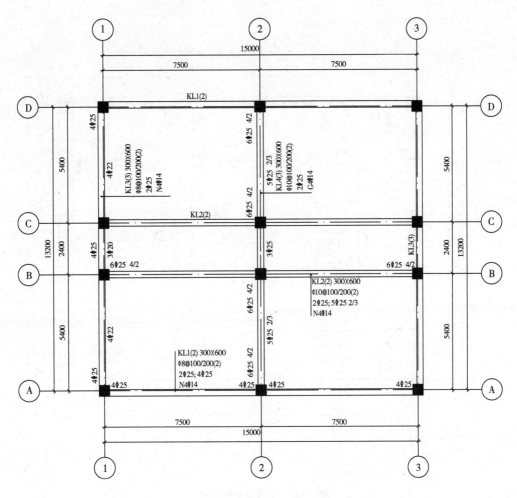

图3-1D 一层顶梁结构图

问题：

1. 依据《房屋建筑与装饰工程量计算规范》（GB50854—2013）的要求计算建筑物首层的过梁、填充墙、矩形柱（框架柱）、矩形梁（框架梁）、平板、块料地面、木质踢脚线、墙面抹灰、柱面（包括靠墙柱）装饰、吊顶天棚的工程量。将计算过程及结果填入分部分项工程量计算表3-1中。

表3-1　　　　　　　　　　　　　分部分项工程量计算表

序号	项目名称	单位	数量	计算过程

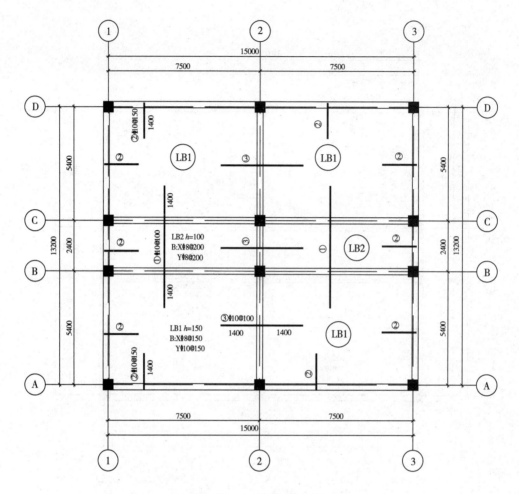

图3-1E　一层顶板结构图

（未注明的板分布筋为Φ8@250）

2. 依据《房屋建筑与装饰工程量计算规范》和《建设工程工程量清单计价规范》（GB50500—2013）（以下简称《计价规范》）编制建筑物首层的过梁、填充墙、矩形柱（框架柱）、矩形梁（框架梁）、平板、块料地面、木质踢脚线、墙面抹灰、柱面（包括靠墙柱）装饰、吊顶天棚的分部分项工程量清单，分部分项工程的统一编码，见表3-2。

表3-2　　　　　　　　分部分项工程量清单项目的统一编码

项目编码	项目名称	项目编码	项目名称
010503005	过梁	011102003	块料地面
010402001	填充墙	011105005	木质踢脚线
010502001	矩形柱	011201001	墙面一般抹灰
010503002	矩形梁	011208001	柱面装饰
010505003	平板	011302001	吊顶天棚

3. 钢筋的理论重量见表3-3，计算②轴线的 KL4、ⓒ轴线相交于②轴线的 KZ1 中除了箍筋、腰筋、拉筋之外的其他钢筋工程量以及①~②与ⓐ~ⓑ之间的 LB1 中底部钢筋的工程量。将计算过程及结果填入钢筋工程量计算表3-4中。钢筋的锚固长度为40d，钢筋接头为对头焊接。

表3-3　　　　　　　　　　　　钢筋单位理论质量表

钢筋直径（d）	Φ8	Φ10	Φ12	Φ20	Φ22	Φ25
理论重量（kg/m）	0.395	0.617	0.888	2.466	2.984	3.850

表3-4　　　　　　　　　　　　钢筋工程量计算表

位置	型号及直径	钢筋图形	计算公式	根数	总根数	单长（m）	总长（m）	总重（kg）

分析要点：

问题1：依据《房屋建筑与装饰工程量计算规范》对工程量计算的规定，掌握分部分项工程清单工程量的计算方法。

问题2：依据《房屋建筑与装饰工程量计算规范》和《计价规范》的规定和问题1的工程量计算结果，编制相应分部分项工程量清单，掌握项目特征描述的内容。

问题3：按照《全国统一建筑工程预算工程量计算规则》计算各类构件的钢筋的工程量。考核钢筋混凝土结构中柱、梁、板的钢筋平面整体表示方法的识图和计算，识图方法按照《混凝土结构施工图平面整体表示方法制图规则和构造详图》（现浇混凝土框架、剪力墙、梁、板）（11G101—1）的规定，柱插筋在基础中的锚固做法详见《混凝土结构施工图平面整体表示方法制图规则和构造详图》（独立基础、条形基础、筏形基础及桩基承台）（11G101—3）的规定。

答案：

问题1：

解：依据《房屋建筑与装饰工程量计算规范》计算建筑物首层的过梁、填充墙、矩形柱（框架柱）、矩形梁（框架梁）、平板、块料地面、木质踢脚线、墙面抹灰、柱面（包括靠墙柱）装饰、吊顶天棚的工程量，计算过程见表3-5。

表3-5　　　　　　　　　　　　　　分部分项工程量计算表

序号	项目名称	单位	数量	计算过程
1	过梁	m³	1.45	1.1 截面积：$S=0.24\times0.18=0.043$（m²） 1.2 总长度：$L=(2.1+0.25\times2)\times8+(1.2+0.25\times2)\times1+(1.8+0.25\times2)\times4+1.9\times1=33.60$（m） 1.3 体积：$V=S\times L=0.043\times33.60=1.445$（m³）
2	填充墙	m³	29.41	2.1 长度：$L=(15.0+13.2)\times2-(0.5\times10)$（扣柱）$=51.40$（m） 2.2 高度：$H=4.2+0.2-0.6$（梁的高度）$=3.80$（m） 2.3 扣洞口面积：$1.9\times3.3\times1+2.1\times2.4\times8+1.2\times2.4\times1+1.8\times2.4\times4=66.75$（m²） 2.4 扣过梁体积：1.445m³ 2.5 墙体体积：$V=(51.40\times3.80-66.75)\times0.24-1.445=29.412$（m³）
3	矩形柱	m³	16.50	3.1 柱高：$H=4.2+(1.8-0.5)=5.5$（m） 3.2 截面积：$0.5\times0.5=0.25$（m²） 3.3 数量：$n=12$ 3.4 体积：$V=0.25\times5.5\times12=16.50$（m³）
4	矩形梁	m³	16.40	4.1 KL1：$0.3\times0.6\times(15-0.5\times2)\times2=5.04$（m³） 4.2 KL2：$0.3\times0.6\times(15-0.5\times2)\times2=5.04$（m³） 4.3 KL3：$0.3\times0.6\times(13.2-0.5\times3)\times2=4.212$（m³） 4.4 KL4：$0.3\times0.6\times(13.2-0.5\times3)=2.106$（m³） 合计：$=16.398$（m³）
5	平板	m³	25.84	5.1 150 厚板：$(7.5-0.15-0.05)\times(5.4-0.15-0.05)\times0.15\times4=22.776$（m³） 5.2 100 厚板：$(7.5-0.15-0.05)\times(2.4-0.15-0.15)\times0.10\times2=3.066$（m³） 合计：$=25.842$（m³）
6	块料地面	m²	197.47	6.1 净面积：$(15.5-0.24\times2)\times(13.7-0.24\times2)=198.564$（m²） 6.2 门洞开口部分面积：$1.9\times0.24=0.456$（m²） 6.3 扣柱面积：$(0.5-0.24)\times(0.5-0.24)\times4+(0.5-0.24)\times0.5\times6+0.5\times0.5\times2=1.550$（m²） 合计：$=197.47$（m²）
7	木质踢脚线	m m²	57.68 8.65	7.1 长度：$L=(15.5-0.24\times2+13.7-0.24\times2)\times2-1.9+0.25\times2+(0.5-0.24)\times10=57.68$(m) 7.2 高度：$H=0.15$(m) 7.3 踢脚线面积：$S=57.68\times0.15=8.652$(m²)
8	墙面一般抹灰	m²	108.01	8.1 长度：$L=(15.0+13.2)\times2-(0.5\times10)$（扣柱）$=51.40$（m） 8.2 高度：$H=3.4$（m）（不扣踢脚线） 8.3 扣洞口面积：$1.9\times3.3\times1+2.1\times2.4\times8+1.2\times2.4\times1+1.8\times2.4\times4=66.75$（m²） 8.4 墙体抹灰面积：$V=51.40\times3.4-66.75=108.01$（m²）
9	柱面装饰	m²	46.38	9.1 独立柱饰面外围周长：$(0.5+0.03\times2)\times4=2.24$(m) 9.2 角柱饰面外围周长：$(0.5-0.24+0.03)\times2=0.58$(m) 9.3 墙柱饰面外围周长：$(0.5-0.24+0.03)\times2+0.56=1.14$(m) 9.4 柱饰面高度：$H=3.4$(m) 9.5 柱饰面面积：$S=3.4\times(2.24\times2+0.58\times4+1.14\times6)=46.38$(m²)
10	吊顶天棚	m²	198.56	$(15.5-0.24\times2)\times(13.7-0.24\times2)=198.564$(m²)

问题2：

解：依据《房屋建筑与装饰工程量计算规范》和《计价规范》编制建筑物首层的过梁、填充墙、矩形柱（框架柱）、矩形梁（框架梁）、平板、地面瓷砖、木质踢脚板、墙面一般抹灰、柱面装饰、吊顶天棚的分部分项工程量清单与计价表，见表3-6。

表3-6　　　　　　　　　　　**分部分项工程量清单与计价表**

序号	项目编码	项目名称	项目特征	计量单位	工程量	综合单价	合价	暂估价
1	010503005001	过梁	1. 混凝土种类：商品混凝土 2. 混凝土强度等级：C30	m³	1.45			
2	010402001001	填充墙	1. 砌块品种、规格：加气混凝土砌块（240mm） 2. 墙体类型：砌块外墙 3. 砂浆强度等级：M5.0 水泥砂浆	m³	29.41			
3	010502001001	矩形柱	1. 混凝土种类：商品混凝土 2. 混凝土强度等级：C30	m³	16.50			
4	010503002001	矩形梁	1. 混凝土种类：商品混凝土 2. 混凝土强度等级：C30	m³	16.40			
5	010505005001	平板	1. 混凝土种类：商品混凝土 2. 混凝土强度等级：C30	m³	25.84			
6	011102003001	块料地面	1. 结合层：素水泥浆一遍，25mm厚1：3干硬性水泥砂浆 2. 面层：800mm×800mm全瓷地面砖 3. 白水泥砂浆擦缝	m²	197.47			
7	011105005001	木质踢脚线	1. 踢脚线高度：150mm 2. 基层：9mm厚胶合板 3. 面层：红榉木装饰板，上口钉木线	m² m	8.65 57.68			
8	011201001001	墙面一般抹灰	1. 墙体类型：砌块内墙 2. 1：2.5 水泥砂浆25mm厚	m²	108.01			
9	011208001001	柱面装饰	1. 木龙骨：25mm×30mm，中距300mm×300mm 2. 基层：9mm厚胶合板 3. 面层：红榉木装饰板	m²	46.38			
10	011302001001	吊顶天棚	1. 龙骨：U形轻钢龙骨中距450mm×450mm 2. 面层：矿棉吸声板	m²	198.56			

问题3：

解：计算2轴线的KL4、ⓒ轴线相交于②轴线的KZ1中除了箍筋、腰筋、拉筋之外的其他钢筋工程量以及LB1中的底部钢筋的工程量。将计算结果填入钢筋工程量计算表中，见表3-7。

LB1 中下部 $\phi 8$ 钢筋的根数：

（5400 － 150 － 50 ＋ 250 － 300 － 50）/150 ＋ 1 ＝ 35（根）

LB1 中下部 $\phi 10$ 钢筋的根数：

（7500 － 150 － 50 ＋ 250 － 300 － 50）/150 ＋ 1 ＝ 49（根）

表 3 － 7 　　　　　　　　　　钢筋工程量计算表

位　置	筋号及直径	钢筋图形	计算公式	根数	总根数	单长（m）	总长（m）	总重（kg）
KL4								
1. 上部通长筋	⽔25	375 ⌐13650⌐ 375	$500 - 25 + 15 \times d +$ (13200 － 500) ＋ 500 － 25 ＋ $15 \times d$	2	2	14.40	28.80	110.88
1. 左支座（A轴处）上部第一排钢筋	⽔25	375 ⌐2108	$500 - 25 + 15 \times d +$ (5400 － 500)/3	2	2	2.483	4.966	19.119
1. 左支座（A轴处）上部第二排钢筋	⽔25	375 ⌐1700	$500 - 25 + 15 \times d$ ＋（5400 － 500)/4	2	2	2.075	4.15	15.978
1. 中间支座（B－C轴处）上部第一排钢筋	⽔25	6167	(5400 － 500)/3 ＋2400 ＋500 ＋(5400 － 500)/3	2	2	6.167	12.334	47.486
1. 中间支座（B－C轴处）上部第二排钢筋	⽔25	5350	(5400 － 500)/4 ＋2400 ＋500 ＋(5400 － 500)/4	2	2	5.35	10.70	41.195
1. 右支座（D轴处）上部第一排钢筋	⽔25	2108 375	$500 - 25 + 15 \times d +$ (5400 － 500)/3	2	2	2.483	4.966	19.119
1. 右支座（D轴处）上部第二排钢筋	⽔25	1700 375	$500 - 25 + 15 \times d +$ (5400 － 500)/4	2	2	2.075	4.15	15.978
2. 左下部（A－B轴处）钢筋	⽔25	375 6375	$500 - 25 + 15 \times d$ ＋（5400 － 500) ＋$40 \times d$	5	5	6.75	33.75	129.938
2. 中间支座（B－C轴）下部钢筋	⽔25	3900	$40 \times d +$ (2400 － 500) ＋$40 \times d$	3	3	3.90	11.70	45.045
2. 右下部（C－D轴处）钢筋	⽔25	6375 375	$500 - 25 + 15 \times d$ ＋（5400 － 500) ＋$40 \times d$	5	5	6.75	33.75	129.938
		KL4 中的 ⽔25 钢筋合计						574.676
KZ1 竖向钢筋	⽔20	240 17545 300	$15 \times d +$ (1800 － 100) ＋(15870 － 25) ＋$12 \times d$	12	12	18.085	217.02	536.04
LB1 下部钢筋	⽔8	7600	7500 ＋250 － 150	35	140	7.6	1064	420.28
LB1 下部钢筋	⽔10	5500	5400 ＋250 － 150	49	196	5.5	1078	665.126

【案例二】

背景：

某项毛石护坡砌筑工程，定额测定资料如下：

1. 完成每立方米毛石砌体的基本工作时间为 7.9h；

2. 辅助工作时间、准备与结束时间、不可避免中断时间和休息时间等，分别占毛石砌体的工作延续时间 3%、2%、2% 和 16%；

3. 每 $10m^3$ 毛石砌体需要 M5 水泥砂浆 $3.93m^3$，毛石 $11.22m^3$，水 $0.79m^3$；

4. 每 $10m^3$ 毛石砌体需要 200L 砂浆搅拌机 0.66 台班；

5. 该地区有关资源的现行价格如下：

人工工日单价为：50 元/工日；M5 水泥砂浆单价为：120 元/m^3；

毛石单价为：58 元/m^3；水单价为：4 元/m^3；

200L 砂浆搅拌机台班单价为：88.50 元/台班。

问题：

1. 确定砌筑每立方米毛石护坡的人工时间定额和产量定额；

2. 若预算定额的其他用工占基本用工 12%，试编制该分项工程的预算工料单价；

3. 若毛石护坡砌筑砂浆设计变更为 M10 水泥砂浆。该砂浆现行单价 130 元/m^3，定额消耗量不变，应如何换算毛石护坡的工料单价？换算后的新单价是多少？

分析要点：

本案例主要考核劳动定额的编制、工料单价的组成和确定方法。分析思路如下：

问题1 首先确定完成每立方米毛石护坡的定额时间为 X，则：

X = 基本工作时间 + 辅助工作时间 + 准备与结束时间 + 不可避免中断时间 + 休息时间

然后，计算完成每立方米毛石护坡砌体的人工时间定额和产量定额。

$$时间定额 = \frac{定额时间}{每工日工时数} = \frac{X}{8} 工日/m^3$$

$$产量定额 = \frac{1}{时间定额} m^3/工日$$

问题2 按工料单价的组成，编制砌筑 $10m^3$ 毛石护坡的工料单价。

工料单价 = 人工费 + 材料费 + 机械费

其中：

人工费 = 基本用工 × (1 + 其他用工占比例) × 定额计量单位 × 人工工日单价

材料费 = ∑ (材料消耗指标 × 相应材料的市场信息价格)

机械费 = $\sum$（机械台班消耗指标×相应机械的台班信息价格）

问题 3 换算工料单价的方法是：从原工料单价中减去 M5 砂浆的费用，加上 M10 砂浆的费用，便得到了换算后新的工料单价。即：

M10 水泥砂浆砌毛石护坡单价 = M5 砌毛石护坡单价 + 砂浆定额消耗量（M10 单价 − M5 单价）

答案：

问题 1：

解：确定砌筑每立方米毛石护坡的人工时间定额和产量定额：

1. 人工时间定额的确定：

假定砌筑每立方米毛石护坡的定额时间为 X，则：

$X = 7.9 + (3\% + 2\% + 2\% + 16\%)X$

$X = 7.9 + 23\% X$

$X = \dfrac{7.9}{1 - 23\%} = 10.26（工时）$

每工日按 8 工时计算，则：

砌筑毛石护坡的人工时间定额 = $\dfrac{X}{8} = \dfrac{10.26}{8} = 1.283（工日/m^3）$

2. 人工产量定额的确定：

砌筑毛石护坡的人工产量定额 = $\dfrac{1}{1.283} = 0.779（m^3/工日）$

问题 2：

解：

1. 根据时间定额确定预算定额的人工消耗指标，计算人工费。

预算定额的人工消耗指标 = 基本用工 + 其他用工

式中，基本用工 = 人工时间定额

所以，预算定额的人工消耗指标 = 基本用工×（1 + 其他用工占比例）×定额计量单位

$$= 1.283 \times (1 + 12\%) \times 10 = 14.37（工日/10m^3）$$

预算人工费 = 预算定额人工消耗指标×人工工日单价

$$= 14.37 \times 50 = 718.50（元/10m^3）$$

2. 根据背景资料，计算材料费和机械费。

预算材料费 = $3.93 \times 120 + 11.22 \times 58 + 0.79 \times 4 = 471.6 + 650.76 + 3.16$

$$= 1125.52（元/10m^3）$$

预算机械费 = $0.66 \times 88.50 = 58.41（元/10m^3）$

3. 该分项工程预算工料单价 = 人工费 + 材料费 + 机械费

$$= 718.50 + 1125.52 + 58.41 = 1902.43(元/10m^3)$$

问题3：

解：毛石护坡砌体改用 M10 水泥砂浆后，换算工料单价的计算：

M10 水泥砂浆毛石护坡单价 = M5 毛石护坡单价 + 砂浆用量 × （M10 单价 – M5 单价）

$$= 1902.43 + 3.93 × (130 – 120) = 1941.73(元/10m^3)$$

【案例三】

背景：

拟建砖混结构住宅工程 $3420m^2$，结构形式与已建成的某工程相同，只有外墙保温贴面不同，其他部分均较为接近。类似工程外墙为珍珠岩板保温、水泥砂浆抹面，每平方米建筑面积消耗量分别为：$0.044m^3$、$0.842m^2$；现行价格分别为珍珠岩板 253.10 元$/m^3$、水泥砂浆 11.95 元$/m^2$；拟建工程外墙为加气混凝土保温、外贴釉面砖，每平方米建筑面积消耗量分别为：$0.08m^3$、$0.95m^2$，加气混凝土现行价格 285.48 元$/m^3$，贴釉面砖现行价格 79.75 元$/m^2$。类似工程单方造价 889.00 元$/m^2$，其中，人工费、材料费、机械费、措施费和间接费等费用占单方造价比例，分别为：11%、62%、6%、9% 和 12%，拟建工程与类似工程预算造价在这几方面的差异系数分别为：2.50、1.25、2.10、1.15 和 1.05，拟建工程除直接工程费以外的综合取费为 20%。

问题：

1. 应用类似工程预算法确定拟建工程的土建单位工程概算造价。

2. 若类似工程预算中，每平方米建筑面积主要资源消耗为：

人工消耗 5.08 工日，钢材 23.8kg，水泥 205kg，原木 $0.05m^3$，铝合金门窗 $0.24m^2$，其他材料费为主材费 45%，机械费占直接工程费 8%，拟建工程主要资源的现行市场价分别为：人工 50 元/工日，钢材 4.7 元/kg，水泥 0.50 元/kg，原木 1800 元$/m^3$，铝合金门窗平均 350 元$/m^2$。试应用概算指标法，确定拟建工程的土建单位工程概算造价。

3. 若类似工程预算中，其他专业单位工程预算造价占单项工程造价比例，见表 3-8。试用问题 2 的结果计算该住宅工程的单项工程造价，编制单项工程综合概算书。

表3-8 各专业单位工程预算造价占单项工程造价比例

专业名称	土建	电气照明	给排水	采暖
占比例（%）	85	6	4	5

分析要点：

本案例着重考核利用类似工程预算法和概算指标法编制拟建工程设计概算的方法。

问题1：

首先，根据类似工程背景材料，计算拟建工程的土建单位工程概算指标。

拟建工程概算指标 = 类似工程单方造价 × 综合差异系数

综合差异系数 = $a\% \times k_1 + b\% \times k_2 + c\% \times k_3 + d\% \times k_4 + e\% \times k_5$

式中：$a\%$、$b\%$、$c\%$、$d\%$、$e\%$——分别为类似工程预算人工费、材料费、机械费、措施费和间接费占单位工程造价比例

k_1、k_2、k_3、k_4、k_5——分别为拟建工程地区与类似工程地区在人工费、材料费、机械费、措施费和间接费等方面差异系数，然后针对拟建工程与类似工程的结构差异，修正拟建工程的概算指标。

修正概算指标 = 拟建工程概算指标 + （换入结构指标 − 换出结构指标）

拟建工程概算造价 = 拟建工程修正概算指标 × 拟建工程建筑面积

问题2：

首先，根据类似工程预算中一般土建工程每平方米建筑面积的主要资源消耗和现行市场价格，计算拟建工程一般土建工程单位建筑面积的人工费、材料费、机械费。

人工费 = 每平方米建筑面积人工消耗指标 × 现行人工工日单价

材料费 = Σ （每平方米建筑面积材料消耗指标 × 相应材料的市场价格）

机械费 = Σ （每平方米建筑面积机械台班消耗指标 × 相应机械的台班市场价格）

然后，按照所给综合费率计算拟建工程一般土建工程概算指标、修正概算指标和概算造价。

拟建工程一般土建工程概算指标 = （人工费 + 材料费 + 机械费） × （1 + 综合费率）

修正概算指标 = 拟建工程概算指标 + （换入结构指标 − 换出结构指标）

拟建工程一般土建工程概算造价 = 拟建工程修正概算指标 × 拟建工程建筑面积

问题3：

首先，根据上述土建单位工程概算造价计算出单项工程概算造价

单项工程概算造价 = 土建单位工程概算造价 ÷ 占单项工程概算造价比例

其次，再根据单项工程概算造价计算出其他专业单位工程概算造价

各专业单位工程概算造价 = 单项工程概算造价 × 各专业概算造价占比例

答案：

问题1：

解：1. 拟建工程概算指标 = 类似工程单方造价 × 综合差异系数 k

$$k = 11\% \times 2.50 + 62\% \times 1.25 + 6\% \times 2.10 + 9\% \times 1.15 +$$
$$12\% \times 1.05$$
$$= 1.41$$

2. 结构差异额 $= 0.08 \times 285.48 + 0.95 \times 79.75 - (0.044 \times 253.1 + 0.842 \times 11.95)$
$$= 98.60 - 21.20 = 77.40 (元/m^2)$$

3. 拟建工程概算指标 $= 889 \times 1.41 = 1253.49$ （元/m²）

修正概算指标 $= 1253.49 + 77.40 \times （1 + 20\%） = 1346.37$ （元/m²）

4. 拟建工程概算造价 = 拟建工程建筑面积 × 修正概算指标

$$= 3420 \times 1346.37 = 4604585.40 （元） = 460.46 （万元）$$

问题2：

解：1. 计算拟建项目一般土建工程单位平方米建筑面积的人工费、材料费和机械费。

人工费 $= 5.08 \times 50 = 254.00$ （元）

材料费 $= (23.8 \times 4.7 + 205 \times 0.50 + 0.05 \times 1800 + 0.24 \times 350) \times (1 + 45\%)$
$$= 563.12 （元）$$

机械费 = 概算直接工程费 × 8%

概算直接工程费 $= 254.00 + 563.12 +$ 概算直接工程费 × 8%

一般土建工程概算直接工程费 $= \dfrac{254.00 + 563.12}{1 - 8\%} = 888.17$ （元/m²）

2. 计算拟建工程一般土建工程概算指标、修正概算指标和概算造价。

概算指标 $= 888.17 \times (1 + 20\%) = 1065.80 (元/m^2)$

修正概算指标 $= 1065.80 + 77.40 \times (1 + 20\%) = 1158.68 (元/m^2)$

拟建工程一般土建工程概算造价 $= 3420 \times 1158.68 = 3962685.50 (元) = 396.27 (万元)$

问题3：

解：1. 单项工程概算造价 $= 396.27 \div 85\% = 466.20$ （万元）

2. 电气照明单位工程概算造价 $= 466.20 \times 6\% = 27.97$ （万元）

给排水单位工程概算造价 $= 466.20 \times 4\% = 18.65$ （万元）

暖气单位工程概算造价 $= 466.20 \times 5\% = 23.31$ （万元）

3. 编制该住宅单项工程综合概算书，见表3-9。

表3-9　　　　　　　　　　　　　　　某住宅综合概算书

序号	单位工程和费用名称	概算价值（万元）				技术经济指标			占总投资比例（%）
		建安工程费	设备购置费	工程建设其他费用	合计	单位	数量	单位造价（元/m²）	
一	建筑工程	466.20			466.20	m²	3420	1363.15	
1	土建工程	396.27			396.27	m²	3420	1158.68	85
2	电气工程	27.97			27.97	m²	3420	81.79	6
3	给排水工程	18.65			18.65	m²	3420	54.53	4
4	暖气工程	23.31			23.31	m²	3420	68.16	5
二	设备及安装								
1	设备购置								
2	设备安装								
	合　计	466.20			466.20	m²	3420	1363.15	
	占比例	100%			100%				

【案例四】

背景：

若根据某基础工程工程量和《全国统一建筑工程基础定额》消耗指标，进行工料分析计算得出各项资源消耗及该地区相应的市场价格，见表3-10。

纳税人所在地为城市市区，按照建标（2013）44号文件关于建安工程费用的组成和规定取费，各项费用的费率为：措施费为分部分项工程人材机费之和的8%，企业管理费和利润分别为（分部分项工程人材机费与措施费之和）的7%和4.5%，规费为分部分项工程费、措施费、企业管理费、利润之和的3%，该地区征收2%的地方教育附加。

问题：

1. 计算该工程应纳营业税、城市建设维护税和教育费附加以及地方教育附加的综合税率。

2. 试用实物法编制该基础工程的施工图预算。

表 3 - 10　　　　　　　　　　　资源消耗量及预算价格表

资源名称	单位	消耗量	单价（元）	资源名称	单位	消耗量	单价（元）
32.5 水泥	kg	1740.84	0.46	钢筋　φ10 以内	t	2.307	4600.00
42.5 水泥	kg	18101.65	0.48	钢筋　φ10 以上	t	5.526	4700.00
52.5 水泥	kg	20349.76	0.50				
净砂	m³	70.76	30.00	砂浆搅拌机	台班	16.24	42.84
碎石	m³	40.23	41.20	5t 载重汽车	台班	14.00	310.59
钢模	kg	152.96	9.95	木工圆锯	台班	0.36	171.28
木门窗料	m³	5.00	2480.00	翻斗车	台班	16.26	101.59
木模	m³	1.232	2200.00	挖土机	台班	1.00	1060.00
镀锌铁丝	kg	146.58	10.48	混凝土搅拌机	台班	4.35	152.15
灰土	m³	54.74	50.48	卷扬机	台班	20.59	72.57
水	m³	42.90	2.00	钢筋切断机	台班	2.79	161.47
电焊条	kg	12.98	6.67	钢筋弯曲机	台班	6.67	152.22
草袋子	m³	24.30	0.94	插入式震动器	台班	32.37	11.82
黏土砖	千块	109.07	150.00	平板式震动器	台班	4.18	13.57
隔离剂	kg	20.22	2.00	电动打夯机	台班	85.03	23.12
铁钉	kg	61.57	5.70	综合工日	工日	850.00	50.00

分析要点：

实物法编制施工图预算，是市场经济发展需要；是我国造价管理改革的必然趋势。需要说明的是：

1. 根据纳税人所在地计算建筑工程的综合税率

$$综合税率 = \frac{1}{1 - [3\% + 3\% \times a\% + 3\% \times (3\% + 2\%)]} - 1$$

式中：$a\%$ 为城市维护建设税率，应根据纳税人所在地确定：

　　　　纳税人所在地为城市：$a\%$ 取 7%；

　　　　纳税人所在地为县镇：$a\%$ 取 5%；

　　　　纳税人所在地为偏远地区：$a\%$ 取 1%。

教育费附加率为 3%，并考虑 2% 的地方教育附加率，教育费附加率应为 5%。这里应注意的是：城市维护建设税和教育费附加的计取基数是应纳营业税额。

2. 本案例已根据《全国统一建筑工程基础定额》消耗指标，进行了工料分析，并得出各项资源的消耗量和该地区相应的市场价格表，见表 3-10。在此基础上可直接利用表 3-11 计算出该基础工程的人工费、材料费和机械费。

3. 按背景材料给定的费率，并根据建标（2013）44 号文件关于建安工程费用的组成和规定取费。计算应计取的各项费用和税率，并汇总得出该基础工程的施工图预算造价。

答案：

问题1：

解：计算该工程应纳营业税、城市建设维护税和教育附加税的综合税率

$$综合税率 = \frac{1}{1 - (3\% + 3\% \times 7\% + 3\% \times 5\%)} - 1 = 0.0348 = 3.48\%$$

问题2：

解：1. 根据表3-10 中的各种资源的消耗量和市场价格，列表计算该基础工程的人工费、材料费和机械费，见表3-11。

由表3-11 中的计算结果：

人工费　42500.00（元）

材料费　97908.04（元）

机械费　13844.59（元）

人材机费之和 = 42500.00 + 97908.04 + 13844.59 = 154252.63（元）

表3-11　　　　　　　　　　××基础工程人、材、机费用计算表

资源名称	单位	消耗量	单价(元)	合价(元)	资源名称	单位	消耗量	单价(元)	合价(元)
32.5 水泥	kg	1740.84	0.46	800.79	钢筋φ10 以上	t	5.526	4700.00	25972.20
42.5 水泥	kg	18101.65	0.48	8688.79	材料费合计				97908.04
52.5 水泥	kg	20349.76	0.50	10174.88	砂浆搅拌机	台班	16.24	42.84	695.72
净砂	m³	70.76	30.00	2122.80	5t 载重汽车	台班	14.00	310.59	4348.26
碎石	m³	40.23	41.20	1657.48	木工圆锯	台班	0.36	171.28	61.66
钢模	kg	152.96	9.95	1521.95	翻斗车	台班	16.26	101.59	1651.85
木门窗料	m³	5.00	2480.00	12400.00	挖土机	台班	1.00	1060.00	1060.00
木模	m³	1.232	2200.00	2710.40	混凝土搅拌机	台班	4.35	152.15	661.85
镀锌铁丝	kg	146.58	10.48	1536.16	卷扬机	台班	20.59	72.57	1494.22
灰土	m³	54.74	50.48	2763.28	钢筋切断机	台班	2.79	161.47	450.50
水	m³	42.90	2.00	85.80	钢筋弯曲机	台班	6.67	152.22	1015.31
电焊条	kg	12.98	6.67	86.58	插入式震动器	台班	32.37	11.82	382.61
草袋子	m³	24.30	0.94	22.84	平板式震动器	台班	4.18	13.57	56.72
黏土砖	千块	109.07	150.00	16360.50	电动打夯机	台班	85.03	23.12	1965.89
隔离剂	kg	20.22	2.00	40.44	机械费合计				13844.59
铁钉	kg	61.57	5.70	350.95	综合工日	工日	850.00	50.00	42500.00
钢筋φ10 以内	t	2.307	4600.00	10612.20	人工费合计				42500.00

2. 根据表 3-11 计算求得的人工费、材料费、机械费和背景材料给定的费率计算该基础工程的施工图预算造价，见表 3-12。

表3-12　　　　　　　　　××基础工程施工图预算费用计算表

序号	费用名称	费用计算表达式	金额（元）	备注
1	分部分项工程人材机费之和	人工费＋材料费＋机械费	154252.63	
2	措施费	(1)×8%	12340.21	
3	企业管理费	[(1)＋(2)]×7%	11661.50	
4	利润	[(1)＋(2)]×4.5%	7496.68	
5	规费	[(1)＋(2)＋(3)＋(4)]×3%	5572.53	
6	税金	[(1)＋(2)＋(3)＋(4)＋(5)]×3.48%	6658.06	
7	基础工程预算造价	(1)＋(2)＋(3)＋(4)＋(5)＋(6)	197981.61	

【案例五】

背景：

1. 某电话机房照明系统中一回路，如图 3-2 所示。该照明工程相关定额规定，见表 3-13。人工日工资 50 元/工日。

表3-13　　　　　　　　　　　　照明工程相关定额

序号	项目名称	单位	安装费单价（元）			主材	
			人工费	材料费	机械费	单价	损耗率（%）
1	镀锌电线管 φ20 沿砖、混凝土结构暗配	100m	198.00	58.00	20.00	4.50 元/m	3
2	管内穿阻燃绝缘导线 ZRBV1.5mm²	100m	30.00	18.00	0	1.20 元/m	16
3	接线盒暗装	10 个	12.00	22.00	0	2.40 元/个	2
4	开关盒暗装	10 个	12.00	22.00	0	2.40 元/个	2
5	角钢接地极制作安装	根	14.51	1.89	14.32	42.40 元/根	3
6	接地母线敷设	10m	71.40	0.90	2.10	6.30 元/m	5
7	接地电阻测试	系统	30.00	1.49	14.52		
8	照明配电箱嵌入式安装	台	18.22	3.50	0	58.50 元/台	
9	荧光灯 YG2-2 吸顶安装	10 套	40.00	25.00	0	120.00 元/套	1
10	单联单控暗开关安装	10 个	19.70	4.50	0	7.00 元/个	2

人工单价为 50 元/工日，管理费和利润分别按人工费的 55% 和 45% 计算。

2. 根据《通用安装工程量计算规范》的规定，分部分项工程的统一编码，见表3-14。

表3-14 《通用安装工程量计算规范》编码

项目编码	项目名称	项目编码	项目名称
030404017	配电箱	030414011	接地装置电气调整试验
030404034	照明开关	030411001	配管
030404031	小电器	030411004	配线
030409001	接地极	030411006	接线盒
030409002	接地母线	030412005	荧光灯

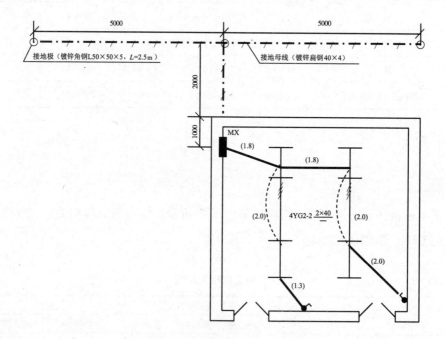

图3-2 电话机房照明平面图

说明：

1. 照明配电箱MX为嵌入式安装，箱体尺寸：$600 \times 400 \times 200$（宽×高×厚，mm），安装高度为下口离地1.6m；

2. 管线均为镀锌电线管$\phi 20$沿砖墙、混凝土顶板内暗配，顶管标高为4m；管内穿阻燃绝缘导线ZRBV1.5mm²；

3. 接地母线采用-40×4mm镀锌扁钢，埋深0.7m，由室外进入外墙皮后的水平长度为1m，进入配电箱内长度为0.5m，室内外地坪无高差；

4. 单联单控明开关规格为250V10A，安装高度为下口离地1.4m；

5. 接地电阻要求小于4Ω；

6. 配管水平长度见图3-2括号内数字，单位为米。

问题：

1. 根据图3-2所示内容和《通用安装工程量计算规范》的规定，列式计算接地母线敷设、电气配管和配线的工程量。将计算过程填入"分部分项工程量计算表"中。

2. 根据上述相关定额（表3-13）和《计价规范》的要求，计算接地母线、电气配管和电气配线分项工程的工程量清单综合单价。

3. 编制该工程"分部分项工程量清单与计价表"。

分析要点：

本案例要求按《通用安装工程量计算规范》和《计价规范》的规定，掌握编制电气照明工程的分部分项工程量清单与计价表的基本方法。具体是：编制分部分项工程量清单与计价表时，应能列出电气工程的分项子目，掌握工程量计算方法。

（1）计算配管长度时，不扣除管路中间的接线箱（盒）、开关盒、灯头盒所占长度。但应扣除配电箱所占长度。

（2）计算接地母线工程量时，按清单工程量计算规则，按设计图示尺寸以长度计算（另加3.9%的附加长度）。

（3）计算配线清单工程量时，按设计图示尺寸以单线长度计算（含预留长度），预留长度为配电箱盘面尺寸的高 + 宽。

答案

问题1：

解：根据《通用安装工程量计算规范》的规定，列表计算工程量，工程量计算过程见表3-15。

表3-15 分部分项工程量计算表

序号	项目编码	项目名称	项目特征描述	计量单位	工程数量	计算式
1	030404017001	配电箱	照明配电箱 MX 嵌入式安装，箱体尺寸：$600 \times 400 \times 200$（宽×高×厚，mm）	台	1	
2	030404034001	照明开关	单联单控暗开关 250V10A	个	2	
3	030409001001	接地极	镀锌角钢接地极 $L50 \times 50 \times 5(\text{mm})$，每根 $L = 2.5\text{m}$	根	3	
4	030409002001	接地母线	镀锌扁钢接地母线 $-40 \times 4\text{mm}$	m	16.42	接地母线图示长度 $=5 + 5 + 2 + 1 + 0.7 + 1.6 + 0.5$ $= 15.80$（m）考虑3.9%的附加长度，总长度为 $= 15.80 \times 1.039 = 16.42$（m）

序号	项目编码	项目名称	项目特征描述	计量单位	工程数量	计算式
5	030414011001	接地装置电气调整试验	接地电阻测试	组	1	
6	030411001001	配管	镀锌电线管φ20沿砖、混凝土结构暗配	m	18.10	管长 = 4 − 1.6 − 0.4 + 1.8 + 1.8 + 2 ×3 + (4 − 1.4) ×2 + 1.3 = 18.10 (m)
7	030411006001	接线盒	接线盒4个 开关盒2个	个	6	
8	030411004001	配线	管内穿阻燃绝缘导线 ZRBV1.5mm²	m	42.20	线长 = [4 − 1.6 − 0.4 + 1.8 × 2] ×2 + (2 + 2) ×3 + (4 − 1.4) ×2 ×2 + (2 + 1.3) ×2 = 40.20 (m) 预留长度为 600mm + 400mm = 1000mm = 1m，总长度为 40.20 + 1 ×2 = 42.20 (m)
9	030412005001	荧光灯	YG2 − 2 吸顶安装	套	4	

问题2：

解：编制接地母线、配管和配线工程量清单综合单价分析表。

1. 计算接地母线的综合单价，见表3−16A。

接地母线长度应按施工图设计水平和垂直规定长度另加3.9%的附加长度（包括转弯、上下波动、避绕建筑物、搭接头所占长度）计算。计算主材用量应考虑表3−13中5%的损耗，该接地母线分项工程每米所含主材数量：接地母线1.05m。

表3−16A　　　　　　　电话机房照明工程量清单综合单价分析表

项目编码	030409002001		项目名称		接地母线		计量单位		m
清单综合单价组成明细									
定额编号	定额名称	定额单位	数量	单价（元）				合价（元）	

定额编号	定额名称	定额单位	数量	人工费	材料费	机械费	管理费和利润	人工费	材料费	机械费	管理费和利润
	接地母线敷设	10m	0.1	71.40	0.90	2.10	71.40	7.14	0.09	0.21	7.14
人工单价			小　计					7.14	0.09	0.21	7.14
50元/工日			未计价材料费（元）					6.62			
	清单项目综合单价（元/m）							21.20			

材料费明细	主要材料名称、规格、型号	单位	数量	单价（元）	合价（元）	暂估单价（元）	暂估合价（元）
	接地母线 −40 ×4mm	m	1.05	6.30	6.62		
	其他材料费（元）						
	材料费小计（元）				6.62		

2. 计算电气配管综合单价：见表3-16B。

计算电气配管综合单价时，$\phi20$ 镀锌电线管主材数量应考虑表3-13 中的损耗为3%；该电气配管分项工程每米所含主材数量：$\phi20$ 镀锌电线管主材 1.03m。

表3-16B　　　　　　电话机房照明工程量清单综合单价分析表

项目编码	030411001001		项目名称		配管 $\phi20$		计量单位		m	
清单综合单价组成明细										
定额编号	定额名称	定额单位	数量	单价（元）				合价（元）			
				人工费	材料费	机械费	管理费和利润	人工费	材料费	机械费	管理费和利润
	镀锌电线管 $\phi20$ 沿砖、混凝土结构暗配	100m	0.01	198.00	58.00	20.00	198.00	1.98	0.58	0.20	1.98
人工单价			小计					1.98	0.58	0.20	1.98
50 元/工日			未计价材料费（元）					4.64			
清单项目综合单价（元/m）								9.38			
材料费明细	主要材料名称、规格、型号			单位	数量	单价（元）	合价（元）	暂估单价（元）	暂估合价（元）		
	配管（镀锌电线管 $\phi20$）			m	1.03	4.5	4.64				
	其他材料费（元）										
	材料费小计（元）						4.64				

3. 计算电气配线综合单价，见表3-16C。

计算电气配线的综合单价时，主材用量要考虑表3-13 中16%的损耗。该分项工程每米所含主材数量：$1.0 \times 1.16 = 1.16$（m）。

表3-16C　　　　　　电话机房照明工程量清单综合单价分析表

项目编码	030411004001		项目名称		电气配线		计量单位		m	
清单综合单价组成明细										
定额编号	定额名称	定额单位	数量	单价（元）				合价（元）			
				人工费	材料费	机械费	管理费和利润	人工费	材料费	机械费	管理费和利润
	管内穿阻燃绝缘导线 ZRBV1.5mm²	100m	0.01	30.00	18.00	0	30.00	0.30	0.18	0	0.30
人工单价			小计					0.30	0.18	0	0.30
50 元/工日			未计价材料费（元）					1.39			
清单项目综合单价（元/m）								2.17			
材料费明细	主要材料名称、规格、型号			单位	数量	单价（元）	合价（元）	暂估单价（元）	暂估合价（元）		
	阻燃绝缘导线 ZRBV1.5mm²			m	1.16	1.20	1.39				
	其他材料费（元）										
	材料费小计（元）						1.39				

问题3：

编制电话机房电气照明工程分部分项工程量清单与计价表，见表3-17。

表3-17   分部分项工程量清单与计价表

序号	项目编码	项目名称	项目特征描述	计量单位	工程量	金额（元）	
						综合单价	合价
1	030404017001	配电箱	照明配电箱MX嵌入式安装，箱体尺寸：600×400×200（宽×高×厚，mm）	台	1	98.44	98.44
2	030404034001	照明开关	单联单控暗开关250V10A	个	2	11.53	23.06
3	030409001001	接地极	镀锌角钢接地极 L50×50×5（mm），L=2.5m	根	3	88.90	266.70
	030409002001	接地母线	镀锌扁钢接地母线-40×4mm	m	16.24	21.20	344.29
4	030414011001	接地装置调试	接地电阻测试	组	1	76.01	92.03
5	030411001001	配管	镀锌电管φ20沿砖、混凝土结构暗配	m	18.10	9.38	169.78
6	030411006001	接线盒	接线盒4个，开关盒2个	个	6	7.05	42.30
7	030411004001	配线	管内穿阻燃绝缘导线ZRBV1.5mm²	m	42.20	2.17	91.57
8	030412005001	荧光灯	YG2-2吸顶安装	套	4	131.70	526.80
合计							1638.95

表3-17中，配电箱、照明开关、接地装置调试、接线盒和荧光灯综合单价根据表3-13中的数据计算，计算式为：

配电箱综合单价 $= 18.22 + 3.5 + 18.22 \times (55\% + 45\%) + 58.5 = 98.44$（元）

照明开关综合单价 $= [19.70 + 4.50 + 19.7 \times (55\% + 45\%)] \times 0.1 + 1.02 \times 7 = 11.53$（元）

接地极综合单价 $= 14.51 + 1.89 + 14.32 + 14.51 \times (55\% + 45\%) + 42.40 \times 1.03$
$= 88.90$（元）

接地装置调试综合单价 $= 30 + 1.49 + 14.52 + 30 \times (55\% + 45\%) = 76.01$（元）

接线盒综合单价 $= [12 + 22 + 12 \times (55\% + 45\%)] \times 0.1 + 1.02 \times 2.4 = 7.05$（元）

荧光灯综合单价 $= [40 + 25 + 40 \times (55\% + 45\%)] \times 0.1 + 1.01 \times 120 = 10.5 + 121.20$
$= 131.70$（元）

【案例六】

背景：

某商厦一层火灾自动报警系统工程平面图和系统图如图3-3A、3-3B所示，设备材料明细见表3-18。

表3-18   设备材料表

序号	图例	设备名称	型号规格	单位	下沿距地安装高度
1	G	集中式火灾报警控制器		台	挂墙安装
2	M	输入监视模块		只	与控制设备同高度安装
3	C	控制模块		只	与控制设备同高度安装
4	S	感烟探测器		只	吸顶安装
5		火灾声光警报器		台	距地2.2m安装
6		带电话插孔的手动报警按钮	J－SAM－GST9122	只	距地1.5m安装

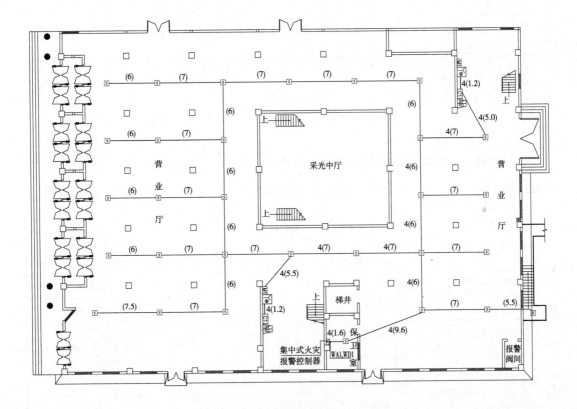

图3-3A 一层消防报警及联动平面图

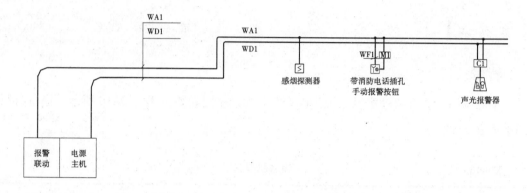

图3-3B 火灾自动报警及广播系统图

设计说明：

1. 火灾自动报警系统线路由一层保卫室消防集中报警主机引出，沿水平、垂直线穿焊接钢管沿墙内、顶板暗敷，敷设高度为离地3m。

2. WA1为报警（联动）二总线，采用 NH – RVS – 2 × 1.5，WD1为电源二总线采用 NH – BV – 2.5。

3. 控制模块和输入模块均暗装在开关盒内。

4. 自动报警系统装置调试的点数按本图内容计算。

5. 消防报警主机集中式火灾报警控制器安装高度为距地1.5m，箱体尺寸：400 × 300 × 200（宽×高×厚，mm）。

6. NC16平面中火灾报警联动线途经控制模块（ C1 、 N ）时为四根线，两根DC24V电源线，两根报警线，共管敷设，穿φ20焊接钢管沿顶板，墙内暗敷，未通过控制模块的为二根报警线，穿φ20焊接钢管沿顶板，墙内暗敷。

7. 配管水平长度见图示括号内容数字，单位为米。

问题：

1. 根据图示内容和《通用安装工程量计算规范》和《计价规范》的相关规定，分部分项工程的统一编码，见表3-19。列式计算配管及配线的工程量，并编制其分部分项工程量清单。

表3-19   **工程量清单统一项目编码**

项目编码	项目名称	项目编码	项目名称
030904001	点型探测器	030904005	声光报警器
030904002	线型探测器	030904011	远程控制箱
030904003	按　钮	030905001	自动报警系统调试
030904008	模块（模块箱）		
030904009	区域报警控制箱	030411001	配管
030411006	接线盒	030411004	配线

2. 某投标人拟按以下数据进行该工程的投标报价。

假设该安装工程计算出的各分部分项工程工料机费用合计为 100 万元，其中人工费占 10%。安装工程脚手架搭拆的工料机费用，按各分部分项工程人工费合计的 8% 计取，其中人工费占 25%；安全防护、文明施工措施费用，按当地工程造价管理机构发布的规定计 2 万元，其他措施项目清单费用按 3 万元计。

施工管理费、利润分别按人工费的 54%、46% 计。暂列金额 1 万元，专业工程暂估价 2 万元（总承包服务费按 3% 计取），不考虑计日工费用。

规费按 5% 税率计取；税金按税率 3.41% 计取。

编制单位工程投标报价汇总表，并列出计算过程。

分析要点：

本案例要求按《通用安装工程量计算规范》和《计价规范》的规定，掌握编制电气单位工程的工程量清单及清单计价的基本方法。具体是：编制分部分项工程量清单与计价表时，应能列出火灾自动报警工程的分项子目，掌握工程量计算方法和火灾自动报警；掌握电气工程的工程量清单与计价的基本原理；掌握编制安装工程的措施项目清单计价表和脚手架工程及其他费用的计算方法；熟悉编制单位工程投标报价汇总表的基本方法。

答案：

问题 1：

解：火灾报警系统配管配线的工程量计算如下：

（1）WD1 回路，$\phi 20$ 钢管暗配：$(3 - 1.5 - 0.3) + 1.6 + 9.6 + 6 + 7 + 7 + 5.5 + (3 - 1.5) + (3 - 1.5) + 1.2 + (3 - 2.2) + 6 + 6 + 7 + 5.0 + (3 - 2.2) + (3 - 2.2) + 1.2 + (3 - 1.5) = 71.2(m)$

电源二总线 NH – BV – $2.5mm^2$：$(71.20 + 0.3 + 0.4) \times 2 = 143.80(m)$

（2）WA1 回路，$\phi 20$ 钢管暗配：

$7 + 5.5 + 7 \times 2 + 6 + 7 \times 3 + 6 \times 4 + 7 \times 5 + 7.5 + 6 \times 4 + 7 = 151.00(m)$

报警二总线 NH – RVS – $2 \times 1.5mm^2$：$71.20 + (151.00 + 0.3 + 0.4) = 222.90(m)$

合计：$\phi 20$ 钢管暗配：$71.20 + 151 = 222.20(m)$

电源二总线 NH – BV – $2.5mm^2$：143.80m

报警二总线 NH – RVS – $2 \times 1.5mm^2$：222.90m

分部分项工程量清单见表 3-20。

表3-20 分部分项工程量清单与计价表

序号	项目编码	项目名称	项目特征	计量单位	工程量	金额（元）	
						综合单价	合价
1	030411001001	配管	φ20 焊接钢管，暗配	m	222.20		
2	030411004001	配线	电源二总线，穿管敷设，NH－BV－2.5mm²	m	143.80		
3	030411004002	配线	报警二总线，穿管敷设，NH－RVS－2×1.5mm²	m	222.90		
4	030411006001	接线盒	接线盒30个、开关盒4个	个	34		
5	030904001001	点型探测器	感烟探测器，吸顶安装	只	30		
6	030904003001	按钮	带电话插孔的手动报警按钮，J－SAM－GST9122，距地1.5m安装	只	2		
7	030904008001	模块	输入监视模块，与控制设备同高度安装	只	2		
8	030904008002	模块	控制模块，与控制设备同高度安装	只	2		
9	030904009001	区域报警控制箱	箱体尺寸：400×300×200（宽×高×厚，mm）距地1.5m挂墙安装，控制点数量：34点	台	1		
10	030904005001	声光报警器	火灾声光报警器，距地2.2m安装	个	2		
11	030905001001	自动报警系统装置调试	总线制点数：34点	系统	1		

问题2：

解：各项费用的计算过程如下：

1. 分部分项工程清单计价合计 = 100 + 100 × 10% × (54% + 46%) = 110.00(万元)

2. 措施项目清单计价合计：

（1）脚手架搭拆费 = 100 × 10% × 8% + 100 × 10% × 8% × 25% × (54% + 46%)

$$= 0.8 + 0.2 = 1.00(万元)$$

（2）安全防护、文明施工措施费 = 2.00（万元）

（3）其他措施项目费 = 3.00（万元）

措施项清单计价合计 = 1 + 2 + 3 = 6.00（万元）

3. 其他项目清单计价合计 = 暂列金额 + 专业工程暂估价 + 总承包服务费

$$= 1 + 2 + 2 × 3\% = 3.06(万元)$$

4. 规费 = （分部分项工程费 + 措施项目费 + 其他项目费）× 5%

$= (110 + 6 + 3.06) \times 5\% = 5.953(万元)$

5. 税金 $= (110 + 6 + 3.06 + 5.953) \times 3.41\% = 125.013 \times 3.41\% = 4.263(万元)$

6. 投标报价合计 $= 110 + 6 + 3.06 + 5.953 + 4.263 = 129.28(万元)$

该单位工程投标报价汇总表，见表3-21。

表3-21　　　　　　　　　　单位工程投标报价汇总表

序号	汇总内容	金额（万元）	其中		
			暂估价（万元）	安全文明施工费（万元）	规费（万元）
1	分部分项工程	110.00			
1.1	略				
1.2	略				
1.3	略				
……	略				
2	措施项目	6.00			
2.1	安全文明施工费等	2.00		2.00	
2.2	模板工程、脚手架工程等	4.00			
3	其他项目	3.06			
3.1	暂列金额	1.00			
3.2	专业工程暂估价	2.00			
3.3	计日工				
3.4	总包服务费	0.06			
4	规费	5.95			5.95
5	税金 $=((1)+(2)+(3)+(4))\times3.41\%$	4.26			
	投标报价合计 $=(1)+(2)+(3)+(4)+(5)$	129.28			

【案例七】

背景：

1. 某制冷机房设备管道平面图、系统图，如图3-4A、图3-4B所示。

2. 根据《通用安装工程量计算规范》的规定，分部分项工程的统一项目编码，见表3-22。

表3-22   《通用安装工程量计算规范》项目编码

项目编码	项目名称	项目编码	项目名称
030801001	低压碳钢管	030804001	低压碳钢管件
030807003	低压法兰阀门	030810002	低压碳钢焊接法兰
031201001	管道刷油	031208002	管道绝热

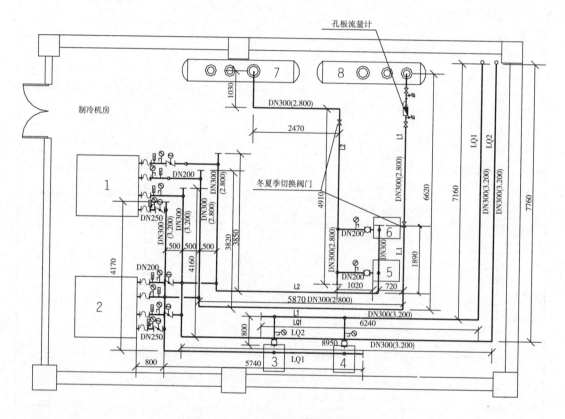

图3-4A 制冷机房设备管道平面图

表3-23   图例与材料明细表

图例	材料名称	图例	材料名称	图例	材料名称
⋈ ⊠	法兰闸阀	⊗	法兰电动阀	∿	法兰金属软管
△	法兰过滤器	⌀	压力表	⊢	法兰盲板
▣	法兰止回阀	⊪	温度计	▢	法兰橡胶软接头

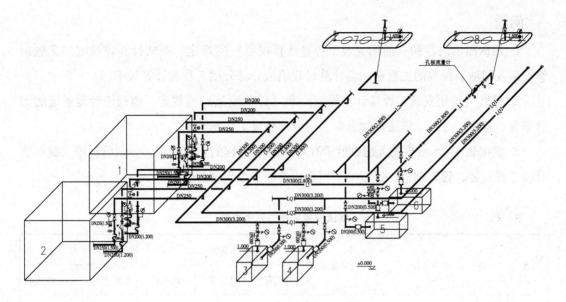

图3-4B 制冷机房设备管道系统图

表3-24   **制冷机房主要设备表**

序号	设备编号	设备名称	性能及规格	数量	单位	备注
1.2	CH – B1 – 01 ~ 02	螺杆式冷水机组 WCFX – B – 36	额定制冷量1132kW 冷冻水 195ml/h 7/12℃ 水侧承压1.0MPa，A配电279kW 冷冻水 230ml/h 32/37℃	2	台	变频
3.4	CTP – B1 – 01 ~ 02	冷却循环泵	AABD150 – 400	2	台	
5.6	CHP – B1 – 01 ~ 02	冷冻循环泵	AABD150 – 315A	2	台	
7	FSQ – B1 – 01	分水器	$DN400$ $L=2950mm$ 工作压力1.0MPa	1	台	
8	JSQ – B1 – 01	集水器	$DN400$ $L=2950mm$ 工作压力1.0MPa	1	台	

说明：

1. 制冷机房室内地坪标高为±0.00，图中标注尺寸除标高单位为米外，其余均为毫米。

2. 系统工作压力为1.0MPa，管道材质为无缝钢管，规格为 $D219 \times 9$，$D273 \times 12$，$D325 \times 14$，弯头采用成品压制弯头，三通为现场挖眼连接。管道系统全部采用电弧焊接。所有法兰为碳钢平焊法兰。

3. 所有管道、管道支架除锈后，均刷红丹防锈底漆两道，管道采用橡塑管壳（厚度为30mm）保温。

4. 管道支架为普通支架，管道安装完毕进行水压试验和冲洗，需符合规范要求；管道焊口无探伤要求。

5. 图例与材料明细表、制冷机房主要设备表分别见表3-23和表3-24。

问题：

1. 根据图示内容和《通用安装工程量计算规范》的规定，列式计算该系统的无缝钢管安装及刷油、保温的工程量。将计算过程填入分部分项工程量计算表中。

2. 根据《通用安装工程量计算规范》和《计价规范》的规定，编列该管道系统的无缝钢管、弯头、三通、管道刷油及保温的分部分项工程量清单。

3. 根据表 3-25 给出的无缝钢管 D219×9 安装工程的相关费用，分别编制该无缝钢管分项工程安装、管道刷油、保温的工程量清单综合单价分析表。

表3-25　　　　　　　　　　　　　　　管道安装工程相关费用表

| 序号 | 项目名称 | 计量单位 | 安装费单价（元） | | | 主材 | |
			人工费	材料费	机械费	单价（元）	主材消耗量
1	碳钢管（电弧焊）DN200 内	10m	92.11	15.65	158.71	176.49	9.41m
2	低中压管道液压试验 DN200 内	100m	299.98	76.12	32.30		
3	管道水冲洗 DN200 内	100m	180.20	68.19	37.75	3.75	43.74m³
4	手工除管道轻锈	10m²	17.49	3.64	0.00		
5	管道刷红丹防锈漆　第一遍	10m²	13.62	13.94	0.00		
6	管道刷红丹防锈漆　第二遍	10m²	13.62	12.35	0.00		
7	管道橡塑保温管（板）φ325 内	m³	372.59	261.98	0.00	1500.00	1.04m³

说明：人工单价为 50 元/工日，管理费按人工费的 50% 计算，利润按人工费的 30% 计算。

分析要点：

本案例要求按《通用安装工程量计算规范》和《计价规范》的规定，掌握编制管道单位工程的分部分项工程量清单与计价表的基本方法。具体是：编制分部分项工程量清单与计价表时，应能列出管道工程的分项子目，掌握工程量计算方法。

计算钢管长度时，不扣除阀门、管件所占长度。计算管道安装工程费用时，应注意管道的刷油、保温应单独列示清单工程量。

答案：

问题1：

解：列表计算工程量，无缝钢管工程量计算过程，见表 3-26。

管道绝热工程量计算公式为 $V = \pi \times (D + 1.033\delta) \times 1.033\delta \times L$，$\pi$ - 圆周率，D - 直径，1.033 - 调整系数，δ - 绝热层厚度，L - 管道延长米。

表3-26 分部分项工程量计算表

序号	项目编码	项目名称	项目特征	计量单位	工程数量	计算式
1	030801001001	低压碳钢管	DN300 无缝钢管，电弧焊	m	81.69	3.85 + 5.87 - 0.5 - 0.72 + 1.89 + 3.82 + 5.87 + 6.62 + 4.16 + 8.95 + 7.76 + 4.17 + 5.74 + 6.24 + 7.16 + (2.8 - 1.6) + (2.8 - 1.6) + 1.03 + 2.47 + 4.91 = 81.69(m)
2	030801001002	低压碳钢管	DN250 无缝钢管，电弧焊	m	11.60	(0.8 + 1.3) × 2 + (3.2 - 1.5 + 3.2 - 1.2) × 2 = 11.60(m)
3	030801001003	低压碳钢管	DN200 无缝钢管，电弧焊	m	35.64	(1.8 + 2.3) × 2 + (2.8 - 1.5 + 2.8 - 1.2) × 2 + 0.8 × 2 + 1.02 × 2 + (3.2 - 1.0 + 3.2 - 0.5) × 2 + (2.8 - 1.0 + 2.8 - 0.5) × 2 = 35.64(m)
4	031201001001	管道刷油	除锈，刷红丹防锈底漆两道	m²	117.82	3.14 × (0.325 × 81.69 + 0.273 × 11.60 + 0.219 × 35.64) = 117.82(m²)
5	031208002001	管道绝热	橡塑管壳（厚度为 30mm）保温	m³	4.04	3.14 × [(0.325 + 1.033 × 0.03) × 81.69 + (0.273 + 1.033 × 0.03) × 11.60 + (0.219 + 1.033 × 0.03) × 35.64] × 1.033 × 0.03 = 4.04(m³)

问题2：

无缝钢管、弯头、三通、管道刷油及保温的分部分项工程量清单的编制，见表 3-27。

表3-27 分部分项工程量清单与计价表

序号	项目编码	项目名称	项目特征描述	计量单位	工程量	金额（元）		
						综合单价	合价	其中：暂估价
1	030801001001	低压碳钢管	DN300 无缝钢管，电弧焊	m	81.69			
2	030801001002	低压碳钢管	DN250 无缝钢管，电弧焊	m	11.60			
3	030801001003	低压碳钢管	DN200 无缝钢管，电弧焊	m	35.64			
4	030804001001	低压碳钢管件	DN300，碳钢冲压弯头，电弧焊	个	12.00			
5	030804001002	低压碳钢管件	DN250，碳钢冲压弯头，电弧焊	个	12.00			
6	030804001003	低压碳钢管件	DN200，碳钢冲压弯头，电弧焊	个	16.00			
7	030804001004	低压碳钢管件	DN300×250，挖眼三通，电弧焊	个	4.00			
8	030804001005	低压碳钢管件	DN300×200，挖眼三通，电弧焊	个	12.00			
9	031201001001	管道刷油	除锈，刷红丹防锈底漆两道	m²	117.82			
10	031208002001	管道绝热	橡塑管壳（厚度为30mm）保温	m³	4.04			

问题3：

1. 编制无缝钢管 DN200 分项工程的工程量清单综合单价分析表，见表 3-28。

计算综合单价时，应考虑每米管道无缝钢管主材的消耗量 0.941m，综合单价中包括管道水冲洗和液压试验的费用。

表3-28　　　　　　　　　　　DN200 钢管安装综合单价分析表

项目编码		030801001003			项目名称		DN200 低压碳钢管		计量单位		m
清单综合单价组成明细											
定额编号	定额名称	定额单位	数量	单价（元）				合价（元）			
				人工费	材料费	机械费	管理费和利润	人工费	材料费	机械费	管理费和利润
	碳钢管（电弧焊）DN200 内	10m	0.1	92.11	15.65	158.71	73.69	9.21	1.57	15.87	7.37
	低中压管道液压试验 DN200 内	100m	0.01	299.98	76.12	32.30	239.98	3.00	0.76	0.32	2.4
	管道水冲洗 DN200 内	100m	0.01	180.20	68.19	37.75	144.16	1.80	0.68	0.38	1.44
人工单价		小计						14.01	3.01	16.57	11.21
50 元/工日		未计价材料费（元）						167.72			
		清单项目综合单价（元/m）						212.52			
材料费明细	主要材料名称、规格、型号				单位	数量	单价（元）	合价（元）	暂估单价（元）	暂估合价（元）	
	无缝钢管 DN200（主材）				m	0.941	176.49	166.08			
	水（主材）				m³	0.437	3.75	1.64			
	其他材料费（元）										
	材料费小计（元）							167.72			

2. 编制无缝钢管 DN200 刷油的工程量清单综合单价分析表，见表3-29。

计算刷油的综合单价时，应包括除锈、刷油的价格。

表3-29　　　　　　　　　　　DN200 钢管刷油综合单价分析表

项目编码		031201001001		项目名称		管道刷油		计量单位		m²
清单综合单价组成明细										
定额编号	定额名称	定额单位	数量	单价（元）				合价（元）		
				人工费	材料费	机械费	管理费和利润	人工费	材料费	机械费	管理费和利润
	手工除管道轻锈	10m²	0.1	17.49	3.64	0.00	13.99	1.75	0.36	0.00	1.40
	管道刷红丹防锈漆 第一遍	10m²	0.1	13.62	13.94	0.00	10.90	1.36	1.39	0.00	1.09

项目编码	031201001001		项目名称	管道刷油	计量单位	m²
清单综合单价组成明细						
管道刷红丹防锈漆 第二遍	10m²	0.1	13.62	12.35	0.00	10.90	1.36	1.24	0.00	1.09

人工单价		小计	4.47	2.99	0.00	3.58
50 元/工日		未计价材料费（元）				
清单项目综合单价（元/m²）			11.04			

材料费明细	主要材料名称、规格、型号	单位	数量	单价（元）	合价（元）	暂估单价（元）	暂估合价（元）
	其他材料费（元）						
	材料费小计（元）						

3. 编制无缝钢管 DN200 保温的工程量清单综合单价分析表，见表 3-30。

计算保温的综合单价时，橡塑保温管（板）主材数量应考虑 4% 的损耗。

表3-30　　　　　　　　　　**DN200 钢管保温综合单价分析表**

项目编码	031208002001		项目名称	管道绝热	计量单位	m³
清单综合单价组成明细						

定额编号	定额名称	定额单位	数量	单价（元）				合价（元）			
				人工费	材料费	机械费	管理费和利润	人工费	材料费	机械费	管理费和利润
	管道橡塑保温管 φ325 内	m³	1	372.59	261.98	0.00	298.07	372.59	261.98	0.00	298.07

人工单价		小 计	372.59	261.98	0.00	298.07
50 元/工日		未计价材料费（元）	1560.00			
清单项目综合单价（元/m³）			2492.64			

材料费明细	主要材料名称、规格、型号	单位	数量	单价（元）	合价（元）	暂估单价（元）	暂估合价（元）
	橡塑保温管	m³	1.04	1500.00	1560.00		
	其他材料费（元）						
	材料费小计（元）						

【案例八】

背景

1. 某总承包施工企业根据某安装工程的招标文件和施工方案决定按以下数据及要求进行投标报价：

该安装工程按设计文件计算出各分部分项工程工料机费用合计为 6000 万元，其中人工费占 10%。

安装工程脚手架搭拆的工料机费用，按各分部分项工程人工费合计的 8% 计取，其中人工费占 25%；安全防护、文明施工措施费用，按当地工程造价管理机构发布的规定计取 100 万元，根据建设部建办 ［2005］89 号《建筑工程安全防护、文明施工措施费用及使用管理规定》中"投标方安全防护、文明施工措施的报价，不得低于根据工程所在地工程造价管理机构测定费率计算所需费用总额的 90%"的规定，业主要求按 90% 计；其他措施项目清单费用按 150 万元计。

施工管理费、利润分别按人工费的 60%、40% 计。

按业主要求，总承包企业将占工程总量 20% 的部分专业工程发包给某专业承包企业，总承包服务费按分包专业工程各分部分项工程人工费合计的 15% 计取。

规费按 82 万元计；税金按税率 3.41% 计。

2. 其中某生产装置中部分工艺管道系统，如图 3-5 所示。

根据《通用安装工程量计算规范》的规定，管道系统各分部分项工程量清单项目的统一编码，见表 3-31。

表3-31　　　　管道系统各分部分项工程量清单项目的统一编码

项目编码	项目名称	项目编码	项目名称
030802001	中压碳钢管道	030816003	焊缝 X 光射线探伤
030805001	中压碳钢管件	030816005	焊缝超声波探伤
030808003	中压法兰阀门	031201001	管道刷油
030811002	中压碳钢焊接法兰	031201003	金属结构刷油
030815001	管架制作安装		

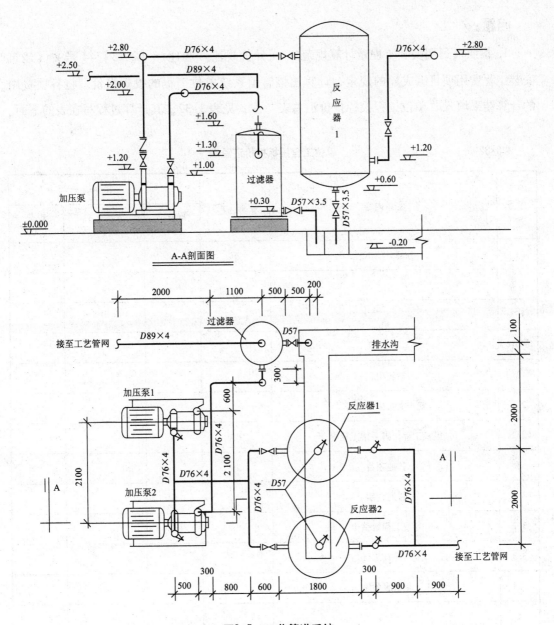

图3-5 工艺管道系统

说明:

1. 本图所示为某工厂生产装置的部分工艺管道系统,该管道系统工作压力为2.0MPa。图中标注尺寸标高以米计,其他均以毫米计。

2. 管道均采用20号碳钢无缝钢管,弯头采用成品压制弯头,三通为现场挖眼连接,管道系统的焊接均为氩电联焊。

3. 所有法兰为碳钢对焊法兰;阀门型号:止回阀为H41H-25,截止阀为J41H-25,用对焊法兰连接。

4. 管道支架为普通支架,共耗用钢材42.4kg,其中施工损耗为6%。

5. 管道系统安装就位后,对D76×4的管线的焊口进行无损探伤。其中法兰处焊口采用超声波探伤;管道焊缝采用X光射线探伤,片子规格为80mm×150mm,焊口按36个计。

6. 管道安装完毕后,均进行水压试验和空气吹扫。管道、管道支架除锈后,均进行刷防锈漆、调和漆各两遍。

问题：

1. 按照《通用安装工程量计算规范》、《计价规范》和建标〔2013〕44号文《建筑安装工程费用项目组成》的规定，计算出该管道系统单位工程的投标报价。将各项费用的计算结果填入"单位工程投标报价汇总表"中，见表3-32，其计算过程写在表的下面。

表3-32 单位工程投标报价汇总表

序号	汇总内容	金额（元）	其中		
			暂估价（元）	安全文明施工费（元）	规费（元）
1	分部分项工程				
1.1					
1.2					
……					
2	措施项目				
2.1	安全文明施工费等				
2.2	模板工程、脚手架工程等				
3	其他项目				
3.1	暂列金额				
3.2	专业工程暂估价				
3.3	计日工				
3.4	总包服务费				
4	规费				
5	税金				
投标报价合计 = (1) + (2) + (3) + (4) + (5)					

2. 根据《通用安装工程量计算规范》和《计价规范》的规定，计算管道 $D89 \times 4$、管道 $D76 \times 4$、管道 $D57 \times 3.5$、管架制作安装、焊缝 X 光射线探伤、焊缝超声波探伤六项工程量，并写出计算过程。编列出该管道系统（注：阀门、法兰安装除外）的分部分项工程量清单与计价项目，将计算结果填入分部分项工程量清单与计价表中，见表 3-33。

表3-33 分部分项工程量清单与计价表

序号	项目编码	项目名称	项目特征描述	计量单位	工程量	综合单价	合价	其中：暂估价
						金额（元）		
1	030802001001	中压碳钢管道	无缝钢管 $D89 \times 4mm$ 氩电联焊 水压试验，空气吹扫	m				
2	030802001002	中压碳钢管道	无缝钢管 $D76 \times 4mm$ 同上	m				
3	030802001003	中压碳钢管道	无缝钢管 $D57 \times 3.5mm$ 同上	m				
4	030805001001	中压碳钢管件	$DN80$，冲压弯头，氩电联焊	个	1			
5	030805001002	中压碳钢管件	$DN70$，冲压弯头，氩电联焊	个	15			
6	030805001003	中压碳钢管件	$DN70$，挖眼连接，氩电联焊	个	4			
7	030805001004	中压碳钢管件	$DN50$，冲压弯头，氩电联焊	个	1			
8	030815001001	管架制作安装	钢材，普通支架	kg				
9	030816003001	焊缝X光射线探伤	胶片 $80mm \times 150mm$，$\delta = 4mm$	张				
10	030816005001	焊缝超声波探伤	$DN100$ 以内	口				
11	031201001001	管道刷油	除锈、刷防锈漆、调和漆两遍	m^2				
12	031201003001	金属结构刷油	除锈、刷防锈漆、调和漆两遍	kg				

分析要点：

本案例要求按《通用安装工程量计算规范》和《计价规范》的规定，掌握编制管道单位工程的工程量清单及清单计价的基本方法。具体是：编制分部分项工程量清单与计价表时，应能列出管道工程的分项子目，掌握工程量计算方法；掌握编制采暖工程的工程量清单与计价的基本原理；安装工程的措施项目清单计价表中，脚手架工程及其他费用的计算方法；最后掌握如何编制措施项目清单与计价表和单位工程招标控制价/投标报价汇总表的基本方法。

答案：

问题1：

解：将各项费用的计算结果，填入单位工程投标报价汇总表3-32中，得表3-34。其计算过程写在表3-34下面。

表3-34　　　　　　　　　　　　单位工程投标报价汇总表

序号	汇总内容	金额（元）	其中		
			暂估价（元）	安全文明施工费（元）	规费（元）
1	分部分项工程	6600.00			
1.1	略				
1.2	略				
1.3	略				
……	略				
2	措施项目				
2.1	安全文明施工费等	90.00		90	
2.2	模板工程、脚手架工程等	210.00			
3	其他项目				
3.1	暂列金额				
3.2	专业工程暂估价				
3.3	计日工				
3.4	总包服务费	18.00			
4	规费	82.00			82
5	税金=（(1)+(2)+(3)+(4)）×3.41%	238.70			
	投标报价合计=(1)+(2)+(3)+(4)+(5)	7238.70			

各项费用的计算过程(计算式)：

1. 分部分项工程清单计价合计 $=6000+6000×10\%×(40\%+60\%)=6600$（万元）

2. 措施项目清单计价合计：

（1）脚手架搭拆费 $=6000×10\%×8\%+6000×10\%×8\%×25\%×(40\%+60\%)$

$$=48+12=60\ (万元)$$

（2）安全防护、文明施工措施费 $=100×90\%=90\ (万元)$

（3）其他措施项目费 $=150\ (万元)$

措施项清单计价合计 $=60+90+150=300(万元)$

3. 其他项目清单计价合计 $=$ 总承包服务费 $=6000×20\%×10\%×15\%=18(万元)$

4. 规费：82万元

5. 税金 $=(6600+300+18+82)×3.41\%=7000×3.41\%=238.70(万元)$

问题2：

解：根据《通用安装工程量计算规范》和《计价规范》的规定，计算管道 $D89×4$、管道 $D76×4$、管道 $D57×3.5$、管架制作安装、焊缝 X 光射线探伤、焊缝超声波探伤六项工程量，并写出计算过程。

编列出该管道系统（注：阀门、法兰安装除外）的分部分项工程量清单与计价表的项目，将工程量计算结果填入分部分项工程量清单与计价表表3-33中，得表3-35。其计算过程写在表3-35的下面。

表3-35　　　　　　　　　　分部分项工程量清单与计价表

序号	项目编码	项目名称	项目特征描述	计量单位	工程量	综合单价	合价	其中：暂估价
						金额（元）		
1	030802001001	中压碳钢管道	无缝钢管 $D89 \times 4mm$ 氩电联焊，水压试验，空气吹扫	m	4			
2	030802001002	中压碳钢管道	无缝钢管 $D76 \times 4mm$ 氩电联焊，水压试验，空气吹扫	m	26			
3	030802001003	中压碳钢管道	无缝钢管 $D57 \times 3.5mm$ 氩电联焊，水压试验，空气吹扫	m	2.6			
4	030805001001	中压碳钢管件	$DN80$，冲压弯头，氩电联焊	个	1			
5	030805001002	中压碳钢管件	$DN70$，冲压弯头，氩电联焊	个	15			
6	030805001003	中压碳钢管件	$DN70$，挖眼连接，氩电联焊	个	4			
7	030805001004	中压碳钢管件	$DN50$，冲压弯头，氩电联焊	个	1			
8	030815001001	管架制作安装	除锈、刷防锈漆调和漆两遍	kg	40			
9	030816003001	焊缝X光射线探伤	胶片 $80mm \times 150mm, \delta = 4mm$	张	108			
10	030816005001	焊缝超声波探伤	$DN100$ 以内	口	13			
11	031201001001	管道刷油	除锈、刷防锈漆、调和漆两遍	m^2	7.79			
12	031201003001	金属结构刷油	除锈、刷防锈漆、调和漆两遍	kg	40			

分部分项工程清单工程量的计算过程：

1. 无缝钢管 $D89 \times 4$ 安装工程量的计算式：$2 + 1.1 + (2.5 - 1.6) = 4(m)$

2. 无缝钢管 $D76 \times 4$ 安装工程量的计算式：

$$[0.3 + (2 - 1.3) + 1.1 + 0.6 + 2.1 + (0.3 + 2 - 1) \times 2] + [2.1 + (2.8 - 1.2) \times 2$$
$$+ 0.5 + 0.3 + 0.8 + 2 + (0.6 \times 2)] + [(0.3 + 0.9 + 2.8 - 1.2) \times 2 + 2 + 0.9]$$
$$= 7.4 + 10.1 + 8.5 = 26(m)$$

3. 无缝钢管 $D57 \times 3.5$ 安装工程量的计算式：

$$(0.3 + 0.2 + 0.5) + (0.6 + 0.2) \times 2 = 1 + 1.6 = 2.6(m)$$

4. 管架制作安装工程量的计算式：$42.4 \div 1.06 = 40$（kg）

5. $D76 \times 4$ 管道焊缝 X 光射线探伤工程量的计算式：

   每个焊口的胶片数量：$0.076 \times 3.14 \div (0.15 - 0.025 \times 2) = 2.39$（张），取 3 张

   36 个焊口的胶片数量：$36 \times 3 = 108$（张）

6. $D76 \times 4$ 法兰焊缝超声波探伤工程量的计算式：

   $1 + 2 + 2 + 2 + 2 + 4 = 13$（口）

7. 管道刷油的工程量的计算式：·

   $3.14 \times (0.089 \times 4 + 0.076 \times 26 + 0.057 \times 2.6) = 7.79 (\text{m}^2)$

8. 管道支架刷油的工程量的计算式：$42.4 \div 1.06 = 40$（kg）

【案例九】

背景：

某工程建筑面积为 1600m^2，纵横外墙基均采用同一断面的带形基础，无内墙，基础总长度为 80m，基础上部为 370 实心砖墙，带基结构尺寸如图 3-6 所示。混凝土现场浇筑，强度等级：基础垫层 C15，带形基础及其他构件均为 C30。项目编码及其他现浇有梁板及直形楼梯等分项工程的工程量见分部分项工程量清单与计价，见表 3-36。招标文件要求：1. 弃土采用翻斗车运输，运距 200m，基坑夯实回填，挖、填土方计算均按天然密实土；2. 土建单位工程投标总报价根据清单计价的金额确定。某承包商拟投标此项工程，并根据本企业的管理水平确定管理费率为 12%，利润率和风险系数为 4.5%（以工料机和管理费为基数计算）。

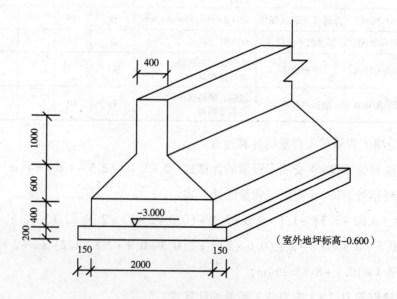

图3-6 带形基础示意图

问题:

1. 根据图示内容、《房屋建筑与装饰工程量计算规范》和《计价规范》的规定，计算该工程带形基础、垫层、挖基础土方、回填土方的工程量，计算过程填入表3-36中。

2. 施工方案确定：基础土方为人工放坡开挖，依据企业定额的计算规则规定，工作面每边300mm；自垫层上表面开始放坡，坡度系数为0.33，场内弃土200m。计算基础土方工程量。

3. 根据企业定额消耗量表3-37、市场资源价格表3-38和《全国统一建筑工程基础定额》混凝土配合比表3-39，模板费用放在措施项目费用中，编制该工程分部分项工程量清单综合单价分析表和分部分项工程量清单与计价表。

4. 措施项目企业定额费用，见表3-40；措施项目清单编码，见表3-41；措施费中安全文明施工费（含环境保护、文明施工、安全施工、临时设施）、夜间施工增加费、二次搬运费、冬雨季施工、已完工程和设备保护设施费的计取费率分别为：3.12%、0.7%、0.6%、0.8%、0.15%，其计取基数均为分部分项工程量清单合计价。基础模板、楼梯模板、有梁板模板、综合脚手架工程量分别为：224m²、31.6m²、1260m²、1600m²，垂直运输按建筑面积计算其工程量。

依据上述条件和《房屋建筑与装饰工程量计算规范》的规定，编制该工程的总价措施项目清单与计价表、单价措施项目清单与计价表。

5. 其他项目清单与计价汇总表中明确：暂列金额300000元，业主采购钢材暂估价300000元（总包服务费按1%计取）。专业工程暂估价500000元（总包服务费按4%计取），计日工中暂估60个工日，单价为80元/工日。编制其他项目清单与计价汇总表；若现行规费与税金分别按5%、3.48%计取，编制单位工程投标报价汇总表。确定该土建单位工程的投标报价。

表3-36　　　　　　　　　　　　　　**分部分项工程量计算表**

序号	项目编码	项目名称	项目特征	计量单位	工程量	计算过程
1	010101003001	挖沟槽土方	三类土，挖土深度4m以内弃土运距200m	m³		
2	010103001001	基础回填土	夯填	m³		
3	010501001001	带形基础垫层	C15混凝土厚200mm	m³		
4	010501002001	带形基础	C30混凝土	m³		
5	010505001001	有梁板	C30混凝土厚120mm	m³	189.00	
6	010506001001	直形楼梯	C30混凝土	m²	31.60	
7		其他分项工程	略	元	1000000	

表3-37　　　　　　　　　　企业定额消耗量表（节选）　　　　　　　　单位：m³

企业定额编号			8－16	5－394	5－417	5－421	1－9	1－46	1－54
项　目		单位	混凝土垫层	混凝土带形基础	混凝土有梁板	混凝土楼梯（m²）	人工挖三类土	回填夯实土	翻斗车运土
人工	综合工日	工日	1.225	0.956	1.307	0.575	0.661	0.294	0.100
材料	现浇混凝土	m³	1.010	1.015	1.015	0.260			
	草袋	m²	0.000	0.252	1.099	0.218			
	水	m³	0.500	0.919	1.204	0.290			
机械	混凝土搅拌机400L	台班	0.101	0.039	0.063	0.026			
	插入式振捣器		0.000	0.077	0.063	0.052			
	平板式振捣器		0.079	0.000	0.063	0.000			
	机动翻斗车		0.000	0.078	0.000	0.000			0.069
	电动打夯机		0.000	0.000	0.000	0.000	0.008		

表3-38　　　　　　　　　　　市场资源价格表

序号	资源名称	单位	价格（元）	序号	资源名称	单位	价格（元）
1	综合工日	工日	50.00	7	草　袋	m²	2.20
2	32.5水泥	t	460.00	8	混凝土搅拌机400L	台班	96.85
3	粗砂	m³	90.00	9	插入式振捣器	台班	10.74
4	砾石40	m³	52.00	10	平板式振捣器	台班	12.89
5	砾石20	m³	52.00	11	机动翻斗车	台班	83.31
6	水	m³	3.90	12	电动打夯机	台班	25.61

表3-39　　　　　　《全国统一建筑工程基础定额》混凝土配合比表　　　　　　单位：m³

项　目		单　位	C15	C30带形基础	C30有梁板及楼梯
材料	32.5水泥	kg	249.00	312.00	359.00
	粗砂	m³	0.510	0.430	0.460
	砾石40	m³	0.850	0.890	0.000
	砾石20	m³	0.000	0.000	0.830
	水	m³	0.170	0.170	0.190

表3-40 措施项目企业定额费用表

定额编号	项目名称	计量单位	人工费（元）	材料费（元）	机械费（元）
10-6	带形基础竹胶板木支撑	m²	10.04	30.86	0.84
10-21	直形楼梯木模板木支撑	m²	39.34	65.12	3.72
10-50	有梁板竹胶板木支撑	m²	11.58	42.24	1.59
11-1	综合脚手架	m²	7.07	15.02	1.58
12-5	垂直运输机械	m²	0	0	25.43

表3-41 工程量清单措施项目的统一编码

项目编码	项目名称	项目编码	项目名称
011701001	综合脚手架	011707001	安全文明施工费（含环境保护、文明施工、安全施工、临时设施）
011702001	基础模板	011707002	夜间施工增加费
011702014	有梁板模板	011707004	二次搬运费
011702024	楼梯模板	011707005	冬雨季施工
011703001	垂直运输机械	011707007	已完工程和设备保护设施费

分析要点：

本案例要求按《房屋建筑与装饰工程量计算规范》和《计价规范》规定，掌握编制单位工程工程量清单与计价汇总表的基本方法；掌握编制工程量清单综合单价分析表、分部分项工程量清单与计价表、措施项目清单与计价表、其他项目清单与计价汇总表以及单位工程投标报价汇总表的操作实务。应掌握分部分项工程通过本企业定额消耗量和市场价格形成综合单价的过程。本案例的基本知识点：

由于《房屋建筑与装饰工程量计算规范》的工程量计算规则规定：挖基础土方工程量是按基础垫层面积乘以挖土深度，不考虑工作面和放坡的土方。但是计算规范同时也注明，挖沟槽土方因工作面和放坡增加的工程量是否并入各土方工程中，应按各省、自治区、直辖市或行业建设主管部门的规定实施，本题计算清单工程量时，按不考虑工作面和放坡计算。实际挖土中，应考虑工作面、放坡、土方外运等内容。

答案：

问题1：

解：

根据图示内容和《房屋建筑与装饰工程量计算规范》和《计价规范》的规定，列表计算带形基础、垫层及挖填土方的工程量，分部分项工程量计算，见表3-42。

表3-42   分部分项工程量计算表

序号	项目编码	项目名称	项目特征	计量单位	工程量	计算过程
1	010101003001	挖沟槽土方	三类土，挖土深度 4m 以内弃土运距200m	m³	478.40	$2.3 \times 80 \times (3 + 0.2 - 0.6) = 478.40$
2	010103001001	基础回填土	夯填	m³	276.32	$478.40 - 36.80 - 153.60 - (3 - 0.6 - 2) \times 0.365 \times 80 = 276.32$
3	010501001001	带形基础垫层	C15 混凝土厚200mm	m³	36.80	$2.3 \times 0.2 \times 80 = 36.80$
4	010501002001	带形基础	C30	m³	153.60	$[2.0 \times 0.4 + (2 + 0.4) \div 2 \times 0.6 + 0.4 \times 1] \times 80 = 153.60$
5	010505001001	有梁板	C30 混凝土厚120mm	m³	189.00	
6	010506001001	直形楼梯	C30	m²	31.6	
7		其他分项工程	略	元	1000000	

问题2：

解：依据企业定额的规定，工作面每边 300mm；自垫层上表面开始放坡，坡度系数为 0.33；场内弃土 200m。计算该基础土方工程量。

（1）人工挖土方工程量计算：

$$V_W = \{(2.3 + 2 \times 0.3) \times 0.2 + [2.3 + 2 \times 0.3 + 0.33 \times (3 - 0.6)] \times (3 - 0.6)\} \times 80$$

$$= (0.58 + 8.86) \times 80 = 755.20 (m^3)$$

（2）基础回填土工程量计算：

$$V_T = V_W - 室外地坪标高以下埋设物$$

$$= 755.20 - 36.80 - 153.60 - 0.365 \times (3 - 0.6 - 2) \times 80 = 553.12 (m^3)$$

（3）余土运输工程量计算：

$$V_Y = V_W - V_T = 755.20 - 553.12 = 202.08 (m^3)$$

问题3：

解：根据企业定额消耗量表 3-37、市场资源价格表 3-38 和《全国统一建筑工程基础定额》混凝土配合比表 3-39，编制该工程分部分项工程量清单综合单价分析表和分部分项工程量清单与计价表。

编制该工程分部分项工程量清单计价表。

首先，编制综合性分项工程的综合单价分析表，如人工挖基础土方、基础回填土、混凝土带形基础等分部分项工程的综合单价分析表，见表 3-43 ~ 表 3-45。

其次，编制该工程分部分项工程量清单综合单价汇总表，见表 3-46。

最后，编制该工程的分部分项工程量清单与计价表，见表 3-47。

1. 编制该工程的部分工程量清单综合单价分析表

（1）人工挖基础土方综合单价分析表，见表3-43。

每 $1m^3$ 人工挖基础土方清单工程量所含施工工程量：

人工挖基础土方：$755.20/478.40 = 1.579$（m^3）

机械土方运输：$202.08/478.40 = 0.422$（m^3）

表3-43　　　　　　　　　　人工挖基础土方综合单价分析表

项目编码	010101003001		项目名称	挖沟槽土方		计量单位	m^3	工程量	478.40
清单综合单价组成明细									
定额编号	定额名称	定额单位	数量	单价（元）				合价（元）	
				人工费	材料费	机械费	管理费和利润	人工费	材料费	机械费	管理费和利润
1-9	人工挖三类土	m^3	1.579	33.05			5.63	52.19	0	0	8.89
1-54	翻斗车运土	m^3	0.422	5.00		5.75	1.83	2.11	0	2.43	0.77
人工单价		小计						54.30	0	2.43	9.66
50元/工日		未计价材料（元）									
清单项目综合单价（元/m^3）								66.39			

材料费明细	主要材料名称、规格、型号		单位	数量	单价（元）	合价（元）	暂估单价（元）	暂估合价（元）
	其他材料费（元）							
	材料费小计（元）							

（2）基础回填土综合单价分析表，见表3-44。

每 $1m^3$ 基础回填土清单工程量所含基础回填土施工工程量：$553.12/276.32 = 2.002$（m^3）

表3-44　　　　　　　　　　人工回填基础土方综合单价分析表

项目编码	010103001001		项目名称	基础回填土		计量单位	m^3	工程量	276.32
清单综合单价组成明细									
定额编号	定额名称	定额单位	数量	单价（元）				合价（元）	
				人工费	材料费	机械费	管理费和利润	人工费	材料费	机械费	管理费和利润
1-46	回填夯实土	m^3	2.002	14.70		0.205	2.54	29.43		0.41	5.09
人工单价		小计						29.43		0.41	5.09
50元/工日		未计价材料（元）									

续表

项目编码	010103001001	项目名称	基础回填土	计量单位	m³	工程量	276.32
清单项目综合单价（元/m³）				34.93			
材料费明细	主要材料名称、规格、型号		单位	数量	单价（元）	合价（元）	暂估单价（元）	暂估合价（元）

(注：表格下部含有"其他材料费（元）""材料费小计（元）"两行空白)

（3）带形基础综合单价分析表，见表3-45。

表3-45   混凝土带形基础综合单价分析表

项目编码	010501002001		项目名称		带形基础		计量单位	m³	工程量	153.60

清单综合单价组成明细												
定额编号	定额名称	定额单位	数量	单价（元）				合价（元）			
				人工费	材料费	机械费	管理费和利润	人工费	材料费	机械费	管理费和利润
5-394	混凝土带形基础	m³	1.000	47.80	236.74	11.10	50.38	47.80	236.74	11.10	50.38
人工单价		小计						47.80	236.74	11.10	50.38
50元/工日		未计价材料（元）									
清单项目综合单价（元/m³）					346.02						

材料费明细	主要材料名称、规格、型号	单位	数量	单价（元）	合价（元）	暂估单价（元）	暂估合价（元）
	32.5 水泥	kg	316.68	0.46	145.67		
	砂	m³	0.44	90.00	39.60		
	石子	m³	0.90	52.00	46.80		
	其他材料费（元）				4.67		
	材料费小计（元）				236.74		

带形基础定额单价（元/m³）的计算过程如下：

人工费：$0.956 \times 50 = 47.80$（元/m³）

材料费：C30 混凝土单价 $= 312 \times 0.460 + 0.43 \times 90 + 0.89 \times 52 + 0.17 \times 3.9$

$= 229.163$（元/m³）

材料费单价 $= 1.015 \times 229.163 + 0.252 \times 2.20 + 0.919 \times 3.90 = 236.74$（元/m³）

机械费：$0.039 \times 96.85 + 0.077 \times 10.74 + 0.078 \times 83.31 = 11.10$（元/m³）

管理费：$(47.80 + 236.74 + 11.10) \times 12\% = 35.48$（元/m³）

利润：$(47.80 + 236.74 + 11.10 + 35.48) \times 4.5\% = 14.90$（元/m³）

（4）带形基础垫层、有梁板和直形楼梯综合单价的组成，采用与带形基础相同的计算方法（计算过程略，数值见表3-46）。

2. 编制分部分项工程综合单价汇总表，见表3-46。

表3-46 分部分项清单综合单价汇总表 单位：元/m³

序号	项目编码	项目名称	工作内容	综合单价组成				综合单价
				人工费	材料费	机械费	管理费和利润	
1	010101003001	挖沟槽土方	4m 以内三类土、含运输	54.30		2.43	9.66	66.39
2	010103001001	基础回填土	夯实回填	29.43		0.41	5.09	34.93
3	010501001001	带形基础垫层	C15 混凝土厚 200mm	61.25	209.31	10.80	47.94	329.30
4	010501002001	带形基础	C30 混凝土	47.80	236.74	11.10	50.38	346.02
5	010505001001	有梁板	C30 混凝土厚 120mm	65.35	261.31	7.59	56.96	391.21
6	010506001001	直形楼梯	C30 混凝土	28.75	66.73	3.08	16.79	115.35
7	其他分项工程（略）							

3. 编制分部分项工程项目清单与计价表，见表3-47。

表3-47 分部分项工程项目清单与计价表

序号	项目编码	项目名称	项目特征描述	计量单位	工程量	金额（元）		其中：暂估价
						综合单价	合价	
1	010101003001	挖沟槽土方	3 类 4m 以内（含运土 200m）	m³	478.40	66.39	31760.98	
2	010103001001	基础回填土	夯实	m³	276.32	34.93	9651.86	
3	010501001001	带形基础垫层	C15 混凝土厚 200mm	m³	36.80	329.30	12118.24	
4	010501002001	带形基础	C30 混凝土	m³	153.60	346.02	53148.67	
5	010505001001	有梁板	C30 混凝土厚 120mm	m³	189.00	391.21	73938.69	
6	010506001001	直形楼梯	C30 混凝土	m²	31.60	115.35	3645.06	
7	……	其他分项工程	含钢筋工程（略）				1000000.00	
合　计							1184263.5	

问题4：

解：编制该工程措施项目清单计价表

1. 措施项目中的通用项目参照《清单计价规范》选择列项，还可以根据工程实际情况补充，总价措施项目清单与计价表，见表3-48。

2. 措施项目中可以计算工程量的项目，宜采用分部分项工程量清单与计价表的方式编制，单价措施项目清单与计价表，见表3-49。

表3-48 　　　　　　　　　　　　　总价措施项目清单与计价表

序号	项目编码	项目名称	计算基础	费率%	金额（元）
1	011707001001	安全文明施工费（含环境保护、文明施工、安全施工、临时设施）	1184263.50	3.12	36949.02
2	011707002001	夜间施工增加费	1184263.50	0.7	8289.84
3	011707004001	二次搬运费	1184263.50	0.6	7105.58
4	011707005001	冬雨季施工	1184263.50	0.8	9474.11
5	011707007001	已完工程和设备保护设施费	1184263.50	0.15	1776.40
合　计					63594.95

表3-49 　　　　　　　　　　　　　单价措施项目清单与计价表

序号	项目编码	项目名称	项目特征	计量单位	工程量	综合单价	合价
1	011702001001	基础模板	条形基础	m²	224.00	48.85	10942.40
2	011702014001	有梁板模板	支撑高度3.8m	m²	1260.00	64.85	81711.00
3	011702024001	楼梯模板	直形楼梯	m²	31.60	126.61	4000.88
4	011701001001	综合脚手架	现浇框架结构，檐口高度12.60m	m²	1600.00	27.70	44320.00
5	011703001001	垂直运输机械	现浇框架结构，檐口高度12.60m、三层	m²	1600.00	29.76	47616.00
合　计							188590.28

表3-49中：

基础模板综合单价：$(10.04+30.86+0.84)\times(1+12\%)\times(1+4.5\%)=48.85(元)$

有梁板模板综合单价：$(11.58+42.24+1.59)\times(1+12\%)\times(1+4.5\%)=64.85(元)$

楼梯模板综合单价：$(39.34+65.12+3.72)\times(1+12\%)\times(1+4.5\%)=126.61(元)$

综合脚手架综合单价：$(7.07+15.02+1.58)\times(1+12\%)\times(1+4.5\%)=27.70(元)$

垂直运输机械综合单价：$25.43\times(1+12\%)\times(1+4.5\%)=29.76(元)$

问题 5：

解：1. 编制该工程其他项目清单与计价汇总表，见表 3-50。

表3-50　　　　　　　　　　　　　其他项目清单与计价汇总表

序　号	项目名称	计量单位	金　额	备　注
1	暂列金额	元	300000.00	
2	业主采购钢材暂估价	元	300000.00	不计入总价
3	专业工程暂估价	元	500000.00	
4	计日工 60×80=4800 元	元	4800.00	
5	总包服务费 500000×4%=20000 元 300000×1%=3000 元	元	23000.00	
	合　计	元	827800.00	

注：业主采购钢材暂估价进入相应清单项目综合单价，此处不汇总。

2. 编制土建单位工程　投标报价汇总表，见表 3-51。

表3-51　　　　　　　　　　　　　单位工程　投标报价汇总表

序　号	项目名称	金额（元）
1	分部分项工程量清单合计	1184263.50
1.1	略	
……		
2	措施项目清单合计	252185.23
2.1	总价措施项目	63594.95
2.2	总价措施项目	188590.28
3	其他项目清单合计	827800.00
3.1	暂列金额	300000.00
3.2	业主采购钢材	—
3.3	专业工程暂估价	500000.00
3.4	计日工	4800.00
3.5	总包服务费	23000.00
4	规费 $[(1)+(2)+(3)]×5\%=2264248.73×5\%$	113212.44
5	税金 $[(1)+(2)+(3)+(4)]×3.48\%=2377461.17×3.48\%$	82735.65
	合　计	2460196.82

3. 确定该土建单位工程总报价

土建单位工程总投标价为：2460196.82（元）。

第四章 建设工程招标投标

本章基本知识点：

1. 建设工程施工招标投标程序；

2. 决策树法和技术经济分析方法在投标决策中的运用；

3. 报价技巧的选择和运用（主要是多方案报价法、增加建议方案法、突然降价法、不平衡报价法）；

4. 评标定标的具体方法（经评审的最低投标报价法、综合评估法）及需注意的问题；

5. 工程量清单招标的有关问题。

【案例一】

背景：

某国有资金参股的智能化写字楼建设项目，经过相关部门批准拟采用邀请招标方式进行施工招标。招标人于2012年10月8日向具备承担该项目能力的A、B、C、D、E五家投标人发出投标邀请书，其中说明，10月12～18日9至16时在该招标人总工办领取招标文件，11月8日14时为投标截止时间。该五家投标人均接受邀请，并按规定时间提交了投标文件。但投标人A在送出投标文件后发现报价估算有较严重的失误，遂赶在投标截止时间前10分钟递交了一份书面声明，撤回已提交的投标文件。

开标时，由招标人委托的市公证处人员检查投标文件的密封情况，确认无误后，由工作人员当众拆封。由于投标人A已撤回投标文件，故招标人宣布有B、C、D、E四家投标人投标，并宣读该四家投标人的投标价格、工期和其他主要内容。

评标委员会委员全部由招标人直接确定，共由7人组成，其中招标人代表2人，本系统技术专家2人、经济专家1人，外系统技术专家1人、经济专家1人。

在评标过程中，评标委员会要求B、D两投标人分别对其施工方案作详细说明，并对若干技术要点和难点提出问题，要求其提出具体、可靠的实施措施。作为评标委员的招标人代表希望投标人B再适当考虑一下降低报价的可能性。

按照招标文件中确定的综合评标标准，4 个投标人综合得分从高到低的顺序依次为 B、D、C、E，故评标委员会确定投标人 B 为中标人。投标人 B 为外地企业，招标人于 11 月 20 日将中标通知书以挂号方式寄出，投标人 B 于 11 月 24 日收到中标通知书。

由于从报价情况来看，4 个投标人的报价从低到高的顺序依次为 D、C、B、E，因此，从 11 月 26 日至 12 月 21 日招标人又与投标人 B 就合同价格进行了多次谈判，结果投标人 B 将价格降到略低于投标人 C 的报价水平，最终双方于 12 月 22 日签订了书面合同。

问题：

1. 从招标投标的性质来看，本案例中的要约邀请、要约和承诺的具体表现是什么？

2. 从所介绍的背景资料来看，在该项目的招标投标程序中有哪些不妥之处？请逐一说明原因。

分析要点：

本案例考核招标投标程序从发出投标邀请书到签订合同之间的若干问题，主要涉及招标投标的性质、投标文件的递交和撤回、投标文件的拆封和宣读、评标委员会的组成及其确定、在评标过程中评标委员的行为、中标人的确定、中标通知书的生效时间、中标通知书发出后招标人的行为以及招标人和投标人订立书面合同的时间等。要求根据《招标投标法》和其他有关法律法规的规定，正确分析本工程招标投标过程中存在的问题。因此，在答题时，要根据本案例背景给定的条件回答，不仅要指出错误之处，而且要说明原因。为使条理清晰，应按答题要求"逐一说明"，而不要笼统作答。

需要注意的是，我国《招标投标法》规定：招标人在招标文件要求提交投标文件的截止时间前收到的所有投标文件，开标时都应当当众拆封、宣读。这一规定是比较模糊的，仅按字面理解，已撤回的投标文件也应当宣读，但这显然与有关撤回投标文件的规定的初衷不符。按国际惯例，虽然投标人 A 在投标截止时间前已撤回投标文件，但仍应作为投标人宣读其名称，但不宣读其投标文件的其他内容。

另外，要特别注意中标通知书的生效时间。从招标投标的性质来看，招标公告或投标邀请书是要约邀请，投标文件是要约，中标通知书是承诺。按《合同法》第二十条规定，承诺通知到达要约人时生效，这就是承诺生效的"到达主义"。然而，中标通知书作为《招标投标法》规定的承诺行为，与《合同法》规定的一般性承诺不同，它的生效不是采取"到达主义"，而是采取"投邮主义"，即：中标通知书一经发出就生效，就对招标人和投标人产生约束力。

还要注意中标人的确定。一般而言，评标委员会的工作是评标，其结果是推荐一至三人的中标候选人，并标明排列顺序；而定标是招标人的权力，按规定应在评标委员推荐的中标候选人内确定中标人。但是，《招标投标法》规定，招标人也可以授权评员会直接确定中标人。

答案：

问题1：

答：在本案例中，要约邀请是招标人的投标邀请书，要约是投标人的投标文件，承诺是招标人发出的中标通知书。

问题2：

答：在该项目招标投标程序中有以下不妥之处，分述如下：

（1）"招标人宣布B、C、D、E四家投标人参加投标"不妥，因为投标人A虽然已撤回投标文件，但仍应作为投标人加以宣布。

（2）"评标委员会委员全部由招标人直接确定"不妥，因为在7名评标委员中招标人只可选派2名相当专家资质人员参加评标委员会；对于智能化办公楼项目，除了有特殊要求的专家可由招标人直接确定之外，其他专家均应采取（从专家库中）随机抽取方式确定评标委员会委员。

（3）"评标委员会要求投标人提出具体、可靠的实施措施"不妥，因为按规定，评标委员会可以要求投标人对投标文件中含义不明的内容作必要的澄清或者说明，但是澄清或者说明不得超出投标文件的范围或者改变投标文件的实质性内容，因此，不能要求投标人就实质性内容进行补充。

（4）"作为评标委员的招标人代表希望投标人B再适当考虑一下降低报价的可能性"不妥，因为在确定中标人前，招标人不得与投标人就投标价格、投标方案的实质性内容进行谈判。

（5）对"评标委员会确定投标人B为中标人"要进行分析。如果招标人授权评标委员会直接确定中标人，由评标委员会定标是对的，否则，就是错误的。

（6）"中标通知书发出后招标人与中标人就合同价格进行谈判"不妥，因为招标人和中标人应按照招标文件和投标文件订立书面合同，不得再行订立背离合同实质性内容的其他协议。

（7）订立书面合同的时间不妥，因为招标人和中标人应当自中标通知书发出之日（不是中标人收到中标通知书之日）起30日内订立书面合同，而本案例为32日。

【案例二】

背景：

某市越江隧道工程全部由政府投资。该项目为该市建设规划的重要项目之一，且已列入地方年度固定资产投资计划，概算已经主管部门批准，施工图及有关技术资料齐全。

根据《国务院关于投资体制改革的决定》，该项目拟采用 BOT 方式建设，市政府正在与有意向的 BOT 项目公司洽谈。为赶工期，政府方决定对该项目进行施工招标。因估计除本市施工企业参加投标外，还可能有外省市施工企业参加投标，故招标人委托咨询单位编制了两个标底，准备分别用于对本市和外省市施工企业投标价的评定。招标人对投标人就招标文件所提出的所有问题统一作了书面答复，并以备忘录的形式分发给各投标人，为简明起见，采用表格形式，见表 4-1。

表 4-1　　　　　　　　　　　　　质疑答复备忘录

序　号	问　题	提问单位	提问时间	答　复
1				
...				
n				

在书面答复投标人的提问后，招标人组织各投标人进行了施工现场踏勘。在投标截止日期前 10 天，招标人书面通知各投标人，由于市政府有关部门已从当天开始取消所有市内交通项目的收费，因此决定将收费站工程从原招标范围内删除。

问题：

1. 该项目施工招标在哪些方面存在问题或不妥之处？请逐一说明。

2. 如果在评标过程中才决定删除收费站工程，应如何处理？

分析要点：

本案例考核施工招标在开标（投标截止日期）之前的有关问题，主要涉及招标方式的选择、招标需具备的条件、招标程序等问题。

需要特别说明的是，根据《招标投标法》的规定，在确定中标人前，招标人不得与投标人就投标价格、投标方案的实质性内容进行谈判。但这一规定是有前提的（《招标投标法》未明示），即招标工程的内容、范围、标准未发生变化。如果这些方面发生了变化，价格当然要变化。

这一点同样适用于中标通知书发出后。

答案：

问题 1：

答：该项目施工招标存在六方面问题（或不当之处），分述如下：

（1）"为赶工期，政府方决定对该项目进行施工招标"不妥，因为本项目尚处在与

BOT 项目公司谈判阶段，项目的实际投资、建设、运营管理方或实质的招标人尚未确定，说明资金尚未落实，因而不具备施工招标的必要条件，尚不能进行施工招标。

（2）"招标人委托咨询单位编制了两个标底"不妥，因为一个工程只能编制一个标底。

（3）"两个标底分别用于对本市和外省市施工企业投标价的评定"不妥，因为招标人不得对投标人实行歧视待遇，不得以不合理的条件限制或排斥潜在投标人，不能对不同的投标单位采用不同的标底进行评标。

（4）"招标人将对所有问题的书面答复以备忘录的形式分发给各投标人"不妥，因为招标人对投标人的提问只能针对具体问题做出明确答复，但不应提及具体的提问单位（投标人），也不必提及提问的时间（这一点可不答）。按《招标投标法》规定，招标人不得向他人透露已获取招标文件的潜在投标人的名称、数量以及可能影响公平竞争的有关招标投标的其他情况，而从该备忘录中可知投标人（可能不是全部）的名称。

（5）"在书面答复投标人的提问后，招标人组织各投标人进行了施工现场踏勘"不妥，因为施工现场踏勘应安排在书面答复投标单位提问之前，投标人对施工现场条件也可能提出问题。

（6）"在投标截止日期前 10 天，招标人书面通知各投标人将收费站工程从原招标范围内删除"不妥，因为若招标人需改变招标范围或变更招标文件，应在投标截止日期至少 15 天（而不是 10 天）前以书面形式通知所有招标文件收受人。若迟于这一时限发出变更招标文件的通知，则应将原定的投标截止日期适当延长，以便投标人有足够的时间充分考虑这种变更对报价和工期的影响，并将其在投标文件中反映出来。本案例背景资料未说明投标截止日期已相应延长。

问题 2：

答：如果在评标过程中才决定删除收费站工程，则在对投标报价的评审中，应在征得各投标人书面同意后，将各投标人的总报价减去其收费站工程的报价后再按原定的评标方法和标准进行评标；而在对技术标等其他评审中，应将所有与收费站工程相关因素的评分去除后再进行评审。

如果部分投标人要求撤回投标文件，招标人应予许可，并退还其投标保证金，赔偿其相应损失。

如果所有投标人均要求撤回投标文件，则招标人应宣告招标无效，并依法重新招标，给投标人造成的损失应予赔偿。

【案例三】

背景：

某投标人通过资格预审后，对招标文件进行了仔细分析，发现招标人所提出的工期要求过于苛刻，且合同条款中规定每拖延 1 天逾期违约金为合同价的 1‰。若要保证实现该工期要求，必须采取特殊措施，从而大大增加成本；还发现原设计结构方案采用框架剪力墙体系过于保守。因此，该投标人在投标文件中说明招标人的工期要求难以实现，因而按自己认为的合理工期（比招标人要求的工期增加 6 个月）编制施工进度计划并据此报价；还建议将框架剪力墙体系改为框架体系，并对这两种结构体系进行了技术经济分析和比较，证明框架体系不仅能保证工程结构的可靠性和安全性、增加使用面积、提高空间利用的灵活性，而且可降低造价约 3%。

该投标人将技术标和商务标分别封装，在封口处加盖本单位公章和项目经理签字后，在投标截止日期前 1 天上午将投标文件报送招标人。次日（即投标截止日当天）下午，在规定的开标时间前 1 小时，该投标人又递交了一份补充材料，其中声明将原报价降低 4%。但是，招标人的有关工作人员认为，根据国际上"一标一投"的惯例，一个投标人不得递交两份投标文件，因而拒收该投标人的补充材料。

开标会由市招投标办的工作人员主持，市公证处有关人员到会，各投标人代表均到场。开标前，市公证处人员对各投标人的资质进行审查，并对所有投标文件进行审查，确认所有投标文件均有效后，正式开标。主持人宣读投标人名称、投标价格、投标工期和有关投标文件的重要说明。

问题：

1. 该投标人运用了哪几种报价技巧？其运用是否得当？请逐一加以说明。

2. 招标人对投标人进行资格预审应包括哪些内容？

3. 从所介绍的背景资料来看，在该项目招标程序中存在哪些不妥之处？请分别作简单说明。

分析要点：

本案例主要考核投标人报价技巧的运用，涉及多方案报价法、增加建议方案法和突然降价法，还涉及招标程序中的一些问题。

多方案报价法和增加建议方案法都是针对招标人的，是投标人发挥自己技术优势、取得招标人信任和好感的有效方法。运用这两种报价技巧的前提均是必须对原招标文件中的有关内容和规定报价，否则，即被认为对招标文件未作出"实质性响应"，而被视为废标。突然降价法是针对竞争对手的，其运用的关键在于突然性，且需保证降价幅度在自己的承受能力范围之内。

本案例关于招标程序的问题仅涉及资格预审的时间、投标文件的有效性和合法性、开标会的主持、公证处人员在开标时的作用。这些问题都应按照《招标投标法》和有关法规的规定回答。

答案：

问题1：

答：该投标人运用了三种报价技巧，即多方案报价法、增加建议方案法和突然降价法。

其中，多方案报价法运用不当，因为运用该报价技巧时，必须对原方案（本案例指招标人的工期要求）报价，而该投标人在投标时仅说明了该工期要求难以实现，却并未报出相应的投标价。

增加建议方案法运用得当，通过对两个结构体系方案的技术经济分析和比较（这意味着对两个方案均报了价），论证了建议方案（框架体系）的技术可行性和经济合理性，对招标人有很强的说服力。

突然降价法也运用得当，原投标文件的递交时间比规定的投标截止时间仅提前1天多，这既是符合常理的，又为竞争对手调整、确定最终报价留有一定的时间，起到了迷惑竞争对手的作用。若提前时间太多，会引起竞争对手的怀疑，而在开标前1小时突然递交一份补充文件，这时竞争对手已不可能再调整报价了。

问题2：

答：招标人对投标人进行资格预审应包括以下内容：

（1）投标人签订合同的权利：营业执照和资质证书；

（2）投标人履行合同的能力：人员情况、技术装备情况、财务状况等；

（3）投标人目前的状况：投标资格是否被取消、账户是否被冻结等；

（4）近三年情况：是否发生过重大安全事故和质量事故；

（5）法律、行政法规规定的其他内容。

问题3：

答：该项目招标程序中存在以下不妥之处：

（1）"招标单位的有关工作人员拒收投标人的补充材料"不妥，因为投标人在投标截止时间之前所递交的任何正式书面文件都是有效文件，都是投标文件的有效组成部分，也就是说，补充文件与原投标文件共同构成一份投标文件，而不是两份相互独立的投标文件。

（2）"开标会由市招投标办的工作人员主持"不妥，因为开标会应由招标人或招标代理人主持，并宣读投标人名称、投标价格、投标工期等内容。

（3）"开标前，市公证处人员对各投标人的资质进行了审查"不妥，因为公证处人员无权对投标人资格进行审查，其到场的作用在于确认开标的公正性和合法性（包括投标文件的合法性），资格审查应在投标之前进行（背景资料说明了该投标人已通过资格预审）。

（4）"公证处人员对所有投标文件进行审查"不妥，因为公证处人员在开标时只是检查各投标文件的密封情况，并对整个开标过程进行公证。

（5）"公证处人员确认所有投标文件均有效"不妥，因为该投标人的投标文件仅有投标单位的公章和项目经理的签字，而无法定代表人或其代理人的签字或盖章，应当作为废标处理。

【案例四】

背景：

某建设工程的建设单位自行办理招标事宜。由于该工程技术复杂且需采用大型专用施工设备，经有关主管部门批准，建设单位决定采用邀请招标，共邀请A、B、C三家国有特级施工企业参加投标。

投标邀请书中规定：6月1日至6月3日9：00~17：00在该单位总经济师室出售招标文件。

招标文件中规定：6月30日为投标截止日；投标有效期到7月30日为止；招标控制价为4000万元；投标保证金统一定为100万元；评标采用综合评估法，技术标和商务标各占50%。

在评标过程中，鉴于各投标人的技术方案大同小异，建设单位决定将评标方法改为经评审的最低投标价法。评标委员会根据修改后的评标方法，确定的评标结果排名顺序为A公司、C公司、B公司。建设单位于7月8日确定A公司中标，于7月15日向A公司发出中标通知书，并于7月18日与A公司签订了合同。在签订合同过程中，经审查，A公司所选择的设备安装分包单位不符合要求，建设单位遂指定国有一级安装企业D公司作为A公司的分包单位。建设单位于7月28日将中标结果通知了B、C两家公司，并将投标保证金退还给B、C两家公司。建设单位于7月31日向当地招标投标管理部门提交了该工程招标投标情况的书面报告。

问题：

1. 招标人自行组织招标需具备什么条件？要注意什么问题？

2. 对于必须招标的项目，在哪些情况下经有关主管部门批准可以采用邀请招标？

3. 该建设单位在招标工作中有哪些不妥之处？请逐一说明理由。

分析要点：

本案例主要考核招标人自行组织招标的条件、必须招标的项目可以进行邀请招标的情形以及招标投标过程中若干时限规定和有关问题。

其中，特别需要注意的是开标时间、定标时间、投标有效期三者之间的关系。开标应当在招标文件确定的提交投标文件截止时间的同一时间公开进行，这一点是毫无疑问的，但何时定标、投标有效期到何时截止，有关法规并无直接规定。《工程建设项目施工招标投标办法》规定："招标文件应当规定一个适当的投标有效期，以保证招标人有足够的时间完成评标和与中标人签订合同。投标有效期从投标人提交投标文件截止之日（即开标日）起计算（第29条）"，"评标委员会提出书面评标报告后，招标人一般应当在15日内确定中标人，但最迟应当在投标有效期结束日30个工作日前确定（第56条）。"因此，根据以上规定可以推论：即使开标当天能够定标，投标有效期也应当至少为42天（30个工作日相当于6周时间）。在实际工作中，不少招标人（包括招标代理机构）都未注意到这一点。本案例中规定的投标有效期显然不能满足这一要求。

投标有效期可以理解为招标人对投标人发出的要约做出承诺的期限，也可以理解为投标人对自己发出的投标文件承担法律责任的期限。投标有效期一方面起到了约束投标人在投标有效期内不能随意更改和撤回投标文件的作用；另一方面也促使招标人加快评标、定标和签约过程，从而保证不至于由于招标人无限期拖延相关工作而增加投标人的风险。

另外，关于投标保证金数额需要注意的是，《工程建设项目施工招标投标办法》（属于部门规章）规定，投标保证金一般不得超过投标总价的2%，但最高不得超过80万元人民币；但《招标投标法实施条例》（属于行政法规）则规定，投标保证金不得超过招标项目估算价（注意：不是投标总价）的2%，并未规定80万元的限额。由于行政法规的法律效力高于部门规章，因此，本题的答案是按照《招标投标法实施条例》的规定设置。实践中，投资额较大的外资项目、国际金融机构贷款项目的投标保证金均不受80万元绝对数额的限制，这表明，《招标投标法实施条例》的规定更符合国际惯例。

答案：

问题1：

答：招标人具有编制招标文件和组织评标能力的，可以自行办理招标事宜。依法必须进行招标的项目，招标人自行办理招标事宜的，应当向有关行政监督部门备案。

问题2：

答：《招标投标法实施条例》规定，国有资金占控股地位或者主导地位的依法必须进行招标的项目，应当公开招标；但有下列情形之一的，可以邀请招标：

（1）技术复杂、有特殊要求或者受自然环境限制，只有少量潜在投标人可供选择；

（2）采用公开招标方式的费用占项目合同金额的比例过大。

《工程建设项目施工招标投标办法》进一步规定，对于必须招标的项目，有下列情形之一的，经批准可以进行邀请招标：

（1）项目技术复杂或有特殊要求，只有少数几家潜在投标人可供选择的；

（2）受自然地域环境限制的；

（3）涉及国家安全、国家秘密或抢险救灾，适宜招标但不宜公开招标的；

（4）拟公开招标的费用与项目的价值相比，不值得的；

（5）法律、法规规定不宜公开招标的。

问题3：

答：该建设单位在招标工作中有下列不妥之处：

（1）停止出售招标文件的时间不妥，因为自招标文件出售之日起至停止出售之日止，最短不得少于5日。

（2）规定的投标有效期截止时间不妥，因为评标委员会提出书面评标报告后，招标人最迟应当在投标有效期结束日30个工作日（而不是日历日）前确定中标人。确定投标有效期应考虑评标、定标和签订合同所需的时间，一般项目的投标有效期宜为60~90天。

（3）"投标保证金统一定为100万元"不妥，因为投标保证金一般不得超过招标项目估算价（本题中即为招标控制价4000万元）的2%。

（4）"在评标过程中，建设单位决定将评标方法改为经评审的最低投标价法"不妥，因为评标委员会应当按照招标文件确定的评标标准和方法进行评标。

（5）"评标委员会根据修改后的评标方法，确定评标结果的排名顺序"不妥，因为评标委员会应当按照招标文件确定的评标标准和方法（即综合评估法）进行评标。

（6）"建设单位指定D公司作为A公司的分包单位"不妥，因为招标人不得直接指定分包人。

（7）"建设单位于7月28日将中标结果通知B、C两家公司（未中标人）"不妥，因为中标人确定后，招标人应当在向中标人发出中标通知的同时将中标结果通知所有未中标的投标人。

（8）"建设单位于7月28日将投标保证金退还给B、C两家公司"不妥，因为招标人与中标人签订合同后5个工作日内，应当向未中标的投标人退还投标保证金。

（9）"建设单位于 7 月 31 日向当地招标投标管理部门提交该工程招标投标情况的书面报告"不妥，因为招标人应当自确定中标人之日起 15 日内，向有关行政监督部门提交招标投标情况的书面报告。

【案例五】

背景：

某国有资金投资建设的办公楼项目，招标人委托某具有相应招标代理和造价咨询资质的招标代理机构编制该项目的招标控制价，并采用公开招标方式进行项目施工招标。招标过程中发生如下事件：

事件 1：为了加大竞争，以减少可能的围标而导致的竞争不足，招标人要求招标代理人对已根据计价规范、建设行政主管部门颁发的计价定额、工程量清单、工程造价管理机构发布的造价信息或市场造价信息等资料编制好的招标控制价再下浮 10%，并仅公布了招标控制价总价。

事件 2：招标人要求招标代理人在编制招标文件中的合同条款时不得有针对市场价格波动的调价条款，以便减少未来施工过程中的变更，控制工程造价。

事件 3：应潜在投标人的请求，招标代理人组织最具竞争力的一个潜在投标人踏勘项目现场，并在现场口头解答了该潜在投标人提出的疑问。

事件 4：评标结束后，评标委员会向招标人提交了书面评标报告和中标候选人名单。评标委员会成员张某对评标结果持有异议，拒绝在评标报告上签字，但又不提出书面意见。

事件 5：为了尽快推动项目进展，招标人在收到评标委员会递交的评标报告后，当天即向排名第一的中标候选人发出了中标通知书。

问题：

1. 指出事件 1 中招标人行为的不妥之处，并说明理由。

2. 指出事件 2 中招标人行为的不妥之处，并说明理由。

3. 指出事件 3 中招标人行为的不妥之处，并说明理由。

4. 针对事件 4，评标委员会成员张某的做法是否妥当？为什么？

5. 指出事件 5 中招标人行为的不妥之处，并说明理由。

分析要点：

本案例主要考核国有资金投资建设项目施工招标过程中一些典型事件的处理，涉及了招标控制价的编制和公布、合同调价条款的设置、现场踏勘的组织、评标委员会成员对评标结果有异议和中标通知书的发放等内容。

招标控制价是招标人在工程招标时能接受投标人报价的最高限价。由于实践中存在招标人为了压低中标价格而任意压低招标控制价的现象，因此我国《建设工程工程量清单计价规范》（GB 50500—2013）明确规定：招标控制价按照规范规定编制，不应上调或下浮。招标人应在发布招标文件时公布招标控制价，同时应将招标控制价及有关资料报送工程所在地（或有该工程管辖权的行业管理部门）工程造价管理机构备查。投标人经复核认为招标人公布的招标控制价未按照清单计价规范的规定进行编制的，应当在招标控制价公布后 5 天内向招投标监督机构和工程造价管理机构投诉。工程造价管理机构受理投诉后，应立即对招标控制价进行复查，组织投诉人、被投诉人或其委托的招标控制价编制人等单位人员对投诉问题逐一核对。当招标控制价复查结论与原公布的招标控制价误差 > ±3% 的，应当责成招标人改正。

合同条款是招标文件的重要组成部分，关于价格的调整条款又是合同文件中最主要的条款之一。合同条款中应有针对市场价格波动的条款，以合理分摊市场价格波动的风险，促进合同的顺利实施。实践中一些业主利用自身"优势地位"盲目要求承包商承担所有市场价格波动风险，这既有违合同精神，又不利于合同的顺利实施和建设工程质量的保障。

此外，还需要注意的是 2012 年 2 月 1 日起施行的《招标投标法实施条例》规定，依法必须进行招标的项目，招标人应当自收到评标报告之日起的 3 日内公示中标候选人，公示期不得少于 3 日，公示期满，且没有投标人或其他利害关系人对投标结果提出异议的，招标人方可向排名第一的中标候选人发出中标通知书。

答案：

问题 1：

答："招标人要求控制价下浮 10%"不妥，根据《建设工程工程量清单计价规范》（GB 50500—2013）的有关规定，招标人应在发布招标文件时公布招标控制价，招标控制价按照规范规定编制，不应上调或下浮。

"仅公布招标控制价总价"不妥，招标人在招标文件中公布招标控制价时，应公布招标控制价各组成部分的详细内容，不得只公布招标控制价总价。

问题 2：

答："招标人要求合同条款中不得有针对市场价格波动的调价条款"不妥，合同条款中应有针对市场价格波动的条款，以合理分摊市场价格波动的风险；合同中没有约定或约定不明确，若发承包双方在合同履行中发生争议由双方协商确定；协商不能达成一致的，按《建设工程工程量清单计价规范》（GB 50500—2013）的规定执行，即材料、工程设备单价变化超过 5%，超过部分的价格应按照价格指数调整法或造价信息差额调整法计算调整材料、工程设备费。

问题3：

答："招标人组织一个潜在投标人踏勘现场"不妥，根据《工程建设项目施工招投标办法》的有关规定，招标人不得单独或分别组织任何一个投标人进行现场踏勘。

"招标人在现场口头解答投标人提出的疑问"不妥，招标人应以书面形式或召开投标预备会方式向所有购买招标文件的潜在投标人解答提出的问题。

问题4：

答：评标委员会成员张某的做法不妥。因为评标报告应当由评标委员会全体成员签字；对评标结果有不同意见的评标委员会成员应当以书面形式说明其不同意见和理由，评标报告应当注明该不同意见；评标委员会成员拒绝在评标报告上签字又不书面说明其不同意见和理由的，视为同意评标结果。

问题5：

答："招标人在收到评标委员会递交的评标报告后，当天即向排名第一的中标候选人发出了中标通知书"不妥，因为《招标投标法实施条例》规定，依法必须进行招标的项目，招标人应当自收到评标报告之日起3日内公示中标候选人，公示期不得少于3日。公示期满，且没有投标人或其他利害关系人对投标结果提出异议的，招标人方可向排名第一的中标候选人发出中标通知书。

【案例六】

背景：

某政府投资项目主要分为建筑工程、安装工程和装修工程三部分，项目总投资额为5000万元，其中，估价为80万元的设备由招标人采购。

招标文件中，招标人对投标有关时限的规定如下：

（1）投标截止时间为自招标文件停止出售之日起第16日上午9时整；

（2）接受投标文件的最早时间为投标截止时间前72小时；

（3）若投标人要修改、撤回已提交的投标文件，须在投标截止时间24小时前提出；

（4）投标有效期从发售投标文件之日开始计算，共90天。

并规定，建筑工程应由具有一级以上资质的企业承包，安装工程和装修工程应由具有二级以上资质的企业承包，招标人鼓励投标人组成联合体投标。

在参加投标的企业中，A、B、C、D、E、F为建筑公司，G、H、J、K为安装公司，L、N、P为装修公司，除了K公司为二级企业外，其余均为一级企业，上述企业分别组成联合体投标，各联合体具体组成见表4-2。

表4-2 各联合体的组成表

联合体编号	Ⅰ	Ⅱ	Ⅲ	Ⅳ	Ⅴ	Ⅵ	Ⅶ
联合体组成	A，L	B，C	D，K	E，H	G，N	F，J，P	E，L

在上述联合体中，某联合体协议中约定：若中标，由牵头人与招标人签订合同，然后将该联合体协议送交招标人；联合体所有与业主的联系工作以及内部协调工作均由牵头人负责；各成员单位按投入比例分享利润并向招标人承担责任，且需向牵头人支付各自所承担合同额部分1%的管理费。

问题：

1. 该项目估价为80万元的设备采购是否可以不招标？说明理由。

2. 分别指出招标人对投标有关时限的规定是否正确，说明理由。

3. 根据《招标投标法》的规定，按联合体的编号，判别各联合体的投标是否有效？若无效，说明原因。

4. 指出上述联合体协议内容中的错误之处，说明理由或写出正确做法。

分析要点：

本案例考核必须招标的工程范围和规模标准、与投标有关的时限以及联合体投标的有关问题。

本案例所涉及的有关投标的时限中，投标截止时间和投标有效期的表述与法律规定的原文不同，需要作简单的分析。对于接受投标文件的时间，法律并无规定，招标文件之所以做出这样的规定，是为了避免投标人过早提交投标文件，从而影响投标文件的质量，并增加招标人组织招标的工作量。

关于联合体投标，特别需要注意的是《建筑法》与《招标投标法》规定的区别。《建筑法》规定：两个以上不同资质等级的单位实行联合共同承包的，应当按照资质等级低的单位的业务许可范围承揽工程；而《招标投标法》则规定：由同一专业的单位组成的联合体，按照资质等级低的单位确定资质等级。虽然《招标投标法》对由不同专业的单位组成的联合体资质如何确定没有明确规定，但根据推理分析，可理解为按照联合体协议约定的各成员单位实际承包的工程内容所要求的资质等级加以认定。由此可以确定，联合体Ⅲ的投标有效。另外，联合体牵头人负责联合体投标和合同实施阶段的主办、协调工作，是否要向联合体其他成员收费，法律并无规定，故该联合体协议约定"各成员单位需向牵头人支付各自所承担合同额部分1%的管理费"并无不当。

答案：

问题1：

答：该设备采购必须招标，因为该项目为政府投资项目，属于必须招标的范围，且总投资额在3000万元以上（或答总投资额达5000万元）。

问题2：

答：

（1）投标截止时间的规定正确，因为自招标文件开始出售至停止出售至少为5个工作日，故满足自招标文件开始出售至投标截止不得少于20日的规定；

（2）接受投标文件最早时间的规定正确，因为有关法规对此没有限制性规定；

（3）修改、撤回投标文件时限的规定不正确，因为在投标截止时间前均可修改、撤回投标文件；

（4）投标有效期从发售招标文件之日开始计算的规定不正确，投标有效期应从投标截止时间开始计算。

问题3：

（1）联合体Ⅰ的投标无效，因为投标人不得参与同一项目下不同的联合体投标（L公司既参加联合体Ⅰ投标，又参加联合体Ⅶ投标）。

（2）联合体Ⅱ的投标有效。

（3）联合体Ⅲ的投标有效。

（4）联合体Ⅳ的投标无效，因为投标人不得参与同一项目下不同的联合体投标（E公司既参加联合体Ⅳ投标，又参加联合体Ⅶ投标）。

（5）联合体Ⅴ的投标无效，因为缺少建筑公司（或G、N公司分别为安装公司和装修公司），若其中标，主体结构工程必然要分包，而主体结构工程分包是违法的。

（6）联合体Ⅵ的投标有效。

（7）联合体Ⅶ的投标无效，因为投标人不得参与同一项目下不同的联合体投标（E公司和L公司均参加了两个联合体投标）。

问题4：

（1）由牵头人与招标人签订合同错误，应由联合体各方共同与招标人签订合同。

（2）与招标人签订合同后才将联合体协议送交招标人错误，联合体协议应当与投标文件一同提交给招标人。

（3）各成员单位按投入比例向招标人承担责任错误，联合体各方应就中标项目向招标人承担连带责任。

【案例七】

背景：

某国有资金投资占控股地位的通用建设项目，施工图设计文件已经相关行政主管部门批准，建设单位采用了公开招标方式进行施工招标。

2013 年 3 月 1 日发布了该工程项目的施工招标公告，其内容如下：

（1）招标单位的名称和地址；

（2）招标项目的内容、规模、工期、项目经理和质量标准要求；

（3）招标项目的实施地点、资金来源和评标标准；

（4）施工单位应具有二级及以上施工总承包企业资质，并且近三年获得两项以上本市优质工程奖；

（5）获取招标文件的时间、地点和费用。

某具有相应资质的承包商经研究决定参与该工程投标。经造价工程师估价，该工程估算成本为 1500 万元，其中材料费占 60%。经研究有高、中、低三个报价方案，其利润率分别为 10%、7%、4%，根据过去类似工程的投标经验，相应的中标概率分别为 0.3、0.6、0.9。编制投标文件的费用为 5 万元。该工程业主在招标文件中明确规定采用固定总价合同。据估计，在施工过程中材料费可能平均上涨 3%，其发生概率为 0.4。

问题：

1. 该工程招标公告中的各项内容是否妥当？对不妥当之处说明理由。

2. 试运用决策树法进行投标决策。相应的不含税报价为多少？

分析要点：

本案例考核招标公告的内容和决策树法的运用。

对于问题 1，要依据《招标投标法》和相关法规，对背景资料给出的条件进行分析，注意不要把招标公告与招标文件的内容相混淆。

对于问题 2，要求在熟练掌握决策树绘制的前提下，能正确计算得出表 4-3 中的各项数据（解题时亦可不列表）。由于采用固定总价合同，故材料涨价将导致报价中的利润减少，且各方案利润减少额度和发生概率相同，从而使承包后的效果有好（材料不涨价）和差（材料涨价）两种。

在解题中还需注意以下问题：

一是题目本身仅给出各投标方案的中标概率，相应的不中标概率需自行计算（中标概率与不中标概率之和为 1）。

二是不中标情况下的损失费用为编制投标文件的费用。不同项目的编标费用一般不同，通常，规模大、技术复杂项目的编标费用较高，反之则较低；而同一项目的不同报价对编标费用的影响可不予考虑。

三是题目中给定条件是"承包商经研究决定参与某工程投标"，故不考虑"不投标"方案，否则画蛇添足。

四是估价与报价的区别。报价属决策，一般是在保本（估算成本）的基础上加上适当的利润。

五是期望利润与实际报价中利润的区别。期望利润是综合考虑各投标方案中标概率和不中标概率所可能实现的利润，其数值大小是决策的依据，但其并不是决策方案实际报价中的利润。因此，决策方案报价应以估算成本加上相应投标方案的计算利润，而不是估算成本加期望利润。

另外需要说明的是，材料涨价幅度有多种可能性，各种可能性的发生概率不尽相同，本题是从解题的角度加以简化了，可以理解为平均涨价幅度和平均发生概率（不是算术平均值，而是从期望值考虑的平均值）。作为造价工程师，应具有将实践中复杂问题加以抽象和简化的能力。

答案：

问题1：

答：

（1）招标单位的名称和地址妥当。

（2）招标项目的内容、规模和工期妥当。

（3）招标项目的项目经理和质量标准要求不妥，招标公告的作用只是告知工程招标的信息，而项目经理和质量标准的要求涉及工程的组织安排和技术标准，应在招标文件中提出。

（4）招标项目的实施地点和资金来源妥当。

（5）招标项目的评标标准不妥，评标标准是为了比较投标文件并据此进行评审的标准，故不出现在招标公告中，应是招标文件中的重要内容。

（6）施工单位应具有二级及其以上施工总承包企业资质妥当。

（7）施工单位应在近三年获得两项以上本市优质工程奖不妥当，因为有的施工企业可能具有很强的管理和技术实力，虽然在其他省市获得了工程奖项，但并没有在本市获奖，所以以是否在本市获奖为条件来评价施工单位的水平是不公平的，是对潜在投标人的歧视限制条件。

（8）获取招标文件的时间、地点和费用妥当。

问题2：

解：1. 计算各投标方案的利润：

（1）投高标材料不涨价时的利润：$1500 \times 10\% = 150$（万元）

（2）投高标材料涨价时的利润：$150 - 1500 \times 60\% \times 3\% = 123$（万元）

（3）投中标材料不涨价时的利润：$1500 \times 7\% = 105$（万元）

（4）投中标材料涨价时的利润：$105 - 1500 \times 60\% \times 3\% = 78$（万元）

（5）投低标材料不涨价时的利润：$1500 \times 4\% = 60$（万元）

（6）投低标材料涨价时的利润：$60 - 1500 \times 60\% \times 3\% = 33$（万元）

注：亦可先计算因材料涨价而增加的成本额度（$1500 \times 60\% \times 3\% = 27$ 万元），再分别从高、中、低三个报价方案的预期利润中扣除。

将以上计算结果列于表4-3。

表4-3　　　　　　　　　　方案评价参数汇总表

方　案	效　果	概　率	利润（万元）
高　标	好 差	0.6 0.4	150 123
中　标	好 差	0.6 0.4	105 78
低　标	好 差	0.6 0.4	60 33

2. 画出决策树，标明各方案的概率和利润，如图4-1所示。

3. 计算图4-1中各机会点的期望值（将计算结果标在各机会点上方）。

机会点⑤的期望利润：$150 \times 0.6 + 123 \times 0.4 = 139.2$（万元）

机会点⑥的期望利润：$105 \times 0.6 + 78 \times 0.4 = 94.2$（万元）

机会点⑦的期望利润：$60 \times 0.6 + 33 \times 0.4 = 49.2$（万元）

机会点②的期望利润：$139.2 \times 0.3 - 5 \times 0.7 = 38.26$（万元）

机会点③的期望利润：$94.2 \times 0.6 - 5 \times 0.4 = 54.52$（万元）

机会点④的期望利润：$49.2 \times 0.9 - 5 \times 0.1 = 43.78$（万元）

4. 决策。

因为机会点③的期望利润最大，故应投中标。

相应的不含税报价为 $1500 \times (1 + 7\%) = 1605$（万元）

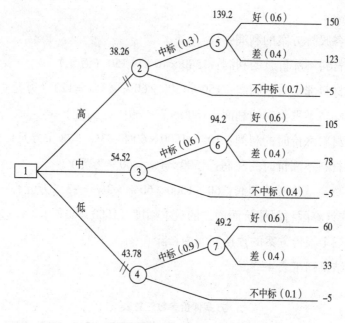

图4-1   决策树

【案例八】

背景：

某施工单位决定参与某工程的投标。在基本确定技术方案后，为提高竞争能力，对其中某关键技术措施拟订了三个方案进行比选。若以 C 表示费用（费用单位为万元）， T 表示工期（时间单位为周），则方案一的费用为 $C_1 = 100 + 4T$ ；方案二的费用为 $C_2 = 150 + 3T$ ；方案三的费用为 $C_3 = 250 + 2T$ 。

经分析，这种技术措施的三个比选方案对施工网络计划的关键线路均没有影响。各关键工作可压缩的时间及相应增加的费用见表4-4。

在问题2和问题3的分析中，假定所有关键工作压缩后不改变关键线路。

表4-4   各关键工作可压缩时间及相应增加的费用表

关键工作	A	C	E	H	M
可压缩时间（周）	1	2	1	3	2
压缩单位时间增加的费用（万元／周）	3.5	2.5	4.5	6.0	2.0

问题：

1. 若仅考虑费用和工期因素，请分析这三种方案的适用情况。

2. 若该工程的合理工期为 60 周，该施工单位相应的估价为 1653 万元。为了争取中标，该施工单位投标应报工期和报价各为多少？

3. 若招标文件规定，评标采用"经评审的最低投标价法"，且规定，施工单位自报工期小于 60 周时，工期每提前 1 周，其总报价降低 2 万元作为经评审的报价，则施工单位的自报工期应为多少？相应的经评审的报价为多少？若该施工单位中标，则合同价为多少？

4. 如果该工程的施工网络计划如图 4-2 所示，在不改变该网络计划中各工作逻辑关系的条件下，压缩哪些关键工作可能改变关键线路？压缩哪些关键工作不会改变关键线路？为什么？

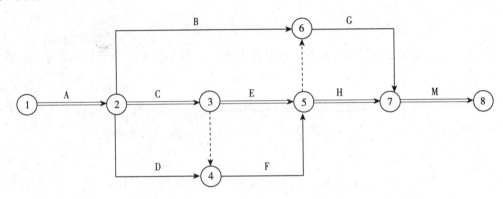

图4-2 施工网络计划图

分析要点：

本案例主要考核技术方案的比选、工期和报价的关系、经评审的投标价、关键线路压缩等有关问题。

问题 1 采用的技术经济分析方法是工程领域常用的基本方法，在实践中关键在于要能运用适当的方法（如线性回归分析方法）建立费用函数的数学模型。在本题的解题过程中，不需要直接比较方案一和方案三（或者说，比较方案一和方案三没有意义），从三个方案费用函数曲线之间的关系可以清楚地看出这一点。

问题 2 相对而言较为简单，也是常见的压缩工期类的问题。

问题 3 是"经评审的最低投标价法"的具体运用。所谓"经评审的投标价法"，涉及多种因素，可以将价格以外的因素转化为价格来评价，其中最容易实现这种转化的就是工期。工期较长的最低报价未必是"经评审的最低投标价法"，而工期较短的较高报价却可能是"经评审的最低投标价法"。需要注意的是，如果没有问题 2 的铺垫而直接解问题 3，很可能出现的错误是忽略压缩工期所减少的技术方案本身的费用。还需要注意的是，"经评审的投标价法"是招标人选择中标人的依据，不同于投标人的实际报价，也不同于合同价。

问题 4 是考核对关键线路和关键工作的正确理解。如果有具体的数据通过计算来确定关键线路是否变化，容易得出正确的结论；而像本题这样的定性分析，却不容易得出正确的结论。一般笼统地说，"压缩关键工作的持续时间可能改变关键线路"，可以认为是正确的。但是，这样的表述其实是不严谨的，应当进行深入的具体分析。

答案：

问题1：

解：令 $C_1 = C_2$，即 $100 + 4T = 150 + 3T$，解得 $T = 50$ 周。

因此，当工期小于等于50周时，应采用方案一；当工期大于等于50周时，应采用方案二。

再令 $C_2 = C_3$，即 $150 + 3T = 250 + 2T$，解得 $T = 100$ 周。

因此，当工期小于等于100周时，应采用方案二；当工期大于等于100周时，应采用方案三。

综上所述，当工期小于等于50周时，应采用方案一；当工期大于等于50周且小于等于100周时，应采用方案二；当工期大于等于100周时，应采用方案三。

问题2：

解：由于工期为60周时应采用方案二，相应的费用函数为 $C_2 = 150 + 3T$，所以，对每压缩1周时间所增加的费用小于3万元的关键工作均可以压缩，即应对关键工作 C 和 M 进行压缩。

则自报工期应为：$60 - 2 - 2 = 56$（周）

相应的报价为：$1653 - (60 - 56) \times 3 + 2.5 \times 2 + 2.0 \times 2 = 1650$（万元）

问题3：

解：由于工期每提前1周，可降低经评审的报价为2万元，所以对每压缩1周时间所增加的费用小于5万元的关键工作均可压缩，即应对关键工作 A、C、E、M 进行压缩。

则自报工期应为：$60 - 1 - 2 - 1 - 2 = 54$（周）

相应的经评审的报价为：$1653 - (60 - 54) \times (3 + 2) + 3.5 + 2.5 \times 2 + 4.5 + 2.0 \times 2 = 1640$（万元）

则合同价为：$1640 + (60 - 54) \times 2 = 1652$（万元）

问题4：

答：压缩关键工作 C、E、H 可能改变关键线路，因为如果这三项关键工作的压缩时间超过非关键线路的总时差，就会改变关键线路。

压缩关键工作 A、M 不会改变关键线路，因为工作 A、M 是所有线路（包括关键线路和非关键线路）的共有工作，其持续时间缩短则所有线路的持续时间都相应缩短，不改变原非关键线路的时差。

【案例九】

背景：

某承包商参与某高层商用办公楼土建工程的投标（安装工程由业主另行招标）。为了既不影响中标，又能在中标后取得较好的收益，决定采用不平衡报价法对原估价作适当调整，具体数字见表4-5。

表4-5		报价调整前后对比表		单位：万元
	桩基围护工程	主体结构工程	装饰工程	总　价
调整前（投标估价）	1480	6600	7200	15280
调整后（正式报价）	1600	7200	6480	15280

现假设桩基围护工程、主体结构工程、装饰工程的工期分别为4个月、12个月、8个月，贷款月利率为1%，并假设各分部工程每月完成的工作量相同且能按月度及时收到工程款（不考虑工程款结算所需要的时间）。

表4-6		现值系数表		
n	4	8	12	16
$(P/A, 1\%, n)$	3.9020	7.6517	11.2551	14.7179
$(P/F, 1\%, n)$	0.9610	0.9235	0.8874	0.8528

问题：

1. 该承包商所运用的不平衡报价法是否恰当？为什么？

2. 采用不平衡报价法后，该承包商所得工程款的现值比原估价增加多少（以开工日期为折现点）？

分析要点：

本案例考核不平衡报价法的基本原理及其运用。首先，要明确不平衡报价法的基本原理是在估价（总价）不变的前提下，调整分项工程的单价，所谓"不平衡报价"是相对于单价调整前的"平衡报价"而言。通常对前期工程、工程量可能增加的工程（由于图纸深度不够）、计日工等，可将原估单价调高，反之则调低。其次，要注意单价调整时不能畸高畸低，一般来说，单价调整幅度不宜超过 ±10%，只有对承包商具有特别优势的某些分项工程，才可适当增大调整幅度。

本案例要求运用工程经济学的知识，定量计算不平衡报价法所取得的收益。因此，要能熟练运用资金时间价值的计算公式和现金流量图。

计算中涉及两个现值公式，即：

一次支付现值公式 $P = F(P/F, i, n)$

等额年金现值公式 $P = A(P/A, i, n)$

上述两公式的具体计算式应掌握，在不给出有关表格的情况下，应能使用计算器正确计算。本案例背景资料中给出了有关的现值系数表供计算时选用，目的在于使答案简明且统一。

答案：

问题1：

答：恰当。因为该承包商是将属于前期工程的桩基围护工程和主体结构工程的单价调高，而将属于后期工程的装饰工程的单价调低，可以在施工的早期阶段收到较多的工程款，从而可以提高承包商所得工程款的现值；而且，这三类工程单价的调整幅度均在 ±10% 以内，属于合理范围。

问题2：

解1：

计算单价调整前后的工程款现值。

1. 单价调整前的工程款现值。

桩基围护工程每月工程款 $A_1 = 1480/4 = 370$（万元）

主体结构工程每月工程款 $A_2 = 6600/12 = 550$（万元）

装饰工程每月工程款 $A_3 = 7200/8 = 900$（万元）

则，单价调整前的工程款现值：

$$PV_0 = A_1(P/A, 1\%, 4) + A_2(P/A, 1\%, 12)(P/F, 1\%, 4) + A_3(P/A, 1\%, 8)(P/F, 1\%, 16)$$

$$= 370 \times 3.9020 + 550 \times 11.2551 \times 0.9610 + 900 \times 7.6517 \times 0.8528$$

$$= 1443.74 + 5948.88 + 5872.83$$

$$= 13265.45（万元）$$

2. 单价调整后的工程款现值。

桩基围护工程每月工程款 $A'_1 = 1600/4 = 400$（万元）

主体结构工程每月工程款 $A'_2 = 7200/12 = 600$（万元）

装饰工程每月工程款 $A'_3 = 6480/8 = 810$ （万元）

则，单价调整后的工程款现值：

$$PV' = A_1'(P/A, 1\%, 4) + A_2'(P/A, 1\%, 12)(P/F, 1\%, 4) + A_3'(P/A, 1\%, 8)(P/F, 1\%, 16)$$

$$= 400 \times 3.9020 + 600 \times 11.2551 \times 0.9610 + 810 \times 7.6517 \times 0.8528$$

$$= 1560.80 + 6489.69 + 5285.55$$

$$= 13336.04（万元）$$

3. 两者的差额。

$$PV' - PV_0 = 13336.04 - 13265.45 = 70.59（万元）$$

因此，采用不平衡报价法后，该承包商所得工程款的现值比原估价增加 70.59 万元。

解2：

先按解1计算 A_1、A_2、A_3 和 A'_1、A'_2、A'_3，则两者的差额：

$$PV' - PV_0 = (A'_1 - A_1)(P/A, 1\%, 4) + (A'_2 - A_2)(P/A, 1\%, 12)(P/F, 1\%, 4) +$$
$$(A'_3 - A_3)(P/A, 1\%, 8)(P/F, 1\%, 16)$$

$$= (400 - 370) \times 3.9020 + (600 - 550) \times 11.2551 \times 0.9610 +$$
$$(810 - 900) \times 7.6517 \times 0.8528$$

$$= 70.58（万元）$$

【案例十】

背景：

某办公楼施工招标文件的合同条款中规定：预付款数额为合同价的 10%，开工日支付，基础工程完工时扣回 30%，上部结构工程完成一半时扣回 70%，工程款按季度支付。

承包商 C 对该项目投标，经造价工程师估算，总价为 9000 万元，总工期为 24 个月，其中：基础工程估价为 1200 万元，工期为 6 个月；上部结构工程估价为 4800 万元，工期为 12 个月；装饰和安装工程估价为 3000 万元，工期为 6 个月。

经营部经理认为，该工程虽然有预付款，但平时工程款按季度支付不利于资金周转，决定除按上述数额报价外，还建议业主将付款条件改为：预付款为合同价的 5%，工程款按月度支付，其余条款不变。

假定贷款月利率为 1%（为简化计算，季利率取 3%），各分部工程每月完成的工作量相同且能按规定及时收到工程款（不考虑工程款结算所需要的时间）。

计算结果保留两位小数。

表4-7　　　　　　　　　　年金终值系数（F/A，i，n）

n＼i	2	3	4	6	9	12	18
1%	2.010	3.030	4.060	6.152	9.369	12.683	19.615
3%	2.030	3.091	4.184	6.468	10.159	14.192	23.414

问题：

1. 该经营部经理所提出的方案属于哪一种报价技巧？运用是否得当？

2. 若承包商 C 中标且业主采纳其建议的付款条件，承包商 C 所得工程款的终值比原付款条件增加多少？（以预计的竣工时间为终点）

3. 若合同条款中关于付款的规定改为：预付款为合同价的 10%，开工前 1 个月支付，基础工程完工时扣回 20%，以后每月扣回 10%；每月工程款于下月 5 日前提交结算报告，经工程师审核后于第 3 个月末支付。

请画出承包商 C 该工程的现金流量图。

分析要点：

本案例考核多方案报价法的基本原理及其运用，问题 1 主要是注意多方案报价法与增加建议方案法的区别。

在运用报价技巧时，要尽可能进行定量分析，根据定量分析的结果，决定是否采用某种报价技巧，而不能仅凭主观想象。本案例要求运用工程经济学的知识，定量计算多方案报价法所取得的收益，因此，要能熟练运用资金时间价值公式和现金流量图。

为简化计算，在问题 2 的计算中不考虑工程款结算所需要的时间，这一假定显然是脱离实际的，预付款的扣回也比较简单。而问题 3 关于付款的规定较为接近实际，其现金流量图是最复杂的。相信只要能正确画出其现金流量图，就能得出正确的计算结果，因此，只要求画现金流量图而不要求计算。

由于按不同付款条件计算的现金流量图不同，因此，为明确各期工程款的时点，建议分别画出现金流量图，在现金流量图中要特别注意预付款的扣回。对于问题 3 中"基础工程完工时扣回 20%"的规定，不能理解为在第 6 个月末扣回，因为扣款（预付款和保留金等）与付款（工程款等）应当同期进行，既然基础工程完工的最后一个月工程款到第 8 个月末才支付，相应的预付款的首次扣回也应当在第 8 个月末，因此，"基础工程完工时扣回 20%"可以理解为"基础工程款结清时扣回 20%"。

另外，为了使答案简明而统一，本题在背景资料中给出了年金终值系数。实际上，年金终值系数比年金现值系数简单得多，在不给出有关表格的情况下，应能使用计算器正确计算。

答案：

问题1：

答：该经营部经理所提出的方案属于多方案报价法，该报价技巧运用得当，因为承包商 C 的报价既适用于原付款条件也适用于建议的付款条件，其投标文件对原招标文件做出了实质性响应。

问题2：

解：

1. 计算按原付款条件所得工程款的终值。

预付款 $A_0 = 9000 \times 10\% = 900$ （万元）

基础工程每季工程款 $A_1 = 1200/2 = 600$ （万元）

上部结构工程每季工程款 $A_2 = 4800/4 = 1200$ （万元）

装饰和安装工程每季工程款 $A_3 = 3000/2 = 1500$ （万元）

则按原付款条件所工程款的终值：

$$
\begin{aligned}
FV_0 &= A_0(F/P,3\%,8) + A_1(F/A,3\%,2)(F/P,3\%,6) - 0.3A_0(F/P,3\%,6) - \\
&\quad 0.7A_0(F/P,3\%,4) + A_2(F/A,3\%,4)(F/P,3\%,2) + A_3(F/A,3\%,2) \\
&= 900 \times 1.267 + 600 \times 2.030 \times 1.194 - 0.3 \times 900 \times 1.194 - 0.7 \times 900 \times 1.126 + \\
&\quad 1200 \times 4.184 \times 1.061 + 1500 \times 2.030 \\
&= 9934.90 (万元)
\end{aligned}
$$

2. 计算按建议的付款条件所得工程款的终值。

预付款 $A_0' = 9000 \times 5\% = 450$ （万元）

基础工程每月工程款 $A_1' = 1200/6 = 200$ （万元）

上部结构工程每月工程款 $A_2' = 4800/12 = 400$ （万元）

装饰和安装工程每月工程款 $A_3' = 3000/6 = 500$ （万元）

则按建议的付款条件所得工程款的终值：

$$
\begin{aligned}
FV' &= A_0'(F/P,1\%,24) + A_1'(F/A,1\%,6)(F/P,1\%,18) - 0.3A_0'(F/P,1\%,18) - \\
&\quad 0.7A_0'(F/P,1\%,12) + A_2'(F/A,1\%,12)(F/P,1\%,6) + A_3'(F/A,1\%,6) \\
&= 450 \times 1.270 + 200 \times 6.152 \times 1.196 - 0.3 \times 450 \times 1.196 - 0.7 \times 450 \times 1.127 + \\
&\quad 400 \times 12.683 \times 1.062 + 500 \times 6.152 \\
&= 9990.33 (万元)
\end{aligned}
$$

3. 两者的差额。

$$FV' - FV_0 = 9990.33 - 9934.90 = 55.43 (万元)$$

因此，按建议的付款条件，承包商 C 所得工程款的终值比原付款条件增加 55.43 万元。

问题3：

答：承包商 C 该工程的现金流量图如图 4-3 所示。

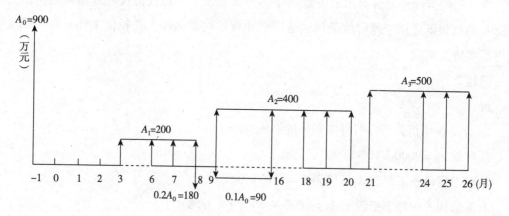

图4-3 承包商 C 该工程的现金流量图

【案例十一】

背景：

某大型工程，由于技术难度大，对施工单位的施工设备和同类工程施工经验要求高，而且对工期的要求也比较紧迫。招标人在对有关单位及其在建工程考察的基础上，仅邀请了三家国有特级施工企业参加投标，并预先与咨询单位和该三家施工单位共同研究确定了施工方案。招标人要求投标人将技术标和商务标分别装订报送。招标文件中规定采用综合评估法进行评标，具体的评标标准如下：

1. 技术标共 30 分，其中施工方案 10 分（因已确定施工方案，各投标人均得 10 分）、施工总工期 10 分、工程质量 10 分。满足招标人总工期要求（36 个月）者得 4 分，每提前 1 个月加 1 分，不满足者为废标；招标人希望该工程今后能被评为省优工程，自报工程质量合格者得 4 分，承诺将该工程建成省优工程者得 6 分（若该工程未被评为省优工程将扣罚合同价的 2%，该款项在竣工结算时暂不支付给施工单位），近三年内获鲁班工程奖每项加 2 分，获省优工程奖每项加 1 分。

2. 商务标共 70 分。标底为 35500 万元。报价为标底的 98% 者得满分（70 分），在此基础上，报价比标底每下降 1%，扣 1 分，每上升 1%，扣 2 分（计分按四舍五入取整）报价超过标底 5% 以上者为废标。

各投标人的有关情况列于表4-8。

表4-8　　　　　　　　　　　　　投标参数汇总表

投标人	报价（万元）	总工期（月）	自报工程质量	鲁班工程奖	省优工程奖
A	35642	33	省优	1	1
B	34364	31	省优	0	2
C	33867	32	合格	0	1

问题：

1. 该工程采用邀请招标方式且仅邀请三家投标人投标，是否违反有关规定？为什么？

2. 请按综合得分最高者中标的原则确定中标人。

3. 若改变该工程评标的有关规定，将技术标增加到40分，其中施工方案20分（各投标人均得20分），商务标减少为60分，是否会影响评标结果？为什么？若影响，应由哪家投标人中标？

分析要点：

本案例考核招标方式和评标方法的运用。要求熟悉邀请招标的运用条件及有关规定，并能根据给定的评标办法正确选择中标人。本案例所规定的评标办法排除了主观因素，因而各投标人的技术标和商务标的得分均为客观得分。但是，这种"客观得分"是在主观规定的评标方法的前提下得出的，实际上不是绝对客观的，因此，当各投标人的得分较为接近时，需要慎重决策。

问题3实际上是考核对评标方法的理解和灵活运用。根据本案例给定的评标方法，这样改变评标的规定并不影响各投标人的得分，因而不会影响评标结果。若通过具体计算才得出结论，即使答案正确，也是不能令人满意的。

答案：

问题1：

答：不违反（或符合）有关规定。因为根据有关规定，对于技术复杂的工程，允许采用邀请招标方式，邀请的投标人不得少于三家。

问题2：

解：1. 计算各投标人的技术标得分，见表4-9。

表4-9　　　　　　　　　　　　　　　　技术标得分计算表

投标人	施工方案	总工期	工程质量	合　计
A	10	4＋（36－33）×1＝7	6＋2＋1＝9	26
B	10	4＋（36－31）×1＝9	6＋1×2＝8	27
C	10	4＋（36－32）×1＝8	4＋1＝5	23

2. 计算各投标人的商务标得分，见表4-10。

表4-10　　　　　　　　　　　　　　　商务标得分计算表

投标人	报价（万元）	报价与标底的比例（%）	扣分	得分
A	35642	35642/35500＝100.4	（100.4－98）×2≈5	70－5＝65
B	34364	34364/35500＝96.8	（98－96.8）×1≈1	70－1＝69
C	33867	33867/35500＝95.4	（98－95.4）×1≈3	70－3＝67

3. 计算各投标人的综合得分，见表4-11。

表4-11　　　　　　　　　　　　　　　综合得分计算表

投标人	技术标得分	商务标得分	综合得分
A	26	65	91
B	27	69	96
C	23	67	90

因为投标人 B 的综合得分最高，故应选择其作为中标人。

问题3：

答：这样改变评标办法不会影响评标结果，因为各投标人的技术标得分均增加 10 分（20－10），而商务标得分均减少 10 分（70－60），综合得分不变。

【案例十二】

背景：

某工程采用公开招标方式，有 A、B、C、D、E、F 六家投标人参加投标，经资格预审该六家投标人均满足招标人要求。该工程采用两阶段评标法评标，评标委员会由七名委员组成。招标文件中规定采用综合评估法进行评标，具体的评标标准如下：

1. 第一阶段评技术标。

技术标共计 40 分，其中施工方案 15 分，总工期 8 分，工程质量 6 分，项目班子 6 分，企业信誉 5 分。

技术标各项内容的得分，为各评委评分去除一个最高分和一个最低分后的算术平均数。

技术标合计得分不满 28 分者，不再评其商务标。

表 4-12 为各评委对六家投标人施工方案评分的汇总表。

表 4-13 为各投标人总工期、工程质量、项目班子、企业信誉得分汇总表。

表4-12   施工方案评分汇总表

投标人＼评委	一	二	三	四	五	六	七
A	13.0	11.5	12.0	11.0	11.0	12.5	12.5
B	14.5	13.5	14.5	13.0	13.5	14.5	14.5
C	12.0	10.0	11.5	11.0	10.5	11.5	11.5
D	14.0	13.5	13.5	13.0	13.5	14.0	14.5
E	12.5	11.5	12.0	11.0	11.5	12.5	12.5
F	10.5	10.5	10.5	10.0	9.5	11.0	10.5

表4-13   总工期、工程质量、项目班子、企业信誉得分汇总表

投标人	总工期	工程质量	项目班子	企业信誉
A	6.5	5.5	4.5	4.5
B	6.0	5.0	5.0	4.5
C	5.0	4.5	3.5	3.0
D	7.0	5.5	5.0	4.5
E	7.5	5.0	4.0	4.0
F	8.0	4.5	4.0	3.5

2. 第二阶段评商务标。

商务标共计 60 分。以标底的 50% 与投标人报价算术平均数的 50% 之和为基准价，但最高（或最低）报价高于（或低于）次高（或次低）报价的 15% 者，在计算投标人报价算术平均数时不予考虑，且商务标得分为 15 分。

以基准价为满分（60 分），报价比基准价每下降 1%，扣 1 分，最多扣 10 分；报价

比基准价每增加1%，扣2分，扣分不保底。

表4-14为标底和各投标人的报价汇总表。

表4-14 标底和各投标人报价汇总表 单位：万元

投标人	A	B	C	D	E	F	标底
报 价	13656	11108	14303	13098	13241	14125	13790

3. 计算结果保留两位小数。

问题：

1. 根据招标文件中的评标标准和方法，通过列式计算的方式确定三名中标候选人，并排出顺序。

2. 若该工程未编制标底，以各投标人报价的算术平均数作为基准价，其余评标规定不变，试按原评定标准和方法确定三名中标候选人，并排出顺序。

3. 依法必须进行招标的项目，在什么情况下招标人可以确定非排名第一的中标候选人为中标人？

分析要点：

本案例也是考核评标方法的运用。本案例旨在强调两阶段评标法所需注意的问题和报价合理性的要求。虽然评标大多采用定量方法，但是，实际仍然在相当程度上受主观因素的影响，这在评定技术标时显得尤为突出，因此需要在评标时尽可能减少这种影响。例如，本案例中将评委对技术标的评分去除最高分和最低分后再取其算术平均数，其目的就在于此。商务标的评分似乎较为客观，但受评标具体规定的影响仍然很大。本案例通过问题2结果与问题1结果的比较，说明评标的具体规定不同，商务标的评分结果可能不同，甚至可能改变评标的最终结果。

针对本案例的评标规定，题中特意给出最低报价低于次低报价15%和技术标得分不满28分的情况，而实践中这两种情况是较少出现的。从考试的角度来考虑，也未必用到题目所给出的全部条件。

答案：

问题1：

解：1. 计算各投标人施工方案的得分，见表4-15。

表4-15   施工方案得分计算表

投标人＼评委	一	二	三	四	五	六	七	平均得分
A	13.0	11.5	12.0	11.0	11.0	12.5	12.5	11.9
B	14.5	13.5	14.5	13.0	13.5	14.5	14.5	14.1
C	12.0	10.0	11.5	11.0	10.5	11.5	11.5	11.2
D	14.0	13.5	13.5	13.0	13.5	14.0	14.5	13.7
E	12.5	11.5	12.0	11.0	11.5	12.5	12.5	12.0
F	10.5	10.5	10.5	10.0	9.5	11.0	10.5	10.4

2. 计算各投标人技术标的得分，见表 4-16。

表4-16   技术标得分计算表

投标人	施工方案	总工期	工程质量	项目班子	企业信誉	合　计
A	11.9	6.5	5.5	4.5	4.5	32.9
B	14.1	6.0	5.0	5.0	4.5	34.6
C	11.2	5.0	4.5	3.5	3.0	27.2
D	13.7	7.0	5.5	5.0	4.5	35.7
E	12.0	7.5	5.0	4.0	4.0	32.5
F	10.4	8.0	4.5	4.0	3.5	30.4

由于投标人 C 的技术标仅得 27.2，小于 28 分的最低限，按规定，不再评其商务标，实际上已作为废标处理。

3. 计算各投标人的商务标得分，见表 4-17。

$\because$ (13098-11108)/13098 = 15.19% > 15%

(14125-13656)/13656 = 3.43% < 15%

$\therefore$ 投标人 B 的报价（11108 万元）在计算基准价时不予考虑。

则：基准价 = 13790 × 50% + (13656 + 13098 + 13241 + 14125)/4 × 50% = 13660（万元）

表4-17 商务标得分计算表

投标人	报价（万元）	报价与基准价的比例（%）	扣分	得分
A	13656	(13656/13660)×100＝99.97	(100－99.97)×1＝0.03	59.97
B	11108			15.00
D	13098	(13098/13660)×100＝95.89	(100－95.89)×1＝4.11	55.89
E	13241	(13241/13660)×100＝96.93	(100－96.93)×1＝3.07	56.93
F	14125	(14125/13660)×100＝103.40	(103.40－100)×2＝6.80	53.20

4. 计算各投标人的综合得分，见表4-18。

表4-18 综合得分计算表

投标人	技术标得分	商务标得分	综合得分
A	32.9	59.97	92.87
B	34.6	15.00	49.60
D	35.7	55.89	91.59
E	32.5	56.93	89.43
F	30.4	53.20	83.60

因此，三名中标候选人顺序依次是 A、D、E。

问题2：

解：1. 计算各投标人的商务标得分，见表4-19。

基准价＝(13656＋13098＋13241＋14125)/4＝13530（万元）

表4-19 商务标得分计算表

投标人	报价（万元）	报价与基准价比例（%）	扣分	得分
A	13656	(13656/13530)×100＝100.93	(100.93－100)×2＝1.86	58.14
B	11108			15.00
D	13098	(13098/13530)×100＝96.81	(100－96.81)×1＝3.19	56.81
E	13241	(13241/13530)×100＝97.86	(100－97.86)×1＝2.14	57.86
F	14125	(14125/13530)×100＝104.40	(104.40－100)×2＝8.80	51.20

2. 计算各投标人的综合得分，见表4-20。

表4-20 综合得分计算表

投标人	技术标得分	商务标得分	综合得分
A	32.9	58.14	91.04
B	34.6	15.00	49.60
D	35.7	56.81	92.51
E	32.5	57.86	90.36
F	30.4	51.20	81.60

因此，三名中标候选人的顺序依次是 D、A、E。

问题3：

答：根据《招标投标法实施条例》第五十五条的规定：排名第一的中标候选人放弃中标、因不可抗力不能履行合同、不按照招标文件要求提交履约保证金，或者被查实存在影响中标结果的违法行为等情形，不符合中标条件的，招标人可按照评标委员会提出的中标候选人名单排序依次确定其他中标候选人为中标人。

【案例十三】

背景：

某工业厂房项目的招标人经过多方了解，邀请了 A、B、C 三家技术实力和资信俱佳的投标人参加该项目的投标。

在招标文件中规定：评标时采用最低综合报价（相当于经评审的最低投标价）中标的原则，但最低投标价低于次低投标价 10% 的报价将不予考虑。工期不得长于 18 个月，若投标人自报工期少于 18 个月，在评标时将考虑其给招标人带来的收益，折算成综合报价后进行评标。若实际工期短于自报工期，每提前 1 天奖励 1 万元；若实际工期超过自报工期，每拖延 1 天应支付逾期违约金 2 万元。

A、B、C 三家投标人投标书中与报价和工期有关的数据汇总于表4-21。

假定：贷款月利率为 1%，各分部工程每月完成的工作量相同，在评标时考虑工期提前给招标人带来的收益为每月 40 万元。

表4-21   投标参数汇总表

投标人	基础工程		上部结构工程		安装工程		安装工程与上部结构工程搭接时间（月）
	报价（万元）	工期（月）	报价（万元）	工期（月）	报价（万元）	工期（月）	
A	400	4	1000	10	1020	6	2
B	420	3	1080	9	960	6	2
C	420	3	1100	10	1000	5	3

表4-22   现值系数表

n	2	3	4	6	7	8	9	10	12	13	14	15	16
$(P/A,1\%,n)$	1.970	2.941	3.902	5.795	6.728	7.625	8.566	9.471	…	…	…	…	…
$(P/F,1\%,n)$	0.980	0.971	0.961	0.942	0.933	0.923	0.914	0.905	0.887	0.879	0.870	0.861	0.853

问题：

1. 我国《招标投标法》对中标人的投标应当符合的条件是如何规定的？

2. 若不考虑资金的时间价值，应选择哪家投标人作为中标人？如果该中标人与招标人签订合同，则合同价为多少？

3. 若考虑资金的时间价值，应选择哪家投标人作为中标人？

分析要点：

本案例考核我国《招标投标法》关于中标人投标应当符合的条件的规定以及最低投标价格中标原则的具体运用。

明确规定允许最低投标价格中标是《招标投标法》与我国过去招标投标有关法规的重要区别之一，符合一般项目招标人的利益。但招标人在运用这一原则时，需把握两个前提：

一是中标人的投标应当满足招标文件的实质性要求，二是投标价格不得低于成本。本案例背景资料隐含了这两个前提。

本案例并未直接采用最低投标价格中标原则，而是将工期提前给招标人带来的收益折算成综合报价，以综合报价最低者（即经评审的最低投标价）中标，并分别从不考虑资金时间价值和考虑资金时间价值的角度进行定量分析，其中前者较为简单和直观，而后者更符合一般投资者（招标人）的利益和愿望。

在解题时需注意以下几点：

一是各投标人自报工期的计算，应扣除安装工程与上部结构工程的搭接时间；

二是在搭接时间内现金流量应叠加，在现金流量图上一定要标明，但在计算年金现值时，并不一定要把搭接期独立开来计算；

三是在求出年金现值后再按一次支付折成现值的时点，尤其不要将各投标人报价折现的时点相混淆；

四是经评审的投标价只是选择中标人的依据，既不是投标价，也不是合同价。

答案：

问题1：

答：我国《招标投标法》第四十一条规定，中标人的投标应当符合下列条件之一：

（1）能够最大限度地满足招标文件中规定的各项综合评价标准；

（2）能够满足招标文件的实质性要求，并且经评审的投标价格最低，但是投标价格低于成本的除外。

问题2：

解：1. 计算各投标人的综合报价（即经评审的投标价）。

（1）投标人 A 的总报价为：$400 + 1000 + 1020 = 2420$（万元）

总工期为：$4 + 10 + 6 - 2 = 18$（月）

相应的综合报价 $P_A = 2420$（万元）

（2）投标人 B 的总报价为：$420 + 1080 + 960 = 2460$（万元）

总工期为：$3 + 9 + 6 - 2 = 16$（月）

相应的综合报价 $P_B = 2460 - 40 \times （18 - 16） = 2380$（万元）

（3）投标人 C 的总报价为：$420 + 1100 + 1000 = 2520$（万元）

总工期为：$3 + 10 + 5 - 3 = 15$（月）

相应的综合报价 $P_C = 2520 - 40 \times （18 - 15） = 2400$（万元）

因此，若不考虑资金的时间价值，投标人 B 的综合报价最低，应选择其作为中标人。

2. 合同价为投标人 B 的投标价 2460 万元。

问题3：

解1：

1. 计算投标人 A 综合报价的现值。

基础工程每月工程款 $A_{1A} = 400/4 = 100$（万元）

上部结构工程每月工程款 $A_{2A} = 1000/10 = 100$（万元）

安装工程每月工程款 $A_{3A} = 1020/6 = 170$（万元）

其中，第 13 个月和第 14 个月的工程款为：$A_{2A} + A_{3A} = 100 + 170 = 270$（万元）。

则投标人 A 的综合报价的现值为：

$$PV_A = A_{1A}(P/A,1\%,4) + A_{2A}(P/A,1\%,8)(P/F,1\%,4) +$$
$$(A_{2A} + A_{3A})(P/A,1\%,2)(P/F,1\%,12) + A_{3A}(P/A,1\%,4)(P/F,1\%,14)$$
$$= 100 \times 3.902 + 100 \times 7.625 \times 0.961 + 270 \times 1.970 \times 0.887 + 170 \times 3.902 \times 0.870$$
$$= 2171.86(万元)$$

2. 计算投标人 B 综合报价的现值。

基础工程每月工程款 $A_{1B} = 420/3 = 140$ （万元）

上部结构工程每月工程款 $A_{2B} = 1080/9 = 120$ （万元）

安装工程每月工程款 $A_{3B} = 960/6 = 160$ （万元）

工期提前每月收益 $A_{4B} = 40$ （万元）

其中，第 11 个月和第 12 个月的工程款为：$A_{2B} + A_{3B} = 120 + 160 = 280(万元)$。

则投标人 B 的综合报价的现值为：

$$PV_B = A_{1B}(P/A,1\%,3) + A_{2B}(P/A,1\%,7)(P/F,1\%,3) +$$
$$(A_{2B} + A_{3B})(P/A,1\%,2)(P/F,1\%,10) + A_{3B}(P/A,1\%,4)(P/F,1\%,12) -$$
$$A_{4B}(P/A,1\%,2)(P/F,1\%,16)$$
$$= 140 \times 2.941 + 120 \times 6.728 \times 0.971 + 280 \times 1.970 \times 0.905 + 160 \times 3.902 \times 0.887 -$$
$$40 \times 1.970 \times 0.853$$
$$= 2181.44(万元)$$

3. 计算投标人 C 综合报价的现值。

基础工程每月工程款 $A_{1C} = 420/3 = 140$ （万元）

上部结构工程每月工程款 $A_{2C} = 1100/10 = 110$ （万元）

安装工程每月工程款 $A_{3C} = 1000/5 = 200$ （万元）

工期提前每月收益 $A_{4C} = 40$ （万元）

其中，第 11 个月至第 13 个月的工程款为：$A_{2C} + A_{3C} = 110 + 200 = 310$ （万元）。

则投标人 C 的综合报价的现值为：

$$PV_C = A_{1C}(P/A,1\%,3) + A_{2C}(P/A,1\%,7)(P/F,1\%,3) +$$
$$(A_{2C} + A_{3C})(P/A,1\%,3)(P/F,1\%,10) + A_{3C}(P/A,1\%,2)(P/F,1\%,13) -$$
$$A_{4C}(P/A,1\%,3)(P/F,1\%,15)$$
$$= 140 \times 2.941 + 110 \times 6.728 \times 0.971 + 310 \times 2.941 \times 0.905 + 200 \times 1.970 \times 0.879 -$$
$$40 \times 2.941 \times 0.861 = 2200.49(万元)$$

因此，若考虑资金的时间价值，投标人 A 的综合报价最低，应选择其作为中标人。

解2：

1. 计算投标人 A 综合报价的现值。

先按解1计算 A_{1A}、A_{2A}、A_{3A}，则投标人 A 综合报价的现值为：

$$PV_A = A_{1A}(P/A, 1\%, 4) + A_{2A}(P/A, 1\%, 10)(P/F, 1\%, 4) +$$
$$A_{3A}(P/A, 1\%, 6)(P/F, 1\%, 12)$$
$$= 100 \times 3.902 + 100 \times 9.471 \times 0.961 + 170 \times 5.795 \times 0.887$$
$$= 2174.20(万元)$$

2. 计算投标人 B 综合报价的现值。

先按解1计算 A_{1B}、A_{2B}、A_{3B}，则投标人 B 综合报价的现值为：

$$PV_B = A_{1B}(P/A, 1\%, 3) + A_{2B}(P/A, 1\%, 9)(P/F, 1\%, 3) +$$
$$A_{3B}(P/A, 1\%, 6)(P/F, 1\%, 10) - A_{4B}(P/A, 1\%, 2)(P/F, 1\%, 16)$$
$$= 140 \times 2.941 + 120 \times 8.566 \times 0.971 + 160 \times 5.795 \times 0.905 - 40 \times 1.970 \times 0.853$$
$$= 2181.75(万元)$$

3. 计算投标人 C 综合报价的现值。

先按解1计算 A_{1C}、A_{2C}、A_{3C}，则投标人 C 综合报价的现值为：

$$PV_C = A_{1C}(P/A, 1\%, 3) + A_{2C}(P/A, 1\%, 10)(P/F, 1\%, 3) +$$
$$A_{3C}(P/A, 1\%, 5)(P/F, 1\%, 10) - A_{4C}(P/A, 1\%, 3)(P/F, 1\%, 15)$$
$$= 140 \times 2.941 + 110 \times 9.471 \times 0.971 + 200 \times 4.853 \times 0.905 - 40 \times 2.941 \times 0.861$$
$$= 2200.50(万元)$$

因此，若考虑资金的时间价值，投标人 A 的综合报价最低，应选择其作为中标人。

【案例十四】

背景：

我国西部地区某世界银行贷款项目采用国际公开招标，共有 A、C、F、G、J 五家投标人参加投标。

招标公告中规定：2005 年 6 月 1 日起发售招标文件。

招标文件中规定：2005 年 8 月 31 日为投标截止日，投标有效期到 2005 年 10 月 31 日为止；允许采用不超过三种的外币报价，但外汇金额占总报价的比例不得超过 30%；评标采用经评审的最低投标价法，评标时对报价统一按人民币计算。

招标文件中的工程量清单按我国《建设工程工程量清单计价规范》编制。

各投标人的报价组成见表 4-23，中国银行公布的 2005 年 7 月 18 日至 9 月 4 日的外汇牌价见表 4-24，投标人 C 对部分结构工程的报价见表 4-25。

计算结果保留两位小数。

表4-23　　　　　　　　　　　各投标人报价汇总表　　　　　　　　　单位：万元

投标人	人民币	美元	欧元	日元
A	50894.42	2579.93	—	—
C	43986.45	1268.74	859.58	—
F	49993.84	780.35	1498.21	—
G	51904.11	—	2225.33	—
J	49389.79	499.37	—	197504.76

表4-24　　　　　　　　　　　外汇牌价

日期	7.18~7.24	7.25~7.31	8.1~8.7	8.8~8.14	8.15~8.21	8.22~8.28	8.29~9.04
美元	8.231	8.225	8.216	8.183	8.159	8.137	8.126
欧元	10.106	10.053	9.992	9.965	9.924	9.899	9.881
日元	0.0716	0.0715	0.0714	0.0711	0.0709	0.0707	0.0706

表4-25　　　　　　　　　　投标人C部分结构工程报价单

序号	项目编码	项目名称	工程数量	单位	单价（元/单位）	合价（元）
15	（略）	带形基础 C40	863.00	m³	474.65	409622.95
16	（下同）	满堂基础 C40	3904.00	m³	471.42	1540423.68
18		设备基础 C30	40.00	m³	415.98	16639.20
31		矩形柱 C50	138.54	m³	504.76	69929.45
35		异形柱 C60	16.46	m³	536.03	8823.05
41		矩形梁 C40	269.00	m³	454.02	132131.38
47		矩形梁 C30	54.00	m³	413.91	22351.14
51		直形墙 C50	606.00	m³	472.69	286450.14
61		楼板 C40	1555.00	m³	45.11	701460.50
71		直形楼梯	217.00	m²	117.39	25473.63
91		预埋铁件	1.78	t		
101		钢筋（网、笼）制作、运输、安装	13.71	t	4998.96	68535.74

问题:

1. 各投标人的报价按人民币计算分别为多少? 其外汇占总报价的比例是否符合招标文件的规定?

2. 由于评技术标花费了较多时间,因此,招标人以书面形式要求所有投标人延长投标有效期。投标人 F 要求调整报价,而投标人 A 拒绝延长投标有效期。对此,招标人应如何处理? 说明理由。

3. 投标人 C 对部分结构工程的报价,见表 4-25,请指出其中的不当之处,并说明应如何处理?

4. 如果评标委员会认为投标人 C 的报价可能低于其个别成本,应当如何处理?

分析要点:

本案例主要考核在多种货币报价时对投标价的换算和在工程量清单计价模式条件下对投标价的审核,还涉及投标有效期的延长和对低于成本报价的确认。

在投标人以多种货币报价时,一般都要换算成招标人规定的同一货币进行评标。在这种情况下,主要涉及两个问题:一是采用什么时间的汇率,二是对外汇金额占总报价比例的限制。对于多种货币之间的换算汇率,世界银行贷款项目和 FIDIC 合同条件都规定,除非在合同条件第二部分(即专用条件)中另有说明,应采用投标文件递交截止日期前 28 天当天由工程施工所在国中央银行决定的通行汇率;而我国《评标委员会和评标方法暂行规定》规定:“以多种货币报价的,应当按照中国银行在开标日公布的汇率中间价换算成人民币。”本案例的问题 1 就是针对这两者之间的区别设计的,投标人 C 的报价如果按我国有关法规的规定是符合招标文件规定的,而按世界银行贷款项目的规定则是不符合招标文件规定的。

在工程量清单计价模式条件下对投标价的审核,要注意用数字表示的数额与用文字表示的数额的一致性,单价和工程量的乘积与相应合价的一致性,有无报价漏项等问题。在本案例中,仅涉及后两个问题。我国《工程建设项目施工招标投标办法》规定,用数字表示的数额与用文字表示的数额不一致时,以文字数额为准;单价与工程量的乘积与总价(该部门规章原文如此,实际应为“合价”)之间不一致时,以单价为准。若单价有明显的小数点错位,应以总价为准,并修改单价。另外,若投标人对工程量清单中列明的某些项目没有报价(即漏项),不影响其投标文件的有效性,招标人可以认为投标人已将该项目的费用并入其他项目报价,即使今后该项目的实际工程量大幅增加,也不支付相应的工程款。

需要注意的是,《招标投标法》规定投标人的报价不得低于其成本,否则将被作为废标处理。然而如何识别投标人的报价是否低于其成本是实践工作中的难题,评标委员会发现某投标人的报价明显低于其他投标人的报价或者在设有标底时明显低于标底时不能简单认为其投标报价低于成本,而应当按照《评标委员会和评标方法暂行规定》,要求该投标人做出书面说明并提供相关证明材料。投标人不能合理说明或者不能提供相关证明材料的,由评标委员会认定该投标人以低于成本报价竞标,其投标应作废标处理。

答案:

问题1:

1. 各投标人按人民币计算的报价分别为:

投标人 A:50894.42 + 2579.93 × 8.216 = 72091.12(万元)

投标人 C:43986.45 + 1268.74 × 8.216 + 859.58 × 9.992 = 62999.34(万元)

投标人 F:49993.84 + 780.35 × 8.216 + 1498.21 × 9.992 = 71375.31(万元)

投标人 G:51904.11 + 2225.33 × 9.992 = 74139.61(万元)

投标人 J:49389.79 + 499.37 × 8.216 + 197504.76 × 0.0714 = 67594.45(万元)

将以上计算结果汇总于表4-26。

表4-26　　　　　　　　　　各投标人报价汇总表　　　　　　　　　　单位:万元

投标人	人民币	美元	欧元	日元	总价
A	50894.42	2579.93	—	—	72091.12
C	43986.45	1268.74	859.58	—	62999.34
F	49993.84	780.35	1498.21	—	71375.31
G	51904.11	—	2225.33	—	74139.61
J	49389.79	499.37	—	197504.76	67594.45

2. 计算各投标人报价中外汇所占的比例:

投标人 A:(72091.12 - 50894.42)/72091.12 = 29.40%

投标人 C:(62999.34 - 43986.45)/62999.34 = 30.18%

投标人 F:(71375.31 - 49993.84)/71375.31 = 29.96%

投标人 G:(74139.61 - 51904.11)/74139.61 = 29.99%

投标人 J:(67594.45 - 49389.79)/67594.45 = 26.93%

由以上计算结果可知,投标人 C 报价中外汇所占的比例超过30%,不符合招标文件的规定,而其余投标人报价中外汇所占的比例均符合招标文件的规定。

问题2:

答:我国《工程建设项目施工招标投标办法》规定,在原投标有效期结束前,出现特殊情况的，招标人可以书面形式要求所有投标人延长投标有效期。投标人同意延长的，不得要求或被允许修改其投标文件的实质性内容，但应相应延长其投标保证金的有效期；投标人拒绝延长的，其投标失效，但投标人有权收回其投标保证金。因延长有效期造成投标人损失的，招标人应当给予补偿。因此，投标人 F 的报价不得调整，但应补偿其延长投标保证金有效期所增加的费用；投标人 A 的投标文件按失效处理，不再评审，但应退还其投标保证金。

问题 3：

答：投标人 C 的报价表中有下列不当之处：

1. 满堂基础 C40 的合价 1540423.68 元错误，其单价合理，故应以单价为准，将其合价修改为 1840423.68 元；

2. 矩形梁 C40 的合价 132131.38 元数值错误，其单价合理，故应以单价为准，将其合价修改为 122131.38 元；

3. 楼板 C40 的单价 45.11 元/m^3 显然不合理，参照矩形梁 C40 的单价 454.02 元/m^3 和楼板 C40 的合价 701460.50 元可以看出，该单价有明显的小数点错位，应以合价为准，将原单价修改为 451.10 元/m^3；

4. 对预埋铁件未报价，这不影响其投标文件的有效性，也不必作特别的处理，可以认为投标人 C 已将预埋铁件的费用并入其他项目（如矩形柱和矩形梁）报价，今后工程款结算中将没有这一项目内容。

问题 4：

答：根据我国《评标委员会和评标方法暂行规定》，在评标过程中，评标委员会发现投标人 C 的报价明显低于其他投标报价或者在设有标底时明显低于标底，使得其投标报价可能低于其个别成本的，应当要求投标人 C 做出书面说明并提供相关证明材料。投标人 C 不能合理说明或者不能提供相关证明材料的，由评标委员会认定投标人 C 以低于成本报价竞标，其投标应作废标处理。

第五章　工程合同价款管理

本章基本知识点：

1. 工程合同的类型及其适用条件；
2. 工程合同文件的组成与主要条款；
3. 工程合同争议的处理；
4. 工程变更的处理；
5. 工程现场签证的处理；
6. 工程索赔的内容与分类；
7. 工程索赔成立的条件与证据；
8. 工程索赔程序；
9. 工程索赔文件的组成；
10. 工程索赔的计算。

【案例一】

背景：

某施工单位根据领取的某2000m² 两层厂房工程项目招标文件和全套施工图纸，采用低报价策略编制了投标文件，并获得中标。该施工单位（乙方）于某年某月某日与建设单位（甲方）签订了该工程项目的固定总价合同。合同工期为8个月。甲方在乙方进入施工现场后，因资金紧缺，无法如期支付工程款，口头要求乙方暂停施工一个月。乙方亦口头答应。工程按合同规定期限验收时，甲方发现工程质量有问题，要求返工。两个月后，返工完毕。结算时甲方认为乙方迟延交付工程，应按合同约定偿付逾期违约金。乙方认为临时停工是甲方要求的。乙方为抢工期，加快施工进度才出现了质量问题。因此，迟延交付的责任不在乙方。甲方则认为临时停工和不顺延工期是当时乙方答应的。乙方应履行承诺，承担违约责任。

问题：

1. 该工程采用固定总价合同是否合适？试说明理由。

2. 该施工合同的变更形式是否妥当？试说明理由。此合同争议依据合同法律规范应如何处理？

分析要点：

本案例主要考核建设工程施工合同的类型及其适用性，解决合同争议的法律依据。根据合同计价方式的不同，建设工程施工合同可以分为总价合同、单价合同和成本加酬金合同。总价合同又可以分为固定总价合同和可调总价合同。单价合同也可以分为固定单价合同和可调单价合同。成本加酬金合同主要有如下几种：成本加固定费用合同，成本加定比费用合同，成本加奖金合同，成本加保证最大酬金合同，工时及材料补偿合同。根据各类合同的适用范围，分析该工程采用固定总价合同是否合适。解决该合同争议要注意《中华人民共和国民法通则》、《中华人民共和国合同法》与《建设工程施工合同（示范文本）》等法律法规文件，对建设工程合同形式和工程索赔的处理程序以及民事权利诉讼时效期的规定。

答案：

问题1：

答：合适。因为该工程项目有全套施工图纸、工程量能够较准确计算，规模不大、工期较短、技术不太复杂、合同总价较低且风险不大。故采用固定总价合同是合适的。

问题2：

答：（1）该施工合同的变更形式不妥当。

因为根据《中华人民共和国合同法》和《建设工程施工合同（示范文本）》的有关规定，建设工程合同应当采取书面形式。合同变更是对合同的补充和更改，亦应当采取书面形式；若在应急情况下，可采取口头形式，但事后应以书面形式予以确认。否则，在合同双方对合同变更内容有争议时，往往因口头形式协议很难举证，只能以书面协议约定的内容为准。本案例中甲方要求临时停工，乙方亦答应，是甲、乙双方的口头协议，且事后并未以书面的形式确认，所以该合同变更形式不妥。在竣工结算时双方发生了争议，对此只能以原书面合同规定为准。

（2）此合同争议依据合同法律规范处理如下：

1）在甲方承认因资金紧缺，无法如期支付工程款，要求乙方暂停施工一个月的前提下，甲方应对停工承担责任，赔偿乙方停工一个月的实际经济损失，工期顺延一个月。因为在施工期间，甲方因资金紧缺未能及时支付工程款，并要求乙方停工一个月，此时乙方应享有索赔权。乙方虽然未按规定程序及时提出索赔，丧失了索赔权，但是根据《民法通则》之规定，在民事权利诉讼时效期（2年）内，仍享有要求甲方承担违约责任的权利。

2）乙方应当承担因质量问题引起的返工费用，并支付逾期交工一个月的违约金。因为工程质量问题和逾期交付工程的责任在乙方。

【案例二】

背景：

某建设单位（甲方）拟建造一栋3600m²的职工住宅，采用工程量清单招标方式由某施工单位（乙方）承建。甲乙双方签订的施工合同摘要如下：

一、协议书中的部分条款

●本协议书与下列文件一起构成合同文件

（1）中标通知书；（2）投标函及投标函附录；（3）专用合同条款及其附件；（4）通用合同条款；（5）技术标准和要求；（6）图纸；（7）已标价工程量清单；（8）其他合同文件。

●上述文件互相补充和解释，如有不明确或不一致之处，以上述顺序作为优先解释顺序（合同履行过程中另行约定的除外）。

●签约合同价：人民币（大写）陆佰捌拾玖万元（￥6890000.00元）。

●承包人项目经理：在开工前由承包人采用内部竞聘方式确定。

●工程质量：甲方规定的质量标准。

二、专用条款中有关合同价款的条款

●合同价款及其调整

本合同价款采用总价合同方式确定，除如下约定外，合同价款不得调整。

（1）当工程量清单项目工程量的变化幅度在10%以内时，其综合单价不做调整，执行原有综合单价。

（2）当工程量清单项目工程量的变化幅度在10%以外时，其综合单价以及对应的措施费可作调整，调整方法为：由监理人对增加的工程量或减少后剩余的工程量测算出新的综合单价和措施项目费，经发包人确认后调整。

（3）当材料价格上涨不超过5%、机械使用费上涨不超过10%时，不做调整。

●合同价款的支付

（1）工程预付款：于开工之日支付合同总价的10%作为预付款。工程实施后，预付款从工程后期进度款中扣回。

（2）工程进度款：基础工程完成后，支付合同总价的10%；主体结构三层完成后，支付合同总价的20%；主体结构全部封顶后，支付合同总价的20%；工程基本竣工时，支付合同总价的30%。为确保工程如期竣工，乙方不得因甲方资金的暂时不到位而停工和拖延工期。

（3）竣工结算：工程竣工验收后，进行竣工结算。结算时按全部工程造价的3%扣留工程质量保证金。在保修期（50 年）满后，质量保证金及其利息扣除已支出费用后的剩余部分退还给乙方。

三、补充协议条款

在上述施工合同协议条款签订后，甲乙双方又接着签订了补充施工合同协议条款。摘要如下：

补 1. 木门窗均用水曲柳板包门窗套；

补 2. 铝合金窗 90 型系列改用 42 型系列某铝合金厂产品；

补 3. 挑阳台均采用 42 型系列某铝合金厂铝合金窗封闭。

问题：

1. 按计价方式不同，建设工程施工合同分为哪些类型？对实行工程量清单计价的工程，适宜采用何种类型？本案例采用总价合同方式是否违法？

2. 该合同签订的条款有哪些不妥之处？应如何修改？

3. 对合同中未规定的承包商义务，合同实施过程中又必须进行的工程内容，承包商应如何处理？

分析要点：

本案例为根据中华人民共和国《标准施工招标文件》（2007 版）给出的合同条款及格式和《建设工程工程量清单计价规范》（GB 50500—2013）中有关工程合同价款的约定、支付、调整的内容设计的案例，主要涉及：建设工程施工合同计价方式；合同条款签订中易发生争议的若干问题；施工过程中出现合同未规定的承包商义务，但又必须进行的工程内容，承包商如何处理；以及根据国家建设部、财政部颁布的《关于印发〈建设工程质量保证金管理暂行办法〉的通知》［建质（2005）7 号］的规定，处理工程质量保证金返还问题。

答案：

问题 1：

答：按计价方式不同，建设工程施工合同可分为：（1）总价合同；（2）单价合同；（3）成本加酬金合同。

根据《建设工程工程量清单计价规范》（GB 50500—2013）的规定，对实行工程量清单计价的工程，宜采用单价合同方式。

本案例所涉及的是一般住宅工程，且工程规模不大，可以采用总价合同方式，并不违法［因为《建设工程工程量清单计价规范》（GB 50500—2013）并未强制性规定采用单价合同方式］。

问题2：

答：该合同条款存在的不妥之处及其修改：

（1）承包人在开工前采用内部竞聘方式确定项目经理不妥。应明确为投标文件中拟定的项目经理。如果项目经理人选发生变动，应该征得监理人和（或）甲方同意。

（2）工程质量为甲方规定的质量标准不妥。本工程是住宅楼工程，目前对该类工程尚不存在其他可以明示的企业或行业的质量标准。因此，不应以甲方规定的质量标准作为该工程的质量标准，而应以《建筑工程施工质量验收统一标准》（GB 50300—2013）中规定的质量标准作为该工程的质量标准。

（3）除背景给出的调整内容约定外，合同价款不得调整不妥。根据《建设工程工程量清单计价规范》（GB 50500—2013）的规定，下列事项（但不限于）发生，发承包双方应当按照合同约定调整合同价款：

1）法律法规变化；2）工程变更；3）项目特征描述不符；4）工程量清单缺项；5）工程量偏差；6）物价变化；7）暂估价；8）计日工；9）现场签证；10）不可抗力；11）提前竣工（赶工补偿）；12）误期赔偿；13）施工索赔；14）暂列金额；15）发承包双方约定的其他调整事项。

出现合同价款调增事项后的14天内，承包人应向发包人提交合同价款调增报告并附上相关资料，若承包人在14天内未提交合同价款调增报告的，视为承包人对该事项不存在调整价款。

发包人应在收到承包人合同价款调增报告及相关资料之日起14天内对其核实，予以确认的应书面通知承包人。如有疑问，应向承包人提出协商意见。发包人在收到合同价款调增报告之日起14天内未确认也未提出协商意见的，视为承包人提交的合同价款调增报告已被发包人认可。发包人提出协商意见的，承包人应在收到协商意见后的14天内对其核实，予以确认的应书面通知发包人。如承包人在收到发包人的协商意见后14天内既不确认也未提出不同意见的，视为发包人提出的意见已被承包人认可。

（4）背景给出的合同价款调整范围和方法不妥。根据《建设工程工程量清单计价规范》（GB 50500—2013）的规定：

1）当工程变更导致该清单项目的工程数量发生变化，且工程量偏差超过15%时，该项目单价应予调整，调整的原则为：当工程量增加15%以上时，其增加部分的工程量的综合单价应予调低；当工程量减少15%以上时，减少后剩余部分的工程量的综合单价应予调高。

2）当材料价格变化幅度超过5%、机械使用费变化幅度超过10%时，可以调整合同价款。调整方法需要在合同中约定。

（5）工程预付款预付额度和时间不妥。根据《建设工程工程量清单计价规范》（GB

50500—2013）的规定：

1）包工包料工程的预付款的支付比例不得低于签约合同价（扣除暂列金额）的10%，不宜高于签约合同价（扣除暂列金额）的30%。

2）承包人应在签订合同或向发包人提供与预付款等额的预付款保函（如有）后向发包人提交预付款支付申请。发包人应对在收到支付申请的 7 天内进行核实后向承包人发出预付款支付证书，并在签发支付证书后的 7 天内向承包人支付预付款。

3）应明确约定工程预付款的起扣点和扣回方式。

（6）工程价款支付条款约定不妥。"基本竣工时间"不明确，应修订为具体明确的时间；"乙方不得因甲方资金的暂时不到位而停工和拖延工期"条款显失公平，应说明甲方资金不到位在多长期限内乙方不得停工和拖延工期，并说明逾期支付的利息如何计算。

（7）工程质量保证金返还时间不妥。根据国家建设部、财政部颁布的《关于印发〈建设工程质量保证金管理暂行办法〉的通知》［建质（2005）7 号］的规定，在施工合同中双方约定的工程质量保证金保留时间应为 6 个月、12 个月或 24 个月。保留时间应从工程通过竣工验收之日算起。

（8）质量保修期（50 年）不妥，应按《建设工程质量管理条例》的有关规定进行修改。

（9）补充施工合同协议条款不妥。在补充协议中，不仅要补充工程内容，而且要说明工期和合同价款是否需要调整，若需调整则如何调整。

问题 3：

答：首先应及时与甲方协商，确认该部分工程内容是否由乙方完成。如果需要由乙方完成，则应与甲方商签补充合同条款，就该部分工程内容明确双方各自的权利义务，并对工程计划做出相应的调整；如果由其他承包商完成，乙方也要与甲方就该部分工程内容的协作配合条件及相应的费用等问题达成一致意见，以保证工程的顺利进行。

【案例三】

背景：

某施工单位（乙方）与某建设单位（甲方）按照《建设工程施工合同（示范文本）（GF—2013—0201）（修订版）》签订了某项工业建筑的地基处理与基础工程施工合同。由于工程量无法准确确定，根据施工合同专用条款的规定，按施工图预算方式计价，乙方必须严格按照施工图及施工合同规定的内容及技术要求施工。完成的分项工程首先向监理工程师申请质量验收，取得质量验收合格文件后，向造价工程师提出计量申请和支付工程款。

工程开工前，乙方提交了施工组织设计并得到批准。

问题：

1. 在工程施工过程中，当进行到施工图所规定的处理范围边缘时，乙方在取得在场的监理工程师认可的情况下，为了使夯击质量得到保证，将夯击范围适当扩大。施工完成后，乙方将扩大范围内的施工工程量向造价工程师提出计量付款的要求，但遭到拒绝。试问造价工程师拒绝乙方的要求合理否？为什么？

2. 在工程施工过程中，乙方根据监理工程师指示就部分工程进行了变更施工。试问工程变更部分合同价款应根据什么原则确定？

3. 在开挖土方过程中，有两项重大事件使工期发生较大的拖延：一是土方开挖时遇到了一些工程地质勘察没有探明的孤石，排除孤石拖延了一定的时间；二是施工过程中遇到数天季节性大雨后又转为特大暴雨引起山洪暴发，造成现场临时道路、管网和甲乙方施工现场办公用房等设施以及已施工的部分基础被冲坏，施工设备损坏，运进现场的部分材料被冲走，乙方数名施工人员受伤，雨后乙方用了很多工时进行工程清理和修复作业。为此乙方按照索赔程序提出了延长工期和费用补偿要求。试问造价工程师应如何处理？

4. 在随后的施工中又发现了较有价值的出土文物，造成承包商部分施工人员和机械窝工，同时承包商为保护文物付出了一定的措施费用。请问承包商应如何处理此事？

分析要点：

该案例主要考核造价工程师在工程合同管理中的地位和作用，造价工程师的工作职责，工程变更价款的确定原则，以及如何处理因地下障碍和气候条件引起的工程索赔问题、施工中发现出土文物等。解答该案例时，要注意《标准施工招标文件》、《建设工程工程量清单计价规范》（GB 50500—2013）和《建设工程施工合同（示范文本）（GF—2013—0201）（修订版）》等文件的有关规定。

答案：

问题1：

答：造价工程师的拒绝合理。其原因：

该部分的工程量超出了施工图的要求，一般地讲，也就超出了工程合同约定的工程范围。对该部分的工程量监理工程师可以认为是乙方的保证施工质量的技术措施，一般在甲方没有批准追加相应费用的情况下，技术措施费用应由乙方自己承担。

问题2：

答：根据《建设工程施工合同（示范文本）（GF—2013—0201）（修订版）》规定，应按照下列原则调整：

（1）已标价工程量清单或预算书有相同项目的，按照相同项目单价认定；

（2）已标价工程量清单或预算书中无相同项目，但有类似项目的，参照类似项目的单价认定；

（3）变更导致实际完成的变更工程量与已标价工程量清单或预算书中列明的该项目工程量的变化幅度超过15%的，或已标价工程量清单或预算书中无相同项目及类似项目单价的，按照合理的成本与利润构成的原则，由合同当事人商定（或确定）变更工作的单价。

问题3：

答：造价工程师应对两项索赔事件做出处理如下：

1. 对于处理孤石引起的索赔，这是地质勘察报告未提供的，乙方预先无法估计的地质条件变化，属于甲方应承担的风险，应给予乙方工期顺延和费用补偿。

2. 对于天气条件变化引起的索赔应分两种情况处理：

（1）对于前期的季节性大雨，这是一个有经验的承包商预先能够合理估计的因素，应在合同工期内考虑，由此造成的工期延长和费用损失不予补偿。

（2）对于后期特大暴雨引起的山洪暴发不能视为一个有经验的承包商预先能够合理估计的因素，应按不可抗力处理由此引起的索赔问题。根据不可抗力的处理原则，被冲坏的现场临时道路、管网和甲方施工现场办公用房等设施以及已施工的部分基础，被冲走的部分材料，工程清理和修复作业等经济损失应由甲方承担；损坏的施工设备、受伤的施工人员以及由此造成的乙方人员窝工和设备闲置、冲坏的乙方施工现场办公用房等经济损失应由乙方承担；工期应予顺延。

问题4：

答：发现出土文物后，首先应在4小时内，以书面形式通知甲方，同时采取妥善的保护措施；然后向甲方提出费用补偿和顺延工期的要求，并提供相应的计算书及其证据。

【案例四】

背景：

某海滨城市为发展旅游业，经批准兴建一座三星级大酒店。该项目甲方于××××年10月10日分别与某建筑工程公司（乙方）和某外资装饰工程公司（丙方）签订了主体建筑工程施工合同和装饰工程施工合同。

合同约定主体建筑工程施工于当年11月10日正式开工。合同日历工期为2年5个月。因主体工程与装饰工程分别为两个独立的合同，由两个承包商承建，为保证工期，当事人约定：主体与装饰施工采取立体交叉作业，即主体完成三层，装饰工程承包商立即进入装饰作业。为保证装饰工程达到三星级水平，甲方委托某监理公司实施"装饰工程监理"。

在工程施工1年6个月时，甲方要求乙方将竣工日期提前2个月，双方协商修订施工方案后达成协议。

该工程按变更后的合同工期竣工，经验收后投入使用。

在该工程投入使用 2 年 6 个月后，乙方因甲方少付工程款起诉至法院。诉称：甲方于该工程验收合格后签发了竣工验收报告，并已开张营业。在结算工程款时，甲方本应付工程总价款 1600 万元人民币，但只付 1400 万元人民币。特请求法庭判决被告支付剩余的 200 万元及拖期的利息。

在庭审中，被告答称：原告主体建筑工程施工质量有问题，如：大堂、电梯间门洞、大厅墙面、游泳池等主体施工质量不合格。因此，装饰工程公司进行处理，并提出索赔，经监理工程师签字报业主代表认可，共支付 19.23 万美元，折合人民币 125 万元。此项费用应由原告承担。另还有其他质量问题，并造成客房、机房设备、设施损失计 75 万元人民币。共计损失 200 万元人民币，应从总工程款中扣除，故支付乙方主体工程款总额为 1400 万元人民币。

原告辩称：被告称工程主体质量不合格不属实，并向法庭呈交了甲方及有关方面签字的合格竣工验收报告及甲方致乙方的感谢信等证据。

被告又辩称：竣工验收报告及感谢信，是在原告法定代表人宴请我方时，提出为了企业晋级的情况下，我方代表才签的字。此外，被告代理人又向法庭呈交甲方被装饰工程公司提出的索赔 19.23 万美元（经监理工程师和甲方代表签字）的清单 56 件。

原告再辩称：被告代表发言纯系戏言，怎能视签署竣工验收报告为儿戏，请求法庭以文字为证。又指出：如果真的存在被告所说的情况，被告应当在装饰施工前通知我方处理。

原告最后请求法庭关注：从签发竣工验收报告到起诉前，乙方向甲方多次以书面方式提出结算要求。在长达 2 年多的时间里，甲方从未向乙方提出过工程存在质量问题。

问题：

1. 原、被告之间的合同是否有效？

2. 如果在装饰施工时，发现主体工程施工质量有问题，甲方如何处理？

3. 对于乙方因工程款纠纷的起诉和甲方因工程质量问题的反诉，法院应否予以保护？

分析要点：

该案例主要考核如何依法进行建设工程合同纠纷的处理。该案例所涉及的法律法规有：《中华人民共和国民法通则》、《中华人民共和国合同法》、《建设工程施工合同（示范文本）（GF—2013—0201）（修订版）》、《建设工程质量管理条例》等。

答案：

问题 1：

答：合同双方当事人符合建设工程施工合同主体资格的要求，双方意思表达真实，合同订立形式与内容合法，所以原、被告之间的合同有效。

问题 2：

答：如果在装饰施工过程中，发现主体工程施工质量有问题时，甲方应及时通知乙方进行修理。乙方不派人修理，甲方可委托其他人员修理，修理费用从扣留的保修费用内支付。

问题 3：

答：根据我国《民法通则》之规定，向人民法院请求保护民事权利的诉讼时效期为 2 年，从当事人知道或应当知道权利被侵害时起算。本工程虽然已投入使用 2 年 6 个月，但乙方自签发竣工验收报告后至起诉前，多次以书面方式提出结算要求（每次提出要求均导致诉讼时效期重新计算），所以乙方的诉讼权利应予保护；而甲方在直至庭审前的 2 年多时间里，一直未就质量问题提出异议，已超过诉讼时效期，所以，甲方的反诉权利不予保护。

【案例五】

背景：

某工业生产项目基础土方工程施工中，承包商在合同标明有松软石的地方没有遇到松软石，因此进度提前 1 个月。但在合同中另一未标明有坚硬岩石的地方遇到更多的坚硬岩石，开挖工作变得更加困难，由此造成了实际生产率比原计划低得多，经测算影响工期 3 个月。由于施工速度减慢，使得部分施工任务拖到雨季进行，按一般公认标准推算，又影响工期 2 个月。为此承包商准备提出索赔。

问题：

1. 该项施工索赔能否成立？为什么？在该索赔事件中，应提出的索赔内容包括哪两方面？

2. 在工程施工中，通常可以提供的索赔证据有哪些？

3. 承包商应提供的索赔文件有哪些？请协助承包商拟定一份索赔意向通知。

4. 在后续施工中，业主要求承包商根据设计院提出的设计变更图纸施工。试问依据相关规定，承包商应就该变更做好哪些工作？

分析要点：

该案例主要涉及工程施工索赔成立的条件与责任的划分；索赔的内容与证据，索赔文件的种类、内容与形式，还涉及承包商依据《建设工程施工合同（示范文本）（GF—2013—0201）（修订版）》的规定，规范化处理设计变更问题的工作内容与方法等。

答案：

问题1：

答：该项施工索赔能成立。施工中在合同未标明有坚硬岩石的地方遇到更多的坚硬岩石，导致施工现场的施工条件与原来的勘察有很大差异，属于业主的责任范围。

本事件使承包商由于意外地质条件造成施工困难，导致工期延长，相应产生额外工程费用，因此，应包括费用索赔和工期索赔。

问题2：

答：可以提供的索赔证据有：

（1）招标文件、工程合同及附件、业主认可的施工组织设计、工程图纸、地质勘察报告、技术规范等；

（2）工程各项有关设计交底记录，变更图纸，变更施工指令等；

（3）工程各项经业主或监理工程师签认的签证；

（4）工程各项往来文件、指令、信函、通知、答复等；

（5）工程各项会议纪要；

（6）施工计划及现场实施情况记录；

（7）施工日报及工长工作日志、备忘录；

（8）工程送电、送水、道路开通、封闭的日期及数量记录；

（9）工程停水、停电和干扰事件影响的日期及恢复施工的日期；

（10）工程预付款、进度款拨付的数额及日期记录；

（11）工程图纸、工程变更、交底记录的送达份数及日期记录；

（12）工程有关施工部位的照片及录像等；

（13）工程现场气候记录，有关天气的温度、风力、降雨雪量等；

（14）工程验收报告及各项技术鉴定报告等；

（15）工程材料采购、订货、运输、进场、验收、使用等方面的凭据；

（16）工程会计核算资料；

（17）国家、省、市有关影响工程造价、工期的文件、规定等。

问题3：

答：承包商应提供的索赔文件有：

（1）索赔意向通知；

（2）索赔报告；

（3）索赔证据与详细计算书等附件。

索赔意向通知的参考形式如下：

索 赔 通 知

致业主代表（或监理工程师）：

我方希望你方对工程地质条件变化问题引起重视：在合同文件未标明有坚硬岩石的地方遇到了坚硬岩石，致使我方实际生产率降低，而引起进度拖延，并不得不在雨季施工。

上述施工条件变化，造成我方施工现场作业方案与原方案有很大不同，为此向你方提出索赔要求，具体工期索赔及费用索赔依据与计算书在随后的索赔报告中。

承包商：×××

××××年××月××日

问题4：

答：首先，应组织相关人员学习和研究设计变更图纸及其他相关资料，明确变更所涉及的范围和内容，并就变更的合理性、可行性进行研讨；如果变更图纸有不妥之处，应主动与业主沟通，建议进一步改进变更方案和修改图纸；接到修改图纸之后（或确认设计变更图纸不需要修改之后），研究制订实施方案和计划并报业主审批。

然后，在合同约定的时间（根据《建设工程施工合同（示范文本）（GF—2013—0201）（修订版）》的规定为14天）内，向业主提出变更工程价款和工期顺延的报告。

业主方应在收到书面报告后的14天内予以答复，若同意该报告，则调整合同；如不同意，双方应就有关内容进一步协商，协商一致后，修改合同。若协商不一致，按工程合同争议的处理方式解决。

【案例六】

背景：

某建设工程系外资贷款项目，业主与承包商按照FIDIC《土木工程施工合同条件》签订了施工合同。施工合同《专用条件》规定：钢材、木材、水泥由业主供货到现场仓库，其他材料由承包商自行采购。

当工程施工至第五层框架柱钢筋绑扎时，因业主提供的钢筋未到，使该项作业从10月3日至10月16日停工（该项作业的总时差为零）。

10月7日至10月9日因停电、停水使第三层的砌砖停工（该项作业的总时差为4天）。

10 月 14 日至 10 月 17 日因砂浆搅拌机发生故障使第一层抹灰迟开工（该项作业的总时差为 4 天）。

为此，承包商于 10 月 20 日向工程师提交了一份索赔意向书，并于 10 月 25 日送交了一份工期、费用索赔计算书和索赔依据的详细材料。其计算书的主要内容如下：

1. 工期索赔：

a. 框架柱扎筋　　10 月 3 日至 10 月 16 日停工，　　　　　　　　计 14 天

b. 砌砖　　　　　10 月 7 日至 10 月 9 日停工，　　　　　　　　计 3 天

c. 抹灰　　　　　10 月 14 日至 10 月 17 日迟开工，　　　　　　计 4 天

总计请求顺延工期：21 天

2. 费用索赔：

a. 窝工机械设备费：

一台塔吊　　　　　　　　　　　　　　$14 \times 860 = 12040$（元）

一台混凝土搅拌机　　　　　　　　　　$14 \times 340 = 4760$（元）

一台砂浆搅拌机　　　　　　　　　　　$7 \times 120 = 840$（元）

小计：17640 元

b. 窝工人工费：

扎筋　　　　　　　　　　　　　　　　$35 \times 60 \times 14 = 29400$（元）

砌砖　　　　　　　　　　　　　　　　$30 \times 60 \times 3 = 5400$（元）

抹灰　　　　　　　　　　　　　　　　$35 \times 60 \times 4 = 8400$（元）

小计：43200 元

c. 保函费延期补偿：　　$(15000000 \times 10\% \times 6\%/365) \times 21 = 5178.08$（元）

d. 管理费增加：　　　　$(17640 + 43200 + 5178.08) \times 15\% = 9902.71$（元）

e. 利润损失：　　$(17640 + 43200 + 5178.08 + 9902.71) \times 5\% = 3796.04$（元）

费用索赔合计：79716.83 元

问题：

1. 承包商提出的工期索赔是否正确？应予批准的工期索赔为多少天？

2. 假定经双方协商一致，窝工机械设备费索赔按台班单价的 60% 计；考虑对窝工人工应合理安排工人从事其他作业后的降效损失，窝工人工费索赔按每工日 35.00 元计；保函费计算方式合理；管理费、利润损失不予补偿。试确定费用索赔额。

分析要点：

该案例主要考核工程索赔成立的条件与责任的划分，工期索赔、费用索赔的计算与审核。分析该案例时，要注意网络计划关键线路，工作的总时差的概念及其对工期的影

响，因非承包商原因造成窝工的机械与人工增加费的确定方法。

因业主原因造成的施工机械闲置补偿标准要视机械来源确定，如果是承包商的自有机械，一般按台班折旧费标准补偿；如果是承包商租赁来的机械，一般按台班租赁费标准补偿。因机械故障造成的损失应由承包商自行负责，不予补偿。

确定因业主原因造成的承包商人员窝工补偿标准时，可以考虑承包商应该合理安排窝工工人做其他工作，所以只补偿工效差。

因承包商自身原因造成的人员窝工和机械闲置，其损失不予补偿。

答案：

问题1：

答：承包商提出的工期索赔不正确。

（1）框架柱绑扎钢筋停工14天，应予工期补偿。这是由于业主原因造成的，且该项作业位于关键路线上。

（2）砌砖停工，不予工期补偿。因为该项停工虽属于业主原因造成的，但该项作业不在关键路线上，且未超过工作总时差，对工期没有影响。

（3）抹灰停工，不予工期补偿，因为该项停工属于承包商自身原因造成的。

同意工期补偿：$14+0+0=14$（天）

问题2：

解：费用索赔审定：

（1）窝工机械费：

塔吊1台：$\qquad 14\times860.00\times60\%=7224.00$（元）

混凝土搅拌机1台：$\qquad 14\times340.00\times60\%=2856.00$（元）

砂浆搅拌机1台：$\qquad 3\times120.00\times60\%=216.00$（元）

小计：$7224.00+2856.00+216.00=10296.00$（元）

（2）窝工人工费：

扎筋窝工：$\qquad 35\times35.00\times14=17150.00$（元）

砌砖窝工：$\qquad 30\times35.00\times3=3150.00$（元）

小计：$17150.00+3150.00=20300.00$（元）

（3）保函费补偿：

$15000000\times10\%\times6\%\div365\times14=3452.05$（元）

费用补偿合计：$10296.00+20300.00+3452.05=34048.05$（元）

【案例七】

背景：

某工程项目采用了固定单价施工合同。工程招标文件参考资料中提供的用砂地点距工地 4 公里。但是开工后，检查该砂质量不符合要求，承包商只得从另一距工地 20 公里的供砂地点采购。而在一个关键工作面上又发生了 4 项临时停工事件：

事件 1：5 月 20 日至 5 月 26 日承包商的施工设备出现了从未出现过的故障；

事件 2：应于 5 月 24 日交给承包商的后续图纸直到 6 月 10 日才交给承包商；

事件 3：6 月 7 日到 6 月 12 日施工现场下了罕见的特大暴雨；

事件 4：6 月 11 日到 6 月 14 日该地区的供电全面中断。

问题：

1. 承包商的索赔要求成立的条件是什么？

2. 由于供砂距离的增大，必然引起费用的增加，承包商经过仔细认真计算后，在业主指令下达的第 3 天，向业主的造价工程师提交了将原用砂单价每立方米提高 5 元的索赔要求。该索赔要求是否成立？为什么？

3. 若承包商对因业主原因造成窝工损失进行索赔时，要求设备窝工损失按台班价格计算，人工的窝工损失按日工资标准计算是否合理？如不合理应怎样计算？

4. 承包商按规定的索赔程序针对上述 4 项临时停工事件向业主提出了索赔，试说明每项事件工期和费用索赔能否成立？为什么？

5. 试计算承包商应得到的工期和费用索赔是多少（如果费用索赔成立，则业主按 2 万元/天补偿给承包商）？

6. 在业主支付给承包商的工程进度款中是否应扣除因设备故障引起的竣工拖期违约损失赔偿金？为什么？

分析要点：

对该案例的求解首先要弄清工程索赔的概念、工程索赔成立的条件、施工进度拖延和费用增加的责任划分与处理原则与方法，以及竣工拖期违约损失赔偿金的处理原则与方法。

在出现共同延误情况下的工期和（或）费用损失由谁承担，要看谁的责任事件（或风险事件）发生在先，如果是业主的责任事件（或风险事件）发生在先，则共同延误期间的工期和（或）费用损失由业主承担，反之由承包商承担。

答案：

问题1：

答：

承包商的索赔要求成立必须同时具备如下四个条件：

（1）与合同相比较，已造成了实际的额外费用和（或）工期损失；

（2）造成费用增加和（或）工期损失的原因不是由于承包商的过失；

（3）造成的费用增加和（或）工期损失不是应由承包商承担的风险；

（4）承包商在事件发生后的规定时间内提出了索赔的书面意向通知和索赔报告。

问题2：

答：

因供砂距离增大提出的索赔不能被批准，理由是：

（1）承包商应对自己就招标文件的解释负责；

（2）承包商应对自己报价的正确性与完备性负责；

（3）作为一个有经验的承包商可以通过现场踏勘确认招标文件参考资料中提供的用砂质量是否合格，若承包商没有通过现场踏勘发现用砂质量问题，其相关风险应由承包商承担。

问题3：

答：

不合理。因窝工闲置的设备按折旧费或停滞台班费或租赁费计算，不包括运转费部分；人工费损失应考虑这部分工作的工人调作其他工作时工效降低的损失费用；一般用工日单价乘以一个测算的降效系数计算这一部分损失，而且只按成本费用计算，不包括利润。

问题4：

答：

事件1：工期和费用索赔均不成立，因为设备故障属于承包商应承担的风险。

事件2：工期和费用索赔均成立，因为延误图纸交付时间属于业主应承担的风险。

事件3：特大暴雨属于双方共同的风险，工期索赔成立，设备和人工的窝工费用索赔不成立。

事件4：工期和费用索赔均成立，因为停电属于业主应承担的风险。

问题5：

答：

事件2：5月27日至6月9日，工期索赔14天，费用索赔14天×2万/天=28万元。

事件3：6月10日至6月12日，工期索赔3天。

事件4：6月13日至6月14日，工期索赔2天，费用索赔2天×2万/天=4万元。

合计：工期索赔19天，费用索赔32万元。

问题6：

答：

业主不应在支付给承包商的工程进度款中扣除竣工拖期违约损失赔偿金，因为设备故障引起的工程进度拖延不等于竣工工期的延误。如果承包商能够通过施工方案的调整将延误的时间补回，不会造成工期延误，如果承包商不能通过施工方案的调整将延误的时间补回，将会造成工期延误，所以，工期提前奖励或拖期罚款应在竣工时处理。

【案例八】

背景：

某厂（甲方）与某建筑公司（乙方）订立了某工程项目施工合同，同时与某降水公司订立了工程降水合同。甲乙双方合同规定：采用单价合同，每一分项工程的实际工程量增加（或减少）超过招标文件中工程量的15%以上时调整单价；工作B、E、G作业使用的施工机械甲一台，台班费为600.00元/台班，其中台班折旧费为360.00元/台班；工作F、H作业使用的施工机械乙一台，台班费为400.00元/台班，其中台班折旧费为240.00元/台班。施工网络计划如图5-1所示（单位：天），图中：箭线上方字母为工作名称，箭线下方数据为持续时间，双箭线为关键线路。假定除工作F按最迟开始时间安排作业外，其余各项工作均按最早开始时间安排作业。

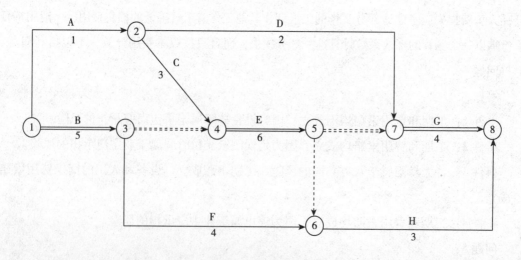

图5-1　施工网络计划

甲乙双方合同约定8月15日开工。工程施工中发生如下事件：

事件1：降水方案错误，致使工作D推迟2天，乙方人员配合用工5个工日，窝工6个工日；

事件2：8月23日至8月24日，因供电中断停工2天，造成全场性人员窝工36个工日；

事件3：因设计变更，工作E工程量由招标文件中的300m³增至350m³，超过了15%；合同中该工作的全费用单价为110.00元/m³，经协商超出部分的全费用单价为100.00元/m³；

事件4：为保证施工质量，乙方在施工中将工作B原设计尺寸扩大，增加工程量15m³，该工作全费用单价为128.00元/m³；

事件5：在工作D、E均完成后，甲方指令增加一项临时工作K，且应在工作G开始前完成。经核准，完成工作K需要1天时间，消耗人工10工日、机械丙1台班（500.00元/台班）、材料费2200.00元。

问题：

1. 如果乙方就工程施工中发生的5项事件提出索赔要求，试问工期和费用索赔能否成立？说明其原因。

2. 每项事件工期索赔各是多少天？总工期索赔多少天？

3. 工作E结算价应为多少？

4. 假设人工工日单价为80.00元/工日，合同规定：窝工人工费补偿按45.00元/工日计算；窝工机械费补偿按台班折旧费计算；因增加用工所需综合税费为人工费的60%；工作K的综合税费为人工、材料、机械费用的25%；人工和机械窝工补偿综合税费为10%。试计算除事件3外合理的费用索赔总额。

分析要点：

本案例考核合同的计价及价格调整方式，索赔的分类，索赔事件的责任划分，工期索赔、费用索赔的计算及应用网络计划技术处理工期索赔的方法。

问题1的解答要求逐项事件说明乙方的工期和（或）费用索赔能否成立，是什么原因造成的，属于谁的责任或风险。

问题2的解答要求根据问题1的分析结果，确定每项可索赔事件的工期索赔天数，能够列式计算的应列出计算式。

问题3的解答要求理解单价合同计价方式下，单价调整的方法，正确列出计算式计算。全费用单价是指完成单位合格产品所需要的直接费、间接费、利润、税金等全部费用。

问题4的解答要求列式计算，注意区分各种可索赔事件的费用索赔的不同计算方法，特别是费用索赔的取费基数不同。工程造价取费基数分为三种：（1）以人工费为基数；

（2）以人工费加机械费之和为基数；（3）以直接费（人材机费用之和）为基数。按现行清单计价的规定，人工和机械窝工费用也要计取规费和税金。此外，对于工期索赔成立的事件，在计算窝工费用索赔时也应适当计取现场管理费。因为，工期延长必然导致现场管理费用的增加。本案例中给出的人工和机械窝工补偿综合税费，应理解为除规费和税金外，还包含了部分现场管理费。

答案：

问题1：

答：

事件1：工期索赔不成立，费用索赔成立，因为降水工程由甲方另行发包，是甲方应承担的风险，费用损失应由甲方承担，但是延误的时间（2天）没有超过工作D的总时差（8天），不影响工期。

事件2：工期和费用索赔成立，因为供电中断是甲方应承担的风险，延误的时间（2天）将导致工期延长。

事件3：工期和费用索赔成立，因为设计变更是甲方的责任，由设计变更引起的工程量增加将导致费用增加和工作E作业时间的延长，且工作E为关键工作。

事件4：工期和费用索赔不成立，因为保证施工质量的技术措施费应已包括在合同价中。

事件5：工期和费用索赔成立，因为由甲方指令增加工作引起的费用增加和工期延长，是甲方的责任。

问题2：

解：

事件2：工期索赔2天。

事件3：工期索赔$(350-300)/(300/6)=1$（天）。

事件5：工期索赔1天。

总计工期索赔：4天。

问题3：

解：

按原单价结算的工程量：$300\times(1+15\%)=345(\text{m}^3)$

按新单价结算的工程量：$350-345=5(\text{m}^3)$

总结算价$=345\times110.00+5\times100.00=38450.00$（元）

问题4：

解：

事件1：$6\times45.00\times(1+10\%)+5\times80.00\times(1+60\%)=937.00$（元）

事件2：$(36 \times 45.00 + 2 \times 360.00 + 2 \times 240.00) \times (1 + 10\%) = 3102.00$（元）

事件5：$(10 \times 80.00 + 1 \times 500.00 + 2200.00) \times (1 + 25\%) + 1 \times 360.00 \times (1 + 10\%) =$
　　　　4771.00（元）

费用索赔合计：$937.00 + 3102.00 + 4771.00 = 8810.00$（元）

【案例九】

背景：

某建筑公司（乙方）与某建设单位（甲方）签订了建筑面积为 2100m² 的单层工业厂房的施工合同，合同工期为 20 周。乙方按时提交了施工方案和施工网络计划，如图 5-2 和表 5-1 所示，并获得工程师代表的批准。该项工程中各项工作的计划资金需用量由乙方提交，经工程师代表审查批准后，作为施工阶段投资控制的依据。

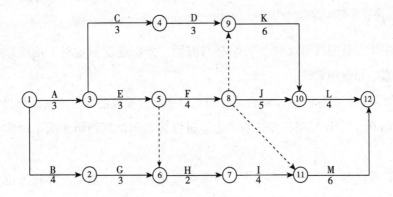

图5-2　某工程施工网络计划

表5-1　　　　　　　　　　网络计划工作时间及费用

工作名称	A	B	C	D	E	F	G	H	I	J	K	L	M
持续时间（周）	3	4	3	3	3	4	3	2	4	5	6	4	6
资金用量（万元）	10	12	8	15	24	28	22	16	12	26	30	23	24

实际施工过程中发生了如下几项事件：

（1）在工程进行到第 9 周结束时，检查发现 A、B、C、D、E、G 工作均全部完成，F 工作和 H 工作实际完成的资金用量分别为 14 万元和 8 万元。且前 9 周各项工作已完工程的实际投资与计划投资均相符。

（2）在随后的施工过程中，J 工作由于施工质量问题，工程师代表下达了停工令使其暂停施工，并进行返工处理 1 周，造成返工费用 2 万元；M 工作因甲方要求的设计变更，使该工作因施工图纸晚到，推迟 2 周施工，并造成乙方因停工和机械闲置而损失 1.2 万元。为此乙方向发包方提出了 3 周工期索赔和 3.2 万元的费用索赔。

问题：

1. 试绘制该工程的早时标网络进度计划，根据第 9 周末的检查结果标出实际进度前锋线，分析 D、F 和 H 三项工作的进度偏差；到第 9 周末的实际累计资金用量是多少？

2. 如果后续施工按计划进行，试分析发生的进度偏差对计划工期产生什么影响？其总工期是否大于合同工期？

3. 试重新绘制第 10 周开始至完工的早时标网络进度计划。

4. 乙方提出的索赔要求是否合理？并说明原因。

5. 合理的工期索赔、费用索赔是多少？

分析要点：

本案例主要考核网络进度计划的编制与应用，分析进度偏差对工期的影响以及由此引起的工期索赔和费用索赔。

问题 1 要求掌握时标网络计划的绘制和实际进度前锋线的标注方法，借助实际进度前锋线分析确定 D、F、H 三项工作是否产生了进度偏差和计算到第 9 周末时实际累计资金用量。

问题 2 要求将 D、F、H 三项工作的进度偏差代入网络计划中，并计算出考虑上述偏差情况下的工期；将该工期与原计划工期和合同工期对比，即可作出判断。

问题 3 要求绘制出第 10 周以后的早时标网络进度计划，并作为分析问题 5 的依据。

问题 4 要求首先明确乙方提出的索赔要求是否合理，然后对造成工期拖延和费用损失的责任加以说明。

问题 5 要求正确分析出工期索赔和费用索赔的数值。

答案：

问题 1：

答：该工程早时标网络进度计划及第 9 周末的实际进度前锋线如图 5-3 所示。

通过对图 5-3 的分析：

D 工作进度正常；F 工作进度拖后 1 周；H 工作进度拖后 1 周。

第 9 周末的实际累计投资额为 10 + 12 + 8 + 15 + 24 + 14 + 22 + 8 = 113（万元）。

问题 2：

答：通过分析可知：

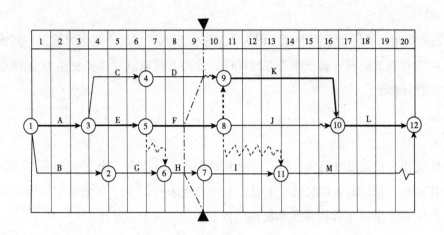

图5-3　早时标网络进度计划（图中粗箭线表示关键线路）

　　F 工作的进度拖后 1 周，影响工期，因为该工作在关键线路上，导致工期延长 1 周，总工期将大于合同工期 1 周。

　　H 工作的进度拖后 1 周，不影响工期，因为该工作不在关键线路上，有 1 周的总时差，拖后的时间没有超过总时差。

　　问题3：

　　答：重新绘制的第 10 周开始至完成工期的早时标网络进度计划，见图5-4。

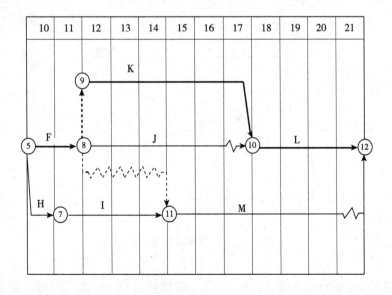

图5-4　第 10 周开始至完工的早时标网络进度计划

问题 4：

答：乙方提出的索赔要求不合理。因为 J 工作由于施工质量问题造成返工，其责任在乙方；而 M 工作造成的损失属于非乙方的责任。故乙方仅能就设计变更使 M 工作造成的损失向甲方提出索赔。

问题 5：

答：

（1）M 工作本身拖延时间为 2 周，而根据图 5-4 的分析 M 工作的总时差 1 周。由此可知 M 工作的拖延使计划工期又延长 1 周，实际工期达到 22 周。可索赔工期为 1 周。

（2）费用索赔为 M 工作因停工和机械闲置造成的损失 1.2 万元。

【案例十】

背景：

某项目承包人与发包人签订了施工承包合同。合同工期为 22 天；工期每提前或拖延 1 天，奖励（或罚款）600 元。按发包人要求，承包人在开工前递交了一份施工方案和施工进度计划（如图 5-5 所示）并获批准。

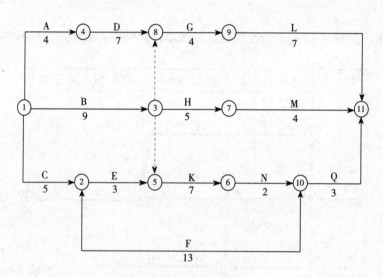

图5-5　某工程施工网络计划

根据图 5-5 所示的计划安排，工作 A、K、Q 要使用同一种施工机械，而承包人可供使用的该种机械只有 1 台。在工程施工中，由于发包人负责提供的材料及设计图纸原因，致使 C 工作的持续时间延长了 3 天；由于承包人的机械设备原因使 N 工作的持续时间延长了 2 天。在该工程竣工前 1 天，承包人向发包人提交了工期和费用索赔申请。

问题：

1. 根据《建设工程工程量清单计价规范》（GB 50500—2013）规定，简述承包人索赔的提出与发包人对其处理的程序。

2. 承包人可得到的合理的工期索赔为多少天？

3. 假设该种机械闲置台班费用补偿标准为 280 元/天，则承包人可得到的合理的费用追加额为多少元？

分析要点：

关于承包人的索赔处理许多法律法规和政策性文件都有规定，其总体内容大体一致，但不尽相同。本案例要求根据《建设工程工程量清单计价规范》（GB 50500—2013）的规定回答问题 1。

承包人对 C 工作持续时间延长所引起的工期变化有权要求工期索赔和费用索赔，因为这是由于发包人的原因造成的；但承包人对 N 工作持续时间延长承担完全责任，无权要求由此造成的工期索赔和费用索赔。

在本案例中，有些概念需要澄清，索赔和补偿的概念应视为一致，费用追加额应理解为费用索赔与工期拖延罚款的差额。

答案：

问题 1：

答：《建设工程工程量清单计价规范》（GB 50500—2013）规定：承包人认为非承包人原因发生的事件造成了承包人的损失，应按以下程序向发包人提出索赔：

（1）承包人应在索赔事件发生后 28 天内，向发包人提交索赔意向通知书，说明发生索赔事件的事由。承包人逾期未发出索赔意向通知书的，丧失索赔的权利；

（2）承包人应在发出索赔意向通知书后 28 天内，向发包人正式提交索赔通知书。索赔通知书应详细说明索赔理由和要求，并附必要的记录和证明材料；

（3）索赔事件具有连续影响的，承包人应继续提交延续索赔通知，说明连续影响的实际情况和记录；

（4）在索赔事件影响结束后的 28 天内，承包人应向发包人提交最终索赔通知书，说明最终索赔要求，并附必要的记录和证明材料；

发包人对承包人索赔应按下列程序处理：

（1）发包人收到承包人的索赔通知书后，应及时查验承包人的记录和证明材料；

（2）发包人应在收到索赔通知书或有关索赔的进一步证明材料后的 28 天内，将索赔处理结果答复承包人，如果发包人逾期未作出答复，视为承包人索赔要求已经发包人认可；

（3）承包人接受索赔处理结果的，索赔款项在当期进度款中进行支付；承包人不接受索赔处理结果的，按合同约定的争议解决方式办理。

问题2：

答：通过对该工程的网络进度计划进行时间参数计算，关键线路为图5-6中双箭线所示。

关键工作为A、D、G、L，工期为22天。由于工作A、K、Q要使用同一台机械（在图中将工作A、K用虚工作连接起来），而工作A的ES＝0，工作Q的EF＝21，因此，该机械在施工现场的时间为21天。其中，该机械的使用时间为4＋7＋3＝14（天），闲置时间为21－14＝7（天）。

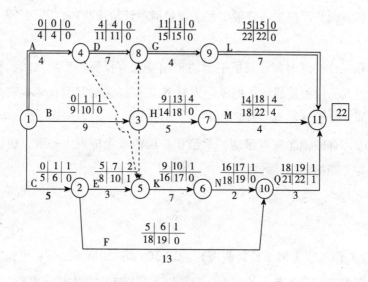

图5-6　网络计划分析（一）

将C工作的持续时间改为8天，重新计算如图5-7所示。

通过计算得知：关键线路变为图5-7中双箭线所示，关键工作为C、F、Q，工期为24天，比原计划工期拖长24－22＝2（天）。因此，合理的工期索赔为2天，合同工期总计22＋2＝24（天）。

问题3：

答：承包人可得到的费用索赔计算如下：

将N工作的持续时间改为4天，重新计算时间参数如图5-8所示。

通过计算得知：关键线路变为图5-8中双箭线所示，关键工作为C、E、K、N、Q，工期为25天，使工期拖长25－24＝1（天）。应罚款天数为1天。

因工期拖延罚款：1天×600元/天＝600元

因机械闲置补偿：（24－21）天×280元/天＝840元

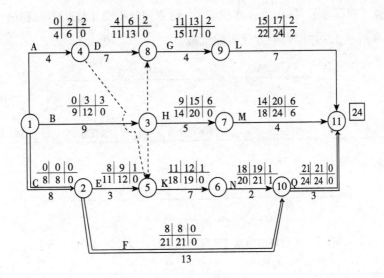

图5-7　网络计划分析（二）

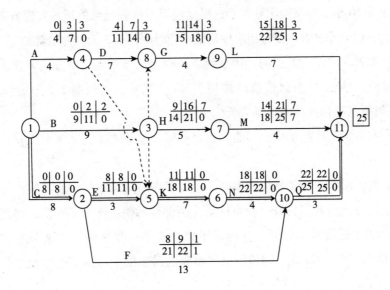

图5-8　网络计划分析（三）

费用追加额：840 – 600 = 240（元）

【案例十一】

背景：

某施工单位（乙方）与某建设单位（甲方）签订了建造无线电发射试验基地施工合同。合同工期为38天。由于该项目急于投入使用，在合同中规定，工期每提前（或拖后）1 天奖励（或罚款）5000 元（含税费）。乙方按时提交了施工方案和施工网络进度计划（如图 5-9 所示），并得到甲方代表的批准。

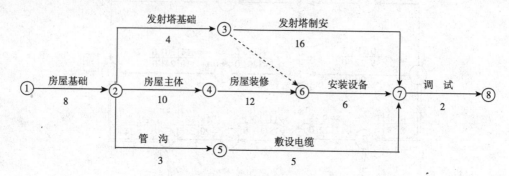

图5-9 发射塔试验基地工程施工网络进度计划（单位：天）

实际施工过程中发生了如下几项事件：

事件 1：在房屋基坑开挖后，发现局部有软弱下卧层，按甲方代表指示乙方配合地质复查，配合用工为 10 个工日。地质复查后，根据经甲方代表批准的地基处理方案，增加人材机费用 4 万元，因地基复查和处理使房屋基础作业时间延长 3 天，人工窝工 15 个工日。

事件 2：在发射塔基础施工时，因发射塔原设计尺寸不当，甲方代表要求拆除已施工的基础，重新定位施工。由此造成增加用工 30 个工日，材料费 1.2 万元，机械台班费 3000 元，发射塔基础作业时间拖延 2 天。

事件 3：在房屋主体施工中，因施工机械故障，造成人工窝工 8 个工日，该项工作作业时间延长 2 天。

事件 4：在房屋装修施工基本结束时，甲方代表对某项电气暗管的敷设位置是否准确有疑义，要求乙方进行剥漏检查。检查结果为某部位的偏差超出了规范允许范围，乙方根据甲方代表的要求进行返工处理，合格后甲方代表予以签字验收。该项返工及覆盖用工 20 个工日，材料费为 1000 元。因该项电气暗管的重新检验和返工处理使安装设备的开始作业时间推迟了 1 天。

事件 5：在敷设电缆时，因乙方购买的电缆线材质量不合格，甲方代表令乙方重新购买合格线材。由此造成该项工作多用人工 8 个工日，作业时间延长 4 天，材料损失费 8000 元。

事件 6：鉴于该工程工期较紧，经甲方代表同意乙方在安装设备作业过程中采取了加快施工的技术组织措施，使该项工作作业时间缩短 2 天，该项技术组织措施人材机费用为 6000 元。

其余各项工作实际作业时间和费用均与原计划相符。

问题：

1. 在上述事件中，乙方可以就哪些事件向甲方提出工期补偿和费用补偿要求？为什么？

2. 该工程的实际施工天数为多少天？可得到的工期补偿为多少天？工期奖励（或罚款）金额为多少？

3. 假设工程所在地人工费标准为 60 元/工日，应由甲方给予补偿的窝工人工费补偿标准为 35 元/工日；该工程综合取费率为直接费的 25% （其中：规费和税金为 9.8%）。则在该工程结算时，乙方应该得到的索赔款为多少？

分析要点：

该案例以实际工程网络计划及其实施过程中发生的若干事件为背景，考核对工程索赔成立的条件，施工进度拖延和费用增加的责任划分与处理原则，利用网络分析法处理工期索赔、工期奖罚的方法。除此之外，增加了建筑安装工程费用计算的简化方法。建筑安装工程费用的计算方法一般是首先计算人材机费用，然后以人材机费用为基数，根据有关规定计算间接费、利润和税金等。本案例为简化起见，将直接费以外的间接费、利润和税金等费用处理成以人材机费用为基数的一个综合费率，并给出其中的规费和税金率。

答案：

问题 1：

答：

事件 1 可以提出工期补偿和费用补偿要求，因为地质条件变化属于甲方应承担的责任，且该项工作位于关键线路上。

事件 2 可以提出费用补偿要求，不能提出工期补偿要求，因为发射塔设计位置变化是甲方的责任，由此增加的费用应由甲方承担，但该项工作的拖延时间（2 天）没有超出其总时差（8 天）。

事件 3 不能提出工期和费用补偿要求，因为施工机械故障属于乙方应承担的责任。

事件 4 不能提出工期和费用补偿要求，因为乙方应该对自己完成的产品质量负责。甲方代表有权要求乙方对已覆盖的分项工程剥离检查，检查后发现质量不合格，其费用由乙方承担；工期也不补偿。

事件 5 不能提出工期和费用补偿要求，因为乙方应该对自己购买的材料质量和完成的产品质量负责。

事件 6 不能提出补偿要求，因为通过采取施工技术组织措施使工期提前，可按合同规定的工期奖罚办法处理，因赶工而发生的施工技术组织措施费应由乙方承担。

问题 2：

答：

（1）通过对图 5-9 的分析，该工程施工网络进度计划的关键线路为①—②—④—⑥—⑦—⑧，计划工期为 38 天，与合同工期相同。将图 5-9 中所有各项工作的持续时间均以实际持续时间代替，计算结果表明：关键线路不变（仍为①—②—④—⑥—⑦—⑧），实际工期为 42 天。

（2）将图 5-9 中所有由甲方负责的各项工作持续时间延长天数加到原计划相应工作的持续时间上，计算结果表明：关键线路亦不变（仍为①—②—④—⑥—⑦—⑧），工期为 41 天。41-38 = 3（天），所以，该工程可补偿工期天数为 3 天。

（3）工期罚款金额为：$[42-(38+3)] \times 5000 = 5000$（元）

问题 3：

解：

（1）由事件 1 引起的索赔款：

$(10 \times 60 + 40000) \times (1 + 25\%) + 15 \times 35 \times (1 + 9.8\%) = 51326.45$（元）

（2）由事件 2 引起的索赔款：

$(30 \times 60 + 12000 + 3000) \times (1 + 25\%) = 21000$（元）

所以，乙方应该得到的索赔款为：51326.45 + 21000 = 72326.45（元）

【案例十二】

背景：

某工程项目业主通过工程量清单招标确定某承包商为中标人，并签订了工程合同，工期为 16 天。该承包商编制的初始网络进度计划，如图 5-10 所示，图中箭线上方字母为工作名称，箭线下方括号外数字为持续时间（单位：天），括号内数字为总用工日数（人工工资标准均为 80 元/工日，窝工补偿标准均为 35 元/工日）。

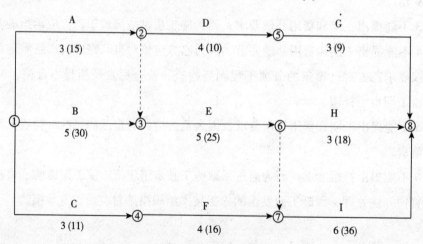

图5-10　初始网络进度计划

由于施工工艺和组织的要求，工作 A、D、H 需使用同一台施工机械（该种施工机械运转台班费 800 元/台班，闲置台班费 550 元/台班），工作 B、E、I 需使用同一台施工机械（该种施工机械运转台班费 600 元/台班，闲置台班费 400 元/台班），工作 C、E 需由同一班组工人完成作业，为此该计划需做出相应的调整。

问题：

1. 请对图 5-10 所示的进度计划做出相应的调整，绘制出调整后的施工网络进度计划，并指出关键线路。

2. 试分析工作 A、D、H 的最早开始时间、最早完成时间。如果该三项工作均以最早开始时间安排作业，该种施工机械需在现场多长时间、闲置多长时间？若尽量使该种施工机械在现场的闲置时间最短，该三项工作的开始作业时间应如何安排？

3. 承包商使机械在现场闲置时间最短的合理安排得到监理人的批准。在施工过程中，由于设计变更，致使工作 E 增加工程量，作业时间延长 2 天，增加用工 10 个工日，材料费用 2500 元，增加相应的措施人材机费用 900 元；因工作 E 作业时间的延长，致使工作 H、I 的开始作业时间均相应推迟 2 天；由于施工机械故障，致使工作 G 作业时间延长 1 天，增加用工 3 个工日，材料费用 800 元。因业主原因的某项工作延误致使其紧后工作开始时间的推迟，需给予人工窝工补偿。如果该工程管理费按人工、材料、机械费之和的 7% 计取，利润按人工、材料、机械费和管理费之和的 4.5% 计取，规费费率 6.82%，税金 3.41%。试问：承包商应得到的工期索赔和费用索赔是多少？

分析要点：

本案例考核了工程网络施工进度计划的调整、施工机械时间利用分析与优化和工程量清单计价条件下工程变更和索赔的处理方法等内容。

在对双代号工程网络施工进度计划进行调整时，要注意利用虚工作来正确表达各项工作之间的逻辑关系。

在分析施工机械时间利用情况时，需要掌握各项工作时间参数的概念与分析计算方法，以及在时差范围内，施工机械时间的调整方法。

当发生索赔事件后，除了要合理分析计算该索赔事件直接涉及的工作的时间和费用索赔之外，还要分析该索赔事件对后续工作有无影响。本案例根据题意，因设计变更致使工作 E 作业时间延长后，还要分析工作 E 作业时间延长对后续工作 H、I 的影响。

在处理工程量清单计价条件下工程变更和索赔问题时，需要掌握建筑安装工程费用的构成和工程量清单计价的基本方法。根据《建设工程工程量清单计价规范》（GB 50500—2013）的规定，工程费用计算方法可简化为：工程费用 = ∑计价项目费用 × (1 + 规费费率) × (1 + 税金率)。

计价项目应该包括分部分项工程项目、措施项目和其他项目等部分，相应费用应包括人工费、材料费、机械使用费、管理费、利润及风险等费用。

根据清单计价的精神，由窝工引起的人工窝工费用和机械闲置费用索赔额也应计取规费和税金。

答案：

问题1：

答：根据施工工艺和组织的要求，对初始网络进度计划做出调整后的网络进度计划如图5-11所示。关键线路为图中粗线所示。

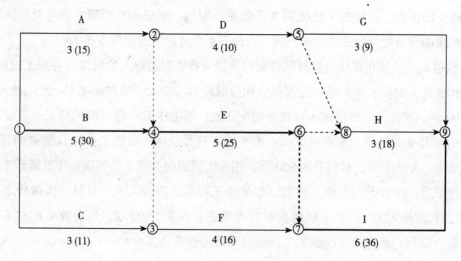

图5-11　调整后的施工网络进度计划

问题2：

答：

（1）根据图5-11所示的施工网络计划，工作A、D、H的最早开始时间分别为0、3、10，工作A、D、H的最早完成时间分别为3、7、13。

（2）如果该三项工作均以最早开始时间开始作业，该种施工机械需在现场时间由工作A的最早开始时间和工作H的最早完成时间确定为：13-0＝13（天）；

在现场工作时间为：3＋4＋3＝10（天）；在现场闲置时间为：13-10＝3（天）。

（3）若使该种施工机械在现场的闲置时间最短，则应令工作A的开始作业时间为2（即第3天开始作业），令工作D的开始作业时间为5或6（即工作A完成后可紧接着开始工作D或间隔1天后开始工作D），令工作H按最早开始时间开始作业，这样，该种机械在现场时间为11天，在现场工作时间仍为10天，在现场闲置时间为：11-10＝1天。

问题3：

答：（1）工期索赔2天。

因为只有工作I（该工作为关键工作）的开始作业时间推迟2天导致工期延长，且该项拖延是甲方的责任；工作H（该工作为非关键工作，总时差为3天）的开始作业时间推迟2天不会导致工期延长；由于施工机械故障致使工作G作业时间延长1天，其责任不在甲方。

（2）费用索赔8812.71元，包括：

1）工作E费用索赔 =（分项工程人材机费用 + 措施人材机费用）×（1 + 管理费率）×

（1 + 利润率）×（1 + 规费费率）×（1 + 税金率）

=（10×80.00 + 2500 + 2×600 + 900）×（1 + 7%）×

（1 + 4.5%）×（1 + 6.82%）×（1 + 3.41%）= 6669.74（元）

2）工作H费用索赔 =（人工费用增加 + 机械费用增加）×（1 + 规费费率）×

（1 + 税金率）

=（18/3×2×35.00 + 2×550）×（1 + 6.82%）×（1 + 3.41%）

= 1679.03（元）

3）工作I费用索赔 =（36/6×2×35.00）×（1 + 6.82%）×（1 + 3.41%）

= 463.94（元）

费用索赔合计 = 6669.74 + 1679.03 + 463.94 = 8812.71（元）

【案例十三】

背景：

某施工单位（乙方）与建设单位（甲方）签订了某工程施工总承包合同，合同约定：工期600天，工期每提前（或拖后）1天奖励（或罚款）1万元（含税费）。经甲方同意乙方将电梯和设备安装工程分包给具有相应资质的专业承包单位（丙方）。分包合同约定：分包工程施工进度必须服从施工总承包进度计划的安排，施工进度奖罚约定与总承包合同的工期奖罚相同。乙方按时提交了施工网络计划，如图5-12所示（时间单位：天），并得到了批准。

施工过程中发生了以下事件：

事件1：7月25日至26日基础工程施工时，由于特大暴雨引起洪水突发，导致现场无法施工，基础工程专业队30名工人窝工，天气转好后，27日该专业队全员进行现场清理，所用机械持续闲置3个台班（台班费：800元/台班），28日乙方安排该专业队修复被洪水冲坏的部分基础12m³（综合单价：480元/m³）。

事件2：8月7日至10日主体结构施工时，乙方租赁的大模板未能及时进场，随后的

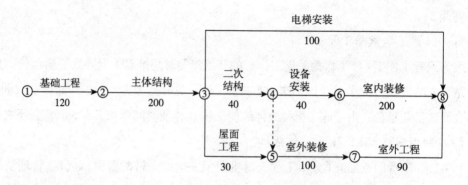

图5-12　某工程施工总承包网络进度计划

8月9日至12日，工程所在地区供电中断，造成40名工人持续窝工6天，所用机械持续闲置6个台班（台班费：900元/台班）。

事件3：屋面工程施工时，乙方的劳务分包队未能及时进场，造成施工时间拖延8天。

事件4：设备安装过程中，甲方采购的制冷机组因质量问题退换货，造成丙方12名工人窝工3天，租赁的施工机械闲置3天（租赁费600元/天），设备安装工程完工时间拖延3天。

事件5：因甲方对室外装修设计的效果不满意，要求设计单位修改设计，致使图纸交付拖延，使室外装修作业推迟开工10天，窝工50个工日，租赁的施工机械闲置10天（租赁费700元/天）。

事件6：应甲方要求，乙方在室内装修施工中，采取了加快施工的技术组织措施，使室内装修施工时间缩短了10天，技术组织措施人材机费用8万元。

其余各项工作未出现导致作业时间和费用变化的情况。

问题：

1. 从工期控制的角度来看，该工程中的哪些工作是主要控制对象？

2. 乙方可否就上述每项事件向甲方提出工期和（或）费用索赔？请简要说明理由。

3. 丙方因制冷机组退换货导致的工人窝工和租赁设备闲置费用损失应由谁给予补偿？

4. 工期索赔多少天？实际工期为多少天？工期奖（罚）款是多少元？

5. 假设工程所在地人工费标准为50元/工日，窝工人工费补偿标准为30元/工日；机械闲置补偿标准为正常台班费的60%；该工程管理费按人工、材料、机械费之和的6%计取，利润按人工、材料、机械费和管理费之和的4.5%计取，规费费率7%，税金3.41%。试问：承包商应得到的费用索赔是多少？

分析要点：

该案例按照清单计价模式，以工程网络计划及其实施过程中发生的若干事件为背景，涉及了处理工期和（或）费用索赔的方法。分析和求解该案例需注意：

问题1的解答需要掌握网络计划关键线路与工期的确定方法。从工期控制的角度来看，位于关键线路上的工作为工期控制的主要对象（即为关键工作）。

问题2的解答首先要分析每项事件的责任方，只有业主方的责任事件或者是业主方的风险事件发生导致的工期和（或）费用增加，承包商才有理由向业主提出索赔。

问题3的解答应注意合同关系，丙方（分包商）的损失只能由乙方（总承包商）补偿。因为丙方与乙方有合同关系，对于分包合同来讲，制冷机组质量问题是乙方的风险事件。

问题4的解答应采用网络分析法，计算计划工期、实际工期和处理工期索赔和工期奖罚问题。

问题5的求解需注意在清单计价模式下，可进行索赔事件的费用索赔计算方法和取费基数。

答案：

问题1：

答：该工程进度计划的关键线路：①—②—③—④—⑥—⑧。从工期控制的角度看，位于关键线路上的基础工程、主体结构、二次结构、设备安装、室内装修工作为主要控制对象。

问题2：

答：

事件1：可以提出工期和费用索赔。因为洪水突发属于不可抗力，是甲、乙双方的共同风险，由此引起的场地清理、修复被洪水冲坏的部分基础的费用应由甲方承担，且基础工程为关键工作，延误的工期顺延。

事件2：可以提出工期和费用索赔。因为供电中断是甲方的风险，由此导致的工人窝工和机械闲置费用应由甲方承担，且主体结构工程为关键工作，延误的工期顺延。

事件3：不可以提出工期和费用索赔。因为劳务分包队未能及时进场属于乙方的风险（或责任），其费用和时间损失不应由甲方承担。

事件4：可以提出工期和费用索赔。因为该设备由甲方购买，其质量问题导致费用损失应由甲方承担，且设备安装为关键工作，延误的工期顺延。

事件5：可以提出费用索赔，但不可以提出工期索赔。因为设计变更属于甲方责任，但该工作为非关键工作，延误的时间没有超过该工作的总时差。

事件6：不可以提出工期和费用索赔。因为通过采取技术组织措施使工期提前，可按合同规定的工期奖罚办法处理，因赶工而发生的施工技术组织措施费应由乙方承担。

问题3：

答：丙方的费用损失应由乙方给予补偿。

问题4：

解：

（1）工期索赔：事件1索赔4天；事件2索赔2天；事件4索赔3天。

4 + 2 + 3 = 9（天）

（2）实际工期：关键线路上工作持续时间变化的有：基础工程增加4天；主体结构增加6天；设备安装增加3天；室内装修减少10天。

600 + 4 + 6 + 3 - 10 = 603（天）

（3）工期提前奖励：[（600 + 9）- 603] × 1 = 6(万元)

问题5：

解：

事件1费用索赔：[30 × 50.00 × (1 + 6%) × (1 + 4.5%) + 12 × 480.00] × (1 + 7%) × (1 + 3.41%) = 8211.85(元)

事件2费用索赔：(40 × 2 × 30.00 + 2 × 900 × 60%) × (1 + 7%) × (1 + 3.41%) = 3850.57(元)

事件4费用索赔：(12 × 3 × 30.00 + 3 × 600) × (1 + 7%) × (1 + 3.41%) = 3186.68(元)

事件5费用索赔：(50 × 30.00 + 10 × 700) × (1 + 7%) × (1 + 3.41%) = 9405.14(元)

费用索赔合计：8211.85 + 3850.57 + 3186.68 + 9405.14 = 24654.24(元)

【案例十四】

某机场航站楼土建工程现场签证单，见表5-2。

表5-2   现场签证单

编号：001   日期：2012.05.04

工程名称	T4航站楼土建工程	建设单位	××机场有限公司
签证项目	土石方工程	监理单位	××监理有限责任公司
签证部位	基坑底	施工单位	××建筑安装工程公司

现场签证原因及主要内容（附　工程联络单）：		
基坑开挖至设计基底标高（−5m）后，由建设单位、勘察单位、设计单位、监理单位、施工单位共同进行检验，−5m以下发现地质勘察资料中没有载明的建筑垃圾，根据编号007的设计变更通知单，将建筑垃圾清除，用其他部位的原挖方土回填。 　　具体工程量如下： 　　1. 清除建筑垃圾（Ⅲ类土）1500m³； 　　2. 回填土1500m³； 　　3. 增加建筑垃圾排放量1500m³。		
签 证 意 见	建设单位	监理单位	施工单位
	业主代表： 　　　××× 2012年5月4日	专业监理工程师：××× 总监理工程师：××× 2012年5月4日	专业工程师：××× 项目经理：××× 2012年5月4日

问题：

1. 请指出现场签证单中的不妥之处，并说明理由。

2. 试根据下列资料完成现场签证表和现场签证计算书：

乙方提出的施工方案是：反铲挖掘机挖土（Ⅲ类土），自卸汽车运土方（运距20km以内）；由于支设钢挡土板（疏撑，钢支撑），该方案得到甲方的批准。甲乙双方认可的工程估价表如表5-3所示。

表5-3　　　　　　　　　　　　工程估价表　　　　　　　　　　　单位：元

序号	项目名称	单位	直接工程费	人工费	材料费	机械费
1	挖掘机挖土（Ⅲ类土）自卸汽车运土方（反铲挖掘机，运距20km以内）	1000m³	32291.90	211.20	—	32080.70
2	回填土	100m³	1232.54	1034.88	—	197.66

该工程采用工程量清单计价，承包单位报价中，企业管理费率20%，利润和风险率18%，规费率25%（不含工程排污费）（以上三项费用均以人工费和机械费之和为取费基数），该地区工程排污费标准为3元/m³，综合税率为3.415%。

分析要点：

现场签证单是甲乙双方结算的重要依据，现场签证管理注意的问题主要有：

1. 签证内容要明确，为造价调整提供详细的依据。如本题签证单中清除建筑垃圾（Ⅲ类土）、回填土就缺少具体的施工方案。

2. 现场签证宜按照《建设工程工程量清单计价规范》（GB 50500—2013）提供的形式编写，需要建设、监理、施工单位三方共同会签才能生效。

3. 现场签证必须注明时间，因为工程造价的计价依据是有时效性的。

4. 现场签证单的工程量要有计算过程和必需的图示说明。

不能按上述内容规范签证，往往导致不能顺利依此调整和结算工程造价。

答案：

问题1：

答：

（1）清除建筑垃圾（Ⅲ类土）1500m³，内容不具体，没有具体的施工方案，人工开挖还是机械开挖？挖出的土石方如何处理？运距是多少均没有明确。造价人员无法选择计价依据。

（2）回填土1500m³，内容不具体，没有具体的施工方案。造价人员无法选择计价依据。

（3）签证单中没有说明变更发生的具体时间。在使用有时效性的计价依据时，容易引起分歧。

（4）签证单中没有图示说明和工程量计算过程。

（5）签证单中没有会签单位的签证意见。现场签证一般情况下需要建设单位、监理、施工单位三方共同会签才能生效。缺少任何一方都属于不规范的签证，不能作为结算的依据。

问题2：

解：

（1）现场签证表，如表5-4所示。

表5-4　　　　　　　　　　　　现场签证表

工程名称：T4航站楼土建工程　　　　标段：　　　　　　　　　　　　编号：

施工单位	××建筑安装工程公司	日　期	2012.05.14
致：××机场有限公司　　　（发包人全称） 　　根据编号001的现场签证单，我方按要求完成此项工作应支付价款金额为（大写） 　　壹拾壹万柒仟肆佰陆拾伍元肆角柒分，（小写）　　117465.47 元，请予核准。 附：1. 签证事由及原因：（见现场签证单） 　　2. 附图及计算式：（见现场签证计算书） 　　　　　　　　　　　　　　　　　　　　　　　承包人（章） 　　　　　　　　　　　　　　　　　　　　　　　承包人代表　×× 　　　　　　　　　　　　　　　　　　　　　　　日　期　2012.05.14			

续表

复核意见：	复核意见：

你方提出的此项签证申请经复核：
 	
□不同意此项签证，具体意见见附件。
 	
□同意此项签证，签证金额的计算，由造价工程师复核。
 	
               监理工程师_____
 	
               日   期_____
	□此项签证按承包人中标的计日工单价计算，金额为（大写）_____元， （小写）_____元。
	
	    □此项签证因无计日工单价，金额为（大写）_____元，（小写）_____元。
	
	               造价工程师_____
	
	               日 期_____

审核意见：
 	
□不同意此项签证。
 	
□同意此项签证，价款与本期进度款同期支付。
 	
                                   发包人（章）
 	
                             发包人代表_____
 	
                             日 期_____	

注：1. 在选择栏中的"□"内作标识"√"。

    2. 本表一式四份，由承包人在收到发包人（监理人）的口头或书面通知后填写，发包人、监理人、造价咨询人、承包人各存一份。

（2）现场签证计算书，如表5-5所示。

表5-5   **现场签证计算书**

（一）挖土方签证款计算：

1. 挖土方综合单价：$32291.90 \div 1000 \times (1 + 20\% + 18\%) = 44.56$（元/m³）

2. 挖土方签证款：$(1500 \times 44.56 + 32291.90 \div 1000 \times 1500 \times 25\%) \times (1 + 3.415\%) = 81645.59$（元）

（二）回填土签证款计算：

1. 回填土综合单价：$1232.54 \div 100 \times (1 + 20\% + 18\%) = 17.01$（元/m³）

2. 回填土签证款：$(1500 \times 17.01 + 1232.54 \div 100 \times 1500 \times 25\%) \times (1 + 3.415\%) = 31166.20$（元）

（三）工程排污费

    $3 \times 1500 \times (1 + 3.415\%) = 4653.68$（元）

    签证款合计：$81645.59 + 31166.20 + 4653.68 = 117465.47$（元）

第六章 工程结算与决算

本章基本知识点：

1. 建筑安装工程价款结算方法；

2. 工程预付款及其计算；

3. 工程进度款的计算与支付；

4. 工程价款调整方法；

5. 工程质量保证金的计算与扣留；

6. 竣工决算的内容与编制；

7. 新增资产构成及其价值确定；

8. 资金使用计划编制及投资数据统计；

9. 投资偏差、进度偏差分析。

【案例一】

背景：

某施工单位承包某工程项目，甲乙双方签订的关于工程价款的合同内容有：

1. 建筑安装工程造价 660 万元，建筑材料及设备费占施工产值的比重为 60%；

2. 工程预付款为建筑安装工程造价的 20%。工程实施后，工程预付款从未施工工程尚需的建筑材料及设备费相当于工程预付款数额时起扣，从每次结算工程价款中按材料和设备占施工产值的比重扣抵工程预付款，竣工前全部扣清；

3. 工程进度款逐月计算；

4. 工程质量保证金为建筑安装工程造价的 3%，竣工结算月一次扣留；

5. 建筑材料和设备价差调整按当地工程造价管理部门有关规定执行（当地工程造价管理部门有关规定，上半年材料和设备价差上调 10%，在 6 月份一次调增）。

工程各月实际完成产值（不包括调整部分），见表 6-1。

表6-1　　　　　　　　　　　　　各月实际完成产值　　　　　　　　　　单位：万元

月　份	2	3	4	5	6	合计
完成产值	55	110	165	220	110	660

问题：

1. 通常工程竣工结算的前提是什么？

2. 工程价款结算的方式有哪几种？

3. 该工程的工程预付款、起扣点为多少？

4. 该工程 2 月至 5 月每月拨付工程款为多少？累计工程款为多少？

5. 6 月份办理竣工结算，该工程结算造价为多少？甲方应付工程结算款为多少？

6. 该工程在保修期间发生屋面漏水，甲方多次催促乙方修理，乙方一再拖延，最后甲方另请施工单位修理，修理费 1.5 万元，该项费用如何处理？

分析要点：

本案例主要考核工程价款结算方式，按月结算工程进度款的计算方法，工程预付款及其起扣点的计算；通过本案例使学员针对本案例的工程款按月结算方式、工程预付款及其理论起扣点的计算、工程质量保证金、工程价款调整、工程竣工结算等内容进行全面、系统的熟悉和掌握。

答案：

问题 1：

答：工程竣工结算的前提条件是承包商按照合同规定的内容全部完成所承包的工程，并符合合同要求，经相关部门联合验收质量合格。

问题 2：

答：工程价款的结算方式分为：按月结算、按形象进度分段结算、竣工后一次结算和双方约定的其他结算方式。

问题 3：

解：工程预付款：$660 \times 20\% = 132$（万元）

起扣点：$660 - 132/60\% = 440$（万元）

问题 4：

答：各月拨付工程款为：

2 月：工程款 55 万元，累计工程款 55 万元

3 月：工程款 110 万元，累计工程款 $= 55 + 110 = 165$（万元）

4月：工程款165万元，累计工程款 = 165 + 165 = 330（万元）

5月：工程款220-（220 + 330-440）×60% = 154（万元）

累计工程款 = 330 + 154 = 484（万元）

问题5：

解：工程结算总造价：

660 + 660×60%×10% = 699.6（万元）

甲方应付工程结算款：

699.6-484-（699.60×3%）-132 = 62.612（万元）

问题6：

答：1.5万元维修费应从扣留的质量保证金中支付。

【案例二】

背景：

某业主与承包商签订了某建筑安装工程项目总包施工合同。承包范围包括土建工程和水、电、通风设备安装工程，合同总价为4800万元。工期为2年，第1年已完成2600万元，第2年应完成2200万元。承包合同规定：

（1）业主应向承包商支付当年合同价25%的工程预付款。

（2）工程预付款应从未施工工程所需的主要材料及构配件价值相当于工程预付款时起扣，每月以抵充工程款的方式陆续扣留，竣工前全部扣清；主要材料及设备费占工程款的比重按62.5%考虑。

（3）工程质量保证金为承包合同总价的3%，经双方协商，业主从每月承包商的工程款中按3%的比例扣留。在缺陷责任期满后，工程质量保证金及其利息扣除已支出费用后的剩余部分退还给承包商。

（4）业主按实际完成建安工作量每月向承包商支付工程款，但当承包商每月实际完成的建安工作量少于计划完成建安工作量的10%及以上时，业主可按5%的比例扣留工程款，在工程竣工结算时将扣留工程款退还给承包商。

（5）除设计变更和其他不可抗力因素外，合同价格不作调整。

（6）由业主直接提供的材料和设备在发生当月的工程款中扣回其费用。

经业主的工程师代表签认的承包商在第2年各月计划和实际完成的建安工作量以及业主直接提供的材料、设备价值如表6-2所示。

月　份	1～6	7	8	9	10	11	12
计划完成 建安工作量	1100	200	200	200	190	190	120
实际完成 建安工作量	1110	180	210	205	195	180	120
业主直供材料 设备的价值	90.56	35.5	24.4	10.5	21	10.5	5.5

表6-2　　　　　　　　　　　　工程结算数据表　　　　　　　　　　单位：万元

问题：

1. 工程预付款是多少？

2. 工程预付款从几月份开始起扣？

3. 1月至6月以及其他各月业主应支付给承包商的工程款是多少？

4. 竣工结算时，业主应支付给承包商的工程结算款是多少？

分析要点：

本案例除考核的工程预付款、起扣点、按月结算款等知识点与案例一基本相同外，还增加了对业主提供材料的费用、对承包商未按计划完成每月工作量的惩罚性扣款的处理方法。另外，还要注意国家建设部、财政部颁布的《关于印发〈建设工程质量保证金管理暂行办法〉的通知》[建质（2005）7号]对工程质量保证金的有关规定。

答案：

问题1：

解：工程预付款：$2200 \times 25\% = 550$（万元）

问题2：

解：工程预付款的起扣点：

$2200-550/62.5\% = 1320$（万元）

开始起扣工程预付款的时间为8月份，因为8月份累计实际完成的建安工作量：

$1110 + 180 + 210 = 1500$（万元）> 1320万元

问题3：

解：

（1）1月至6月份：

业主应支付给承包商的工程款：$1110 \times (1-3\%)-90.56 = 986.14$（万元）

（2）7月份：

该月份建安工作量实际值与计划值比较，未达到计划值，相差$(200 - 180)/200 = 10\%$

应扣留的工程款：180×5% =9（万元）

业主应支付给承包商的工程款：180×（1–3%）–9–35.5 = 130.1（万元）

（3）8月份：

应扣工程预付款：（1500–1320）×62.5% = 112.5（万元）

业主应支付给承包商的工程款：210×（1–3%）–112.5–24.4 = 66.8（万元）

（4）9月份：

应扣工程预付款：205×62.5% = 128.125（万元）

业主应支付给承包商的工程款：205×（1–3%）–128.125–10.5 = 60.225（万元）

（5）10月份：

应扣工程预付款：195×62.5% = 121.875（万元）

业主应支付给承包商的工程款：195×（1–3%）–121.875–21 = 46.275（万元）

（6）11月份：

该月份建安工作量实际值与计划值比较，未达到计划值，相差：

（190–180）/190 = 5.26% ＜10%，工程款不扣。

应扣工程预付款：180×62.5% = 112.5（万元）

业主应支付给承包商的工程款：180×（1–3%）–112.5–10.5 = 51.6（万元）

（7）12月份：

应扣工程预付款：120×62.5% = 75（万元）

业主应支付给承包商的工程款：120×（1–3%）–75–5.5 = 35.9（万元）

问题4：

答：竣工结算时，业主应支付给承包商的工程结算款：180×5% = 9（万元）

【案例三】

背景：

某工程项目业主与承包商签订了工程施工承包合同。合同中估算工程量为5300m³，全费用单价为180元/m³。合同工期为6个月。有关付款条款如下：

（1）开工前业主应向承包商支付估算合同总价20%的工程预付款；

（2）业主自第1个月起，从承包商的工程款中，按5%的比例扣留质量保证金；

（3）当实际完成工程量增减幅度超过估算工程量的15%时，可进行调价，调价系数为0.9（或1.1）；

（4）每月支付工程款最低金额为15万元；

（5）工程预付款从累计已完工程款超过估算合同价30%以后的下1个月起，至第5

个月均匀扣除。

承包商每月实际完成并经签证确认的工程量如表6-3所示。

表6-3 每月实际完成工程量

月 份	1	2	3	4	5	6
完成工程量（m³）	800	1000	1200	1200	1200	800
累计完成工程量（m³）	800	1800	3000	4200	5400	6200

问题：

1. 估算合同总价为多少？

2. 工程预付款为多少？工程预付款从哪个月起扣留？每月应扣工程预付款为多少？

3. 每月工程量价款为多少？业主应支付给承包商的工程款为多少？

分析要点：

本案例除与前两个案例有相同知识点外，主要区别在于工程预付款的预付与扣留方法不同。根据合同约定处理工程预付款，比按照理论计算方法处理工程预付款操作方便，实用性强。本案例还涉及采用估计工程量单价合同情况下，合同单价的调整方法等。

答案：

问题1：

解：估算合同总价：$5300 \times 180 = 95.4$（万元）

问题2：

解：

（1）工程预付款：$95.4 \times 20\% = 19.08$（万元）

（2）工程预付款应从第3个月起扣留，因为第1、2两个月累计已完工程款：

$1800 \times 180 = 32.4$（万元）$> 95.4 \times 30\% = 28.62$（万元）

（3）每月应扣工程预付款：$19.08 \div 3 = 6.36$（万元）

问题3：

解：

（1）第1个月工程量价款：$800 \times 180 = 14.40$（万元）

应扣留质量保证金：$14.40 \times 5\% = 0.72$（万元）

本月应支付工程款：$14.40 - 0.72 = 13.68$（万元）< 15 万元

第1个月不予支付工程款。

（2）第2个月工程量价款：$1000 \times 180 = 18.00$（万元）

应扣留质量保证金：18.00 × 5% = 0.9（万元）

本月应支付工程款：18.00 - 0.9 = 17.10（万元）

13.68 + 17.10 = 30.78（万元）> 15 万元

第 2 个月业主应支付给承包商的工程款为 30.78 万元。

（3）第 3 个月工程量价款：1200 × 180 = 21.60（万元）

应扣留质量保证金：21.60 × 5% = 1.08（万元）

应扣工程预付款：6.36 万元

本月应支付工程款：21.60 - 1.08 - 6.36 = 14.16（万元）< 15 万元

第 3 个月不予支付工程款。

（4）第 4 个月工程量价款：1200 × 180 = 21.60（万元）

应扣留质量保证金：1.08 万元

应扣工程预付款：6.36 万元

本月应支付工程款：14.16 万元

14.16 + 14.16 = 28.32（万元）> 15 万元

第 4 个月业主应支付给承包商的工程款为 28.32 万元。

（5）第 5 个月累计完成工程量为 5400m³，比原估算工程量超出 100m³，但未超出估算工程量的 15%，所以仍按原单价结算。

本月工程量价款：1200 × 180 = 21.60（万元）

应扣留质量保证金：1.08 万元

应扣工程预付款：6.36 万元

本月应支付工程款：14.16 万元 < 15 万元

第 5 个月不予支付工程款。

（6）第 6 个月累计完成工程量为 6200m³，比原估算工程量超出 900m³，已超出估算工程量的 15%，对超出的部分应调整单价。

应按调整后的单价结算的工程量：6200 - 5300 × (1 + 15%) = 105(m³)

本月工程量价款：105 × 180 × 0.9 + (800 - 105) × 180 = 14.211(万元)

应扣留质量保证金：14.211 × 5% = 0.711(万元)

本月应支付工程款：14.211 - 0.711 = 13.50(万元)

第 6 个月业主应支付给承包商的工程款为 14.16 + 13.50 = 27.66（万元）。

【案例四】

背景：

某承包商于某年承包某外资工程项目施工任务，该工程施工时间从当年 5 月开始至 9

月，与造价相关的合同内容有：

1. 工程合同价 2000 万元，工程价款采用调值公式动态结算。该工程的不调值部分价款占合同价的 15%，5 项可调值部分价款分别占合同价的 35%、23%、12%、8%、7%。调值公式如下：

$$P = P_0\left[A + \left(B_1 \times \frac{F_{t1}}{F_{01}} + B_2 \times \frac{F_{t2}}{F_{02}} + B_3 \times \frac{F_{t3}}{F_{03}} + B_4 \times \frac{F_{t4}}{F_{04}} + B_5 \times \frac{F_{t5}}{F_{05}}\right)\right]$$

式中：P——结算期已完工程调值后结算价款；

P_0——结算期已完工程未调值合同价款；

A——合同价中不调值部分的权重；

B_1、B_2、B_3、B_4、B_5——合同价中 5 项可调值部分的权重；

F_{t1}、F_{t2}、F_{t3}、F_{t4}、F_{t5}——合同价中 5 项可调值部分结算期价格指数；

F_{01}、F_{02}、F_{03}、F_{04}、F_{05}——合同价中 5 项可调值部分基期价格指数。

2. 开工前业主向承包商支付合同价 20% 的工程预付款，在工程最后两个月平均扣回。

3. 工程款逐月结算。

4. 业主自第 1 个月起，从给承包商的工程款中按 5% 的比例扣留质量保证金。工程质量缺陷责任期为 12 个月。

该合同的原始报价日期为当年 3 月 1 日。结算各月份可调值部分的价格指数如表 6-4 所示。

表6-4 可调值部分的价格指数表

代　号	F_{01}	F_{02}	F_{03}	F_{04}	F_{05}
3 月指数	100	153.4	154.4	160.3	144.4
代　号	F_{t1}	F_{t2}	F_{t3}	F_{t4}	F_{t5}
5 月指数	110	156.2	154.4	162.2	160.2
6 月指数	108	158.2	156.2	162.2	162.2
7 月指数	108	158.4	158.4	162.2	164.2
8 月指数	110	160.2	158.4	164.2	162.4
9 月指数	110	160.2	160.2	164.2	162.8

未调值前各月完成的工程情况为：

5 月份完成工程 200 万元，本月业主供料部分材料费为 5 万元。

6 月份完成工程 300 万元。

7 月份完成工程 400 万元，另外由于业主方设计变更，导致工程局部返工，造成拆除材料费损失 0.15 万元，人工费损失 0.10 万元，重新施工费用合计 1.5 万元。

8 月份完成工程 600 万元，另外由于施工中采用的模板形式与定额不同，造成模板增加费用 0.30 万元。

9 月份完成工程 500 万元，另有批准的工程索赔款 1 万元。

问题：

1. 工程预付款是多少？工程预付款从哪个月开始起扣，每月扣留多少？

2. 确定每月业主应支付给承包商的工程款。

3. 工程在竣工半年后，发生屋面漏水，业主应如何处理此事？

分析要点：

建设工程价款调整方法有：工程造价指数调整法、实际价格调整法、调价文件计算法和调值公式法（又称动态结算公式法）。本案例主要考核工程价款调整的调值公式法的应用。因此，在求解该案例之前，对上述内容要进行系统的学习，尤其是关于动态结算方法及其计算，工程质量保证金和预付款的处理，要达到能够熟练地应用动态结算公式进行计算。

答案：

问题 1：

解：

工程预付款 $=2000 \times 20\% = 400$ （万元）

工程预付款从 8 月份开始起扣，每月扣 $\dfrac{400}{2} = 200$ （万元）

问题 2：

解：每月业主应支付的工程款：

5 月份工程量价款：

$$200 \times \left[0.15 + \left(0.35 \times \frac{110}{100} + 0.23 \times \frac{156.2}{153.4} + 0.12 \times \frac{154.4}{154.4} + 0.08 \times \frac{162.2}{160.3} + 0.07 \times \frac{160.2}{144.4} \right) \right]$$

$$= 209.56 (万元)$$

业主应支付工程款：$209.56 \times （1 - 5\%） - 5 = 194.08$ （万元）

6 月份工程量价款：

$$300 \times \left[0.15 + \left(0.35 \times \frac{108}{100} + 0.23 \times \frac{158.2}{153.4} + 0.12 \times \frac{156.2}{154.4} + 0.08 \times \frac{162.2}{160.3} + 0.07 \times \frac{162.2}{144.4} \right) \right]$$

$$= 313.85 (万元)$$

业主应支付工程款：$313.85 \times （1 - 5\%） = 298.16$ （万元）

7 月份工程量价款：

$$400 \times \left[0.15 + \left(0.35 \times \frac{108}{100} + 0.23 \times \frac{158.4}{153.4} + 0.12 \times \frac{158.4}{154.4} + 0.08 \times \frac{162.2}{160.3} + 0.07 \times \frac{164.2}{144.4} \right) \right] +$$

$0.15 + 0.1 + 1.5 = 421.41（万元）$

业主应支付工程款：$421.41 \times （1 - 5\%） = 400.34$（万元）

8 月份工程量价款：

$$600 \times \left[0.15 + \left(0.35 \times \frac{110}{100} + 0.23 \times \frac{160.2}{153.4} + 0.12 \times \frac{158.4}{154.4} + 0.08 \times \frac{164.2}{160.3} + 0.07 \times \frac{162.4}{144.4} \right) \right]$$

$= 635.39（万元）$

业主应支付工程款：$635.39 \times （1 - 5\%） - 200 = 403.62$（万元）

9 月份工程量价款：

$$500 \times \left[0.15 + \left(0.35 \times \frac{110}{100} + 0.23 \times \frac{160.2}{153.4} + 0.12 \times \frac{160.2}{154.4} + 0.08 \times \frac{164.2}{160.3} + 0.07 \times \frac{162.8}{144.4} \right) \right] + 1$$

$= 531.28（万元）$

业主应支付工程款：$531.28 \times （1 - 5\%） - 200 = 304.72$（万元）

问题 3：

答：工程在竣工半年后，发生屋面漏水，由于在保修期内，业主应首先通知原承包商进行维修。如果原承包商不能在约定的时限内派人维修，业主也可委托他人进行修理，费用从质量保证金中支付。

【案例五】

背景：

某工程项目业主通过工程量清单招标方式确定某投标人为中标人。并与其签订了工程承包合同，工期 4 个月。部分工程价款条款如下：

（1）分部分项工程清单中含有两个混凝土分项工程，工程量分别为甲项 $2300m^3$，乙项 $3200m^3$，清单报价中甲项综合单价为 180 元/m^3，乙项综合单价为 160 元/m^3。当某一分项工程实际工程量比清单工程量增加（或减少）15% 以上时，应进行调价，调价系数为 0.9（或 1.08）。

（2）措施项目清单中含有 5 个项目，总费用 18 万元。其中，甲分项工程模板及其支撑措施费 2 万元、乙分项工程模板及其支撑措施费 3 万元，结算时，该两项费用按相应分项工程量变化比例调整；大型机械设备进出场及安拆费 6 万元，结算时，该项费用不调整；安全文明施工费为分部分项工程合价及模板措施费、大型机械设备进出场及安拆费各项合计的 2%，结算时，该项费用随取费基数变化而调整；其余措施费用，结算时不调整。

（3）其他项目清单中仅含专业工程暂估价一项，费用为 20 万元。实际施工时经核定确认的费用为 17 万元。

（4）施工过程中发生计日工费用 2.6 万元。

（5）规费综合费率 6.86%；税金 3.41%。

有关付款条款如下：

（1）材料预付款为分项工程合同价的 20%，于开工之日 7 天之前支付，在最后两个月平均扣除；

（2）措施项目费于开工前和开工后第 2 个月末分两次平均支付；

（3）专业工程费用、计日工费用在最后 1 个月按实结算；

（4）业主按每次承包商应得工程款的 90% 支付；

（5）工程竣工验收通过后进行结算，并按实际总造价的 5% 扣留工程质量保证金。

承包商每月实际完成并经签证确认的工程量如表 6-5 所示。

表6-5　　　　　　　　　每月实际完成工程量表　　　　　　　　　单位：m³

月　份 分项工程	1	2	3	4	累计
甲	500	800	800	600	2700
乙	700	900	800	300	2700

问题：

1. 该工程预计合同总价为多少？材料预付款是多少？首次支付措施项目费是多少？

2. 每月分项工程量价款是多少？业主每月应向承包商支付工程款是多少？

3. 分项工程量总价款是多少？竣工结算前，业主累计已向承包商支付工程款是多少？

4. 实际工程总造价是多少？竣工结算款为多少？

分析要点：

本案例是根据工程量清单计价模式和单价合同进行工程价款结算的案例，其基本计算方法可用如下计算公式表达：

工程合同价款 = ∑ 计价项目费用 × （1 + 规费费率）×（1 + 税金率）

其中：计价项目费用应包括：分部分项工程项目费用、措施项目费用和其他项目费用。

分部分项工程项目费用计算方法为：首先确定每个分部分项工程量清单项目（子目）的综合单价（包括人工费、材料费、机械使用费、管理费、利润，并考虑一定的风险，但不包括规费和税金），其次以每个分部分项工程量清单项目（子目）工程量乘以综合单价后形成每个分部分项工程量清单项目（子目）的合价，最后每个分部分项工程量清单子目的合价相加形成分部分项工程量清单计价合价。

根据《计价规范》的规定，可以计算工程量的措施项目，包括与分部分项工程项目类似的措施项目（如护坡桩、降水等）和与某分部分项工程量清单项目直接相关的措施项目（如模板、压力容器的检验等），宜采用分部分项工程量清单项目计价方式计算费用；不便计算工程量的措施项目，按项计价，包括除规费、税金以外的全部费用。

措施项目费用也要在合同中约定按一定数额提前支付，以便承包商有效采取相应的措施。但需要注意，提前支付的措施项目费用，与工程预付款不同，属于合同价款的一部分。如果工程约定扣留质量保证金，则提前支付的措施项目费用也要扣留质量保证金。

措施项目费的计取可采用以下三种方式：

（1）与分部分项实体消耗相关的措施项目，如混凝土、钢筋混凝土模板及支架与脚手架等，该类项目应随该分部分项工程的实体工程量的变化而调整；

（2）独立性的措施项目，如护坡、降水、矿山工程的上山道路等，该类项目应充分体现其竞争性，一般应固定不变，不得进行调整；

（3）与整个建设项目相关的综合取定的措施项目费用，如夜间施工增加费、冬雨季施工增加费、二次搬运费、文明安全施工等，该类项目应以分部分项工程项目合价（或分部分项工程合价与投标时的独立的措施费用之和）为基数进行调整。

其他项目费用，包括：暂列金额、暂估价、计日工、总承包服务费等，应按下列规定计价：

（1）暂列金额应根据工程特点，按有关计价规定估算；

（2）暂估价中的材料单价应根据工程造价信息或参考市场价格估算；暂估价中专业工程金额应分不同专业，按有关计价规定估算；

（3）计日工应根据工程特点和有关计价依据计算；

（4）总承包服务费应根据招标人列出的内容和要求计算。

规费和税金应按国家、省级或行业建设主管部门的规定计算，不得作为竞争性费用。

答案：

问题1：

解：该工程预计合同价 = $\sum$ 计价项目费用 × （1 + 规费费率） × （1 + 税金率）

$$= (2300 \times 180 + 3200 \times 160 + 180000 + 200000) \times (1 + 6.86\%)$$

$$\times (1 + 3.41\%)$$

$$= (926000 + 180000 + 200000) \times 1.105 = 1443200(元)$$

$$= 144.320(万元)$$

材料预付款 = $\sum$ （分项工程项目工程量 × 综合单价） × （1 + 规费费率） ×

$$(1 + 税金率) \times 预付率 = 92.600 \times 1.105 \times 20\%$$

$$= 20.465(万元)$$

措施项目费首次支付额 = 措施项目费用 × (1 + 规费费率) × (1 + 税金率) ×

$$50\% \times 90\% = 18 \times 1.105 \times 50\% \times 90\% = 8.951(万元)$$

问题2：

解：每月分项工程量价款 = $\sum$ (分项工程量 × 综合单价) ×

$$(1 + 规费费率) \times (1 + 税金率)$$

(1) 第1个月分项工程量价款：$(500 \times 180 + 700 \times 160) \times 1.105 = 22.321(万元)$

业主应向承包商拨付工程款：$22.321 \times 90\% = 20.089$ (万元)

(2) 第2个月分项工程量价款：$(800 \times 180 + 900 \times 160) \times 1.105 = 31.824(万元)$

措施项目费第二次支付额：$18 \times 1.105 \times 50\% \times 90\% = 8.951$ (万元)

业主应向承包商拨付工程款：$31.824 \times 90\% + 8.951 = 37.593$ (万元)

(3) 第3个月分项工程量价款：$(800 \times 180 + 800 \times 160) \times 1.105 = 30.056(万元)$

应扣预付款：$20.465 \times 50\% = 10.233$ (万元)

业主应向承包商拨付工程款：$30.056 \times 90\% - 10.233 = 16.817$ (万元)

(4) 第4个月甲分项工程累计完成工程量为2700m³，比清单工程量增加了400m³ (增加数量超过清单工程量的15%)，超出部分其单价应进行调整。

超过清单工程量15%的工程量：$2700 - 2300 \times (1 + 15\%) = 55(m^3)$

这部分工程量综合单价应调整：$180 \times 0.9 = 162$ (元/m³)

第4个月甲分项工程量价款：$[(600 - 55) \times 180 + 55 \times 162] \times 1.105 = 11.825(万元)$

第4个月乙分项工程累计完成工程量为2700m³，比清单工程量减少了500m³ (减少数量超过清单工程量的15%)，因此，乙分项工程的全部工程量均应按调整后的单价结算。

第4个月乙分项工程结算工程量价款：

$2700 \times 160 \times 1.08 \times 1.105 - (700 + 900 + 800) \times 160 \times 1.105 = 9.123(万元)$

本月完成甲、乙两分项工程量价款：$11.825 + 9.123 = 20.948$ (万元)

专业工程费用、计日工费用结算款：$(17 + 2.6) \times 1.105 = 21.658(万元)$

应扣预付款为：$20.465 - 10.233 = 10.232$ (万元)

业主应向承包商拨付工程款为：$(20.948 + 21.658) \times 90\% - 10.232 = 28.113(万元)$

问题3：

解：

分项工程量总价款：$22.321 + 31.824 + 30.056 + 20.948 = 105.149$ (万元)

业主已向承包商支付工程款：$20.089 + 37.593 + 16.817 + 28.113 + 8.951 = 111.563$ (万元) (不含材料预付款)

问题 4：

解：

甲分项工程的模板及其支撑措施项目费调增：$2 \times 400/2300 = 0.348$（万元）

乙分项工程的模板及其支撑措施项目费调减：$3 \times (-500/3200) = -0.469$（万元）

分项工程量价费用增加：$105.149/1.105 - (2300 \times 180 + 3200 \times 160)/10000 = 2.557$（万元）

安全文明施工措施项目费调增：$(2.557 + 0.348 - 0.469) \times 2\% = 0.049$（万元）

工程实际总造价：$105.149 + (18 + 0.348 - 0.469 + 0.049) \times 1.105 + 21.658 = 146.617$（万元）

竣工结算款：$146.617 \times (1 - 5\%) - 20.465 - 111.563 = 7.258$（万元）

【案例六】

背景：

某工程业主通过工程量清单招标确定某投标人为中标人。双方签订的承包合同包括的分项工程清单工程量和投标综合单价以及所需劳动量（45 元/综合工日）如表 6-6 所示。工期为 5 个月。有关合同价款的条款如下：

（1）采用单价合同。分项工程项目和措施项目的管理费均按人工、材料、机械费之和的 12% 计算，利润与风险均按人工、材料、机械费和管理费之和的 7% 计算；暂列金额为 5.7 万元；规费费率 6.62%，税金率 3.45%。

（2）措施项目费为 8 万元，在工期内前 4 个月与进度款同时平均拨付。

（3）分项工程 H 的主要材料总量为 205m²，暂估价为 60 元/m²，结算时按实际购买价格结算。

（4）当每项分项工程的工程量增加（或减少）幅度超过清单工程量的 15% 时，调整综合单价，调整系数为 0.9（或 1.1）。

（5）工程预付款为合同价（扣除暂列金额）的 20%，在开工前 7 天拨付，在第 3、4 两个月均匀扣回。

（6）第 1~4 月末，对实际完成工程量进行计量，业主支付承包商工程进度款的 90%。

（7）第 5 个月末办理竣工结算，扣留工程实际总造价的 3% 作为工程质量保证金，其余工程款于竣工验收后 30 天内结清。

（8）因该工程急于投入使用，合同工期不得拖延。如果出现因业主的工程量增加或其他原因导致关键线路上的工作持续时间延长，承包商应在相应分项工程上采取赶工措施，业主给予承包商赶工补偿 800 元/天（含税费），如因承包商原因造成工期拖延，每拖延 1 天罚款 2000 元（含税费）。

（9）其他未尽事宜，按《建设工程工程量清单计价规范》（GB 50500—2013）等相关文件规定执行。

表6-6 分项工程计价数据表

数据名称 ＼ 分项工程	A	B	C	D	E	F	G	H	I	J	K	合计
清单工程量（m²）	150	180	300	180	240	135	225	200	225	180	360	—
综合单价（元/m²）	180	160	150	240	200	220	200	240	160	170	200	—
分项工程项目费用（万元）	2.70	2.88	4.50	4.32	4.80	2.97	4.50	4.80	3.60	3.06	7.20	45.33
劳动量（综合工日）	80	180	200	210	240	210	180	120	280	150	150	2000

在工程开工之前，承包商提交了施工进度计划，如表 6-7 所示，并得到监理人的批准。

表6-7 施工进度计划表

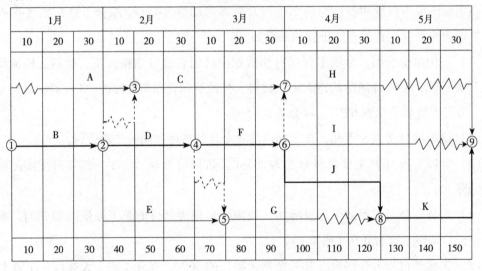

在施工过程中，于每月末检查核实的进度如表 6-8 中的实际进度前锋线所示。最后该工程在 5 月末如期竣工。

根据核实的有关记录，有如下几项事件应该在工程进度款或结算款中予以考虑：

（1）第 2 个月现场签证的计日工费用 2.8 万元，其作业对工期无影响；

（2）分项工程 H 的主要材料购买价为 65 元/m²；

（3）分项工程 J 的实际工程量比清单工程量增加 60m²；

（4）从第 4 个月起，当地造价主管部门规定，人工综合工日单价上调为 50 元/工日。

表6-8　　　　　　　　　　　　施工实际进度检查记录表

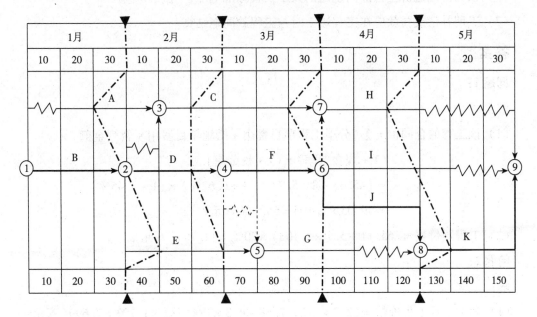

问题：

1. 该工程的合同价为多少？工程预付款为多少？

2. 前 4 个月每月业主应支付给承包商的工程款为多少？

3. 第 5 个月末办理竣工结算，工程结算款为多少？

分析要点：

本案例是将工程量清单计价模式与施工时标网络计划相结合进行逐月结算工程价款的案例。学员除了要掌握与案例五基本相同的计算方法之外，还须注意以下几个问题：

（1）利用时标网络计划中标注的实际进度前锋线和表 6 - 6 的数据计算每月已完工程价款；

（2）利用时标网络计划中标注的实际进度前锋线分析进度是否正常；

（3）分项工程 J 实际工程量增加，而且该分项工程位于关键线路上，业主应给予承包商赶工补偿，赶工补偿的金额为：工期顺延天数×每天补偿标准。

（4）暂列金额是招标人在工程量清单中暂定并包括在合同价款中的一笔款项。是用于施工合同签订时尚未确定或者不可预见的所需材料、设备、服务的采购，施工中可能发生的工程变更、合同约定调整因素出现时的工程价款调整及发生的索赔、现场签证等的费用。在工程实施过程中或结算时，按实结算。

（5）对于招标时难以确定价格的材料，招标人可在招标文件中以暂估价的形式列入其他项目清单中，投标人应将其计入相应分项工程的综合单价。当实际购买价格发生变动时，随施工进度款结算。

（6）根据当地造价主管部门规定的人工工资标准上涨，应该调整。

（7）工期补偿或罚款应在工程竣工时与工程款同期结算。

答案：

问题1：

解：

（1）该工程的合同价 $= \sum$（分项工程项目费用 + 措施项目费用 + 暂列金额）$\times$

$$（1 + 规费费率）\times（1 + 税金率）$$

$$=（45.33 + 8 + 5.7）\times（1 + 6.62\%）\times（1 + 3.45\%）$$

$$= 59.03 \times 1.103 = 65.11（万元）$$

（2）工程预付款 $=（65.11 - 5.7 \times 1.103）\times 20\% = 11.765（万元）$

问题2：

解：

（1）第1个月工程价款 $=（2.7 \times 1/3 + 2.88 + 4.8 \times 1/4 + 2）\times 1.103 = 7.699（万元）$

应支付承包商工程款 $= 7.699 \times 90\% = 6.929（万元）$

（2）第2个月工程价款 $=（2.7 \times 2/3 + 4.5 \times 1/5 + 4.32 \times 2/3 + 4.80 \times 2/4 + 2 + 2.8）\times$

$$1.103 = 14.096（万元）$$

应支付承包商工程款 $= 14.096 \times 90\% = 12.687（万元）$

（3）第3个月工程价款 $=（4.5 \times 3/5 + 4.32 \times 1/3 + 2.97 + 4.80 \times 1/4 + 4.5 \times 2/3 + 2）\times$

$$1.103 = 14.681（万元）$$

应扣工程预付款 $= 11.765/2 = 5.883$（万元）

应支付承包商工程款 $= 14.681 \times 90\% - 5.883 = 7.330（万元）$

（4）第4个月工程价款：

1）原合同工程价款 $=（4.5 \times 1/5 + 4.8 \times 2/3 + 3.6 \times 3/4 + 3.06 + 4.5 \times 1/3 + 7.2 \times 1/3 +$

$$2）\times 1.103 = 17.383（万元）$$

2）分项工程 H 主要材料费用增加 $= 205 \times 2/3 \times（65 - 60）\times（1 + 12\%）\times（1 + 7\%）$

$$\times 1.103 = 903.25（元）\approx 0.090（万元）$$

3）分项工程 J 费用增加 $= [27 \times 170 +（60 - 27）\times 170 \times 0.9] \times 1.103 = 10631.82（元）$

$$\approx 1.063（万元）$$

4）人工费增加 $= [120 \times 2/3 + 280 \times 3/4 + 150 \times（1 + 60/180）+ 180 \times 1/3 + 150 \times 1/3] \times$

$$（50 - 45）\times（1 + 12\%）\times（1 + 7\%）\times 1.103$$

$$= 3965.50(元) \approx 0.397(万元)$$

5）应扣工程预付款 $= 11.765 - 5.883 = 5.882$ （万元）

第 4 个月工程价款 $= 17.383 + 0.090 + 1.063 + 0.397 = 18.933$ （万元）

应支付承包商工程款 $= 18.933 \times 90\% - 5.882 = 11.157$ （万元）

问题 3：

解：

（1）第 5 个月工程价款：

1）原合同工程价款 $= (4.8 \times 1/3 + 3.6 \times 1/4 + 7.2 \times 2/3) \times 1.103 = 8.052(万元)$

2）分项工程 H 主要材料费用增加 $= 205 \times 1/3 \times (65 - 60) \times (1 + 12\%) \times (1 + 7\%)$
$$\times 1.103 = 451.63(元) \approx 0.045(万元)$$

3）人工费增加 $= [120 \times 1/3 + 280 \times 1/4 + 150 \times 2/3] \times (50 - 45) \times (1 + 12\%)$
$$\times (1 + 7\%) \times 1.103 = 1387.92(元) \approx 0.139(万元)$$

第 5 个月工程价款 $= 8.052 + 0.045 + 0.139 = 8.236$ （万元）

（2）因工程量增加，而总工期不变，承包商可以获得赶工补偿，

赶工补偿 $= 30 \times 60/180 \times 800 = 8000$ 元 $= 0.800$ （万元）

（3）实际工程总造价 $= 65.110 - 5.7 \times 1.103 + 2.8 \times 1.103 + 0.090 + 1.063 + 0.397$
$$+ 0.045 + 0.139 + 0.800 = 64.445(万元)$$

（4）工程质量保证金 $= 64.445 \times 3\% = 1.933(万元)$

（5）工程结算款 $= 64.445 - 11.765 - (6.929 + 12.687 + 7.330 + 11.157) - 1.933 = 12.644(万元)$

【案例七】

背景：

某工程项目由 A、B、C、D 四个分项工程组成，采用工程量清单招标确定中标人，合同工期 5 个月。承包费用部分数据如表 6-9 所示。

表6-9　　　　　　　　　　　　承包费用部分数据表

分项工程名称	计量单位	数量	综合单价
A	m³	5000	50 元/m³
B	m³	750	400 元/m³
C	t	100	5000 元/t

续表

分项工程名称	计量单位	数量	综合单价
D	m²	1500	350 元/m²
措施项目费用	110000 元		
其中：总价措施项目费用	60000 元		
单价措施项目费用	50000 元		
暂列金额	100000 元		

合同中有关费用支付条款如下：

1. 开工前发包方向承包方支付合同价（扣除措施费和暂列金额）的 15% 作为材料预付款。预付款从工程开工后的第 2 个月开始分 3 个月均摊抵扣。

2. 工程进度款按月结算，发包方按每次承包方应得工程款的 90% 支付。

3. 总价措施项目工程款在开工前和材料预付款同时支付；单价措施项目在开工后第 1 个月末支付。

4. 分项工程累计实际工程量超过（或减少）计划工程量的 15% 时，该分项工程的综合单价调整系数为 0.95（或 1.05）。

5. 承包商报价管理费率取 10%（以人工费、材料费、机械费之和为基数），利润率取 7%（以人工费、材料费、机械费和管理费之和为基数）。

6. 规费综合费率 7.5%（以分部分项工程费、措施项目费、其他项目费之和为基数），税金率 3.35%。

7. 竣工结算时，业主按总造价的 5% 扣留质量保证金。

各月计划和实际完成工程量如表 6-10 所示。

表6-10 各月计划和完成工程量

分项工程名称	月度 / 进度	第1月	第2月	第3月	第4月	第5月
A（m³）	计划	2500	2500			
	实际	2800	2500			
B（m³）	计划		375	375		
	实际		430	450		
C（t）	计划			50	50	
	实际			50	60	
D（m²）	计划				750	750
	实际				750	750

施工过程中，4 月份发生了如下事件：

1. 业主确认某项临时工程计日工 50 工日，综合单价 60 元/工日；所需某种材料 120m²，综合单价 100 元/m²；

2. 由于设计变更，经业主确认的人工费、材料费、机械费共计 30000 元。

问题：

1. 工程合同价为多少元？

2. 材料预付款、开工前业主应拨付的措施项目工程款为多少元？

3. 1~4 月每月业主应拨付的工程进度款各为多少元？

4. 填写第 4 月的"工程款支付申请表"。

5. 5月份办理竣工结算，工程实际总造价和竣工结算款为多少元？

分析要点：

本案例主要考核如下几点内容：

1. 工程合同价的确定

工程合同价款 = ∑ 计价项目费用 × （1 + 规费费率） × （1 + 税金率）

其中：计价项目费用应包括分部分项工程项目费用、措施项目费用和其他项目费用。

分部分项工程项目费用 = ∑ 分部分项工程量 × 综合单价

措施项目费用 = 总价措施项目费用 + 单价措施项目费用

其他项目费用：本例中只含暂列金额。

2. 计算材料预付款、开工前支付措施项目工程款

本例中，材料预付款 = ∑ 分部分项工程项目费用 × （1 + 规费费率） × （1 + 税金率） × 预付比例

按合同规定提前支付的总价措施项目费用也要乘以支付比例 90%。因为提前支付的措施项目费用与工程预付款不同，属于合同价款的组成部分。

3. 承包商各月完成工程进度款的计算

承包商各月完成的工程进度款是指承包商当月完成的全部工程款，包括：分项工程价款、措施项目价款、专业工程款、计日工费用、变更价款、索赔价款、工程价款调整、赶工措施费用。

4. 填写"工程款支付申请表"

（截止到 3 月 31 日）累计已完成的工程价款 = 1 ~ 3 月完成的工程款 + 3 月份之前完成的措施费

（截止到 3 月 31 日）累计已实际支付的工程价款 = 1 ~ 3 月实际支付的工程款 + 实际支付的措施费 + 预付款

5. 实际总造价和竣工结算款的计算

实际总造价 = 合同价 + 合同价调整额

或实际总造价 = ∑承包商各阶段完成的工程款

竣工结算款 = 实际总造价 × (1 - 质保金比例) - 已支付工程款(含预付款)

答案：

问题1：

解：

分部分项工程费用：$5000 × 50 + 750 × 400 + 100 × 5000 + 1500 × 350 = 1575000$（元）

措施项目费：110000 元

暂列金额：100000 元

工程合同价：$(1575000 + 110000 + 100000) × (1 + 7.5\%) × (1 + 3.35\%)$
$= 1983157$(元)

问题2：

解：

材料预付款：$1575000 × (1 + 7.5\%) × (1 + 3.35\%) × 15\% = 262477$(元)

开工前业主应拨付的措施项目工程款：

$60000 × (1 + 7.5\%) × (1 + 3.35\%) × 90\% = 59995$(元)

问题3：

解：

1. 第1个月承包商完成工程款

$(2800 × 50 + 50000) × (1 + 7.5\%) × (1 + 3.35\%) = 211092$(元)

第1月业主应拨付的工程款为：$211092 × 90\% = 189983$（元）

2. 第2个月 A 分项工程累计完成工程量：$2800 + 2500 = 5300$（m^3）

$(5300 - 5000) ÷ 5000 = 6\% < 15\%$

承包商完成工程款

$(2500 × 50 + 430 × 400) × (1 + 7.5\%) × (1 + 3.35\%) = 329971$(元)

第2个月业主应拨付的工程款为：$329971 × 90\% - 262477 ÷ 3 = 209482$（元）

3. 第3个月 B 分项工程累计完成工程量：$430 + 450 = 880$（m^3）

$(880 - 750) ÷ 750 = 17.33\% > 15\%$

超过15%部分的工程量：$880 - 750 × (1 + 15\%) = 17.5$($m^3$)

超过部分的工程量结算综合单价：$400 元/m^3 × 0.95 = 380 元/m^3$

B 分项工程款：$[17.5 × 380 + (450 - 17.5) × 400] × (1 + 7.5\%) × (1 + 3.35\%) =$
199593(元)

C 分项工程款：$50 \times 5000 \times (1 + 7.5\%) \times (1 + 3.35\%) = 277753$（元）

承包商完成工程款：$199593 + 277753 = 477346$（元）

第 3 个月业主应拨付的工程款：$477346 \times 90\% - 262477 \div 3 = 342119$（元）

4. 第 4 个月 C 分项工程累计完成工程量：$50 + 60 = 110$（t），$(110 - 100) \div 100 = 10\%$

承包商完成分项工程款：$(60 \times 5000 + 750 \times 350) \times (1 + 7.5\%) \times (1 + 3.35\%) = 624945$（元）

计日工费用：$(50 \times 60 + 120 \times 100) \times (1 + 7.5\%) \times (1 + 3.35\%) = 16665$（元）

变更款：$30000 \times (1 + 10\%) \times (1 + 7\%) \times (1 + 7.5\%) \times (1 + 3.35\%) = 39230$（元）

第 4 个月承包商完成工程款：$624945 + 16665 + 39230 = 680840$（元）

第 4 个月业主应拨付的工程款为：$680840 \times 90\% - 262477 \div 3 = 525264$（元）

问题 4：

解：

第 4 个月的"工程款支付申请表"，如表 6-11 所示。

表6-11　　　　　　　　　　　工程款支付申请（核准）表

工程名称：×××　　　　标段：×××　　　　编号：×××

致：×××（发包人全称）

我方于4月1日至4月30日期间已完成了分项工程 C（工程量 60t）、分项工程 D（工程量 750m³）等工作，根据施工合同的约定，现申请支付本期的工程价款为（大写）伍拾贰万伍仟贰佰陆拾肆 元，（小写）525264.00 元，请予核准。

序号	名称	金额（元）	备注
1	（截止到 3 月 31 日）累计已完成的工程价款	1085070	
2	（截止到 3 月 31 日）累计已实际支付的工程价款	1064056	包括预付款
3	（4 月 1 日至 30 日）已完成的工程价款	680840	按90%支付
3.1	其中：本月分项工程价款	624945	
3.2	本月措施项目工程价款		
3.3	本月计日工金额	16665	
3.4	本月应增加和扣减的变更金额	39230	
3.5	本月应增加和扣减的索赔金额	0	
3.6	本月应增加或扣减的其他金额		
4	本月应抵扣的预付款	87492	
5	本月应扣减的质保金	0	

（续表）

序　号	名　　　称	金额（元）	备　注
6	本月实际应支付的工程价款	525264	
7	（截止到 4 月 30 日）累计已完成的工程价款	1765910	
8	（截止到 4 月 30 日）累计已实际支付的工程价款	1589320	

承包人（章）

　　　　　　　　　　　　　　　　　　　　承包人代表 × × ×

　　　　　　　　　　　　　　　　　　　　日　　期 × × ×

复核意见： 　□与实际施工情况不相符，修改意见见附件。 　□与实际施工情况相符，具体金额由造价工程师复核。 　　　　　　监理工程师_____ 　　　　　　日　　期_____	复核意见： 　　你方提出的支付申请经复核，本周期已完成工程价款为（大写）_____元，（小写）_____元，本期间应支付金额为（大写）_____元， （小写）_____元。 　　　　　　造价工程师_____ 　　　　　　日　　期_____

审核意见：

　□不同意。

　□同意，支付时间为本表签发后的 15 天内。

　　　　　　　　　　　　　　　　　　　　发包人（章）

　　　　　　　　　　　　　　　　　　　　发包人代表_____

　　　　　　　　　　　　　　　　　　　　日　　期_____

注：1. 在选择栏中的"□"内作标识"√"。

　　2. 本表一式四份，由承包人填报，发包人、监理人、造价咨询人、承包人各存一份。

问题 5：

答：

（1）第 5 个月承包商完成工程款：

$350 \times 750 \times (1 + 7.5\%) \times (1 + 3.35\%) = 291641$（元）

（2）工程实际总造价：

$60000 \times (1 + 7.5\%) \times (1 + 3.35\%) + (211092 + 329971 + 477346 + 680840 + 291641)$

$= 66661 + 1990890 = 2057551$（元）

（3）竣工结算款：

$2057551 \times (1 - 5\%) - (262477 + 59995 + 189983 + 209482 + 342119 + 525264)$

$= 365353$（元）

【案例八】

背景：

某建设单位拟编制某工业生产项目的竣工决算。该建设项目包括 A、B 两个主要生产车间和 C、D、E、F 四个辅助生产车间及若干附属办公、生活建筑物。在建设期内，各单项工程竣工决算数据见表 6-12。工程建设其他投资完成情况如下：支付行政划拨土地的土地征用及迁移费 500 万元，支付土地使用权出让金 700 万元；建设单位管理费 400 万元（其中 300 万元构成固定资产）；地质勘察费 80 万元；建筑工程设计费 260 万元；生产工艺流程系统设计费 120 万元；专利费 70 万元；非专利技术费 30 万元；获得商标权 90 万元；生产职工培训费 50 万元；报废工程损失 20 万元；生产线试运转支出 20 万元，试生产产品销售款 5 万元。

表6-12   **某建设项目竣工决算数据表**   单位：万元

项目名称	建筑工程	安装工程	需安装设备	不需安装设备	生产工器具	
					总 额	达到固定资产标准
A 生产车间	1800	380	1600	300	130	80
B 生产车间	1500	350	1200	240	100	60
辅助生产车间	2000	230	800	160	90	50
附属建筑	700	40		20		
合 计	6000	1000	3600	720	320	190

问题：

1. 什么是建设项目竣工决算？竣工决算包括哪些内容？

2. 编制竣工决算的依据有哪些？

3. 如何进行竣工决算的编制？

4. 试确定 A 生产车间的新增固定资产价值。

5. 试确定该建设项目的固定资产、流动资产、无形资产和其他资产价值。

分析要点：

本案例要求学员对建设项目竣工决算概念、内容、编制依据与步骤有所了解，并掌握建设项目新增资产的分类方法和固定资产、流动资产、无形资产和其他资产的概念及其价值确定方法。

1. 新增固定资产价值包括：

（1）建筑、安装工程造价；

（2）达到固定资产标准的设备和工器具的购置费用；

（3）增加固定资产价值的其他费用：包括：土地征用及土地补偿费、联合试运转费、勘察设计费、可行性研究费、施工机构迁移费、报废工程损失费和建设单位管理费中达到固定资产标准的办公设备、生活家具用具和交通工具等购置费。其中，联合试运转费是指整个车间有负荷或无负荷联合试运转发生的费用支出大于试运转收入的亏损部分。

新增固定资产价值的其他费用应按单项工程以一定比例分摊。分摊时，建设单位管理费由建筑工程、安装工程、需安装设备价值总额按比例分摊；土地征用及土地补偿费、地质勘察和建筑工程设计费等由建筑工程造价按比例分摊；生产工艺流程系统设计费由安装工程造价按比例分摊。

2. 流动资产价值包括：达不到固定资产标准的设备工器具、现金、存货、应收及应付款项等价值。

3. 无形资产价值包括：专利权、非专利技术、著作权、商标权、土地使用权出让金及商誉等价值。

4. 其他资产价值包括：开办费（建设单位管理费中未计入固定资产的其他费用，生产职工培训费）、以租赁方式租入的固定资产改良工程支出等。

答案：

问题1：

答：建设项目竣工决算是由建设单位编制的反映建设项目实际造价和投资效果的文件，是竣工验收报告的重要组成部分。建设项目竣工决算应包括从项目筹划到竣工投产全过程的全部实际费用，即建筑工程费用、安装工程费用、设备工器具购置费用和工程建设其他费用以及预备费等。竣工决算的内容包括竣工财务决算说明书、竣工财务决算报表、工程竣工图和工程造价对比分析四个部分。

问题2：

答：编制竣工决算的主要依据资料：

（1）经批准的可行性研究报告和投资估算书；

（2）经批准的初步设计或扩大初步设计及其概算或修正概算书；

（3）经批准的施工图设计及其施工图预算书；

（4）设计交底或图纸会审会议纪要；

（5）标底（或招标控制价）、承包合同、工程结算资料；

（6）施工记录或施工签证单及其他施工发生的费用记录，如索赔报告与记录等停（交）工报告；

（7）竣工图及各种竣工验收资料；

（8）历年基建资料、财务决算及批复文件；

（9）设备、材料调价文件和调价记录；

（10）经上级指派或委托社会专业中介机构审核各方认可的施工结算书；

（11）有关财务核算制度、办法和其他有关资料、文件等。

问题3：

答：竣工决算的编制应按下列步骤进行：

（1）搜集、整理、分析原始资料；

（2）对照、核实工程及变更情况，核实各单位工程、单项工程造价；

（3）审定各有关投资情况；

（4）编制竣工财务决算说明书；

（5）认真填报竣工财务决算报表；

（6）认真做好工程造价对比分析；

（7）清理、装订好竣工图；

（8）按国家规定上报审批、存档。

问题4：

解：

A 生产车间的新增固定资产价值 $= (1800+380+1600+300+80) + (500+80+260+20+20-5) \times 1800/6000 + 120 \times 380/1000 + 300 \times (1800+380+1600)/(6000+1000+3600) = 4160 + 875 \times 0.3 + 120 \times 0.38 + 300 \times 0.3566 = 4575.08$（万元）

问题5：

解：

（1）固定资产价值 $= (6000+1000+3600+720+190) + (500+300+80+260+120+20+20-5) = 11510 + 1295 = 12805$（万元）

（2）流动资产价值 $= 320 - 190 = 130$（万元）

（3）无形资产价值 $= 700+70+30+90 = 890$（万元）

（4）其他资产价值 $= (400-300) + 50 = 150$（万元）

【案例九】

背景：

某建设单位决定在西部某地建设一项大型特色经济生产基地项目。该项目从某年2月开始实施，到次年底财务核算资料如下：

1. 已经完成部分单项工程，经验收合格后，交付的资产有：

（1）固定资产74739万元。

（2）为生产准备的使用期限在一年以内的随机备件、工具、器具29361万元。期限在1年以上，单件价值2000元以上的工具61万元。

（3）建造期内购置的专利权、非专利技术1700万元。摊销期为5年。

（4）筹建期间发生的开办费79万元。

2. 在建项目支出有：

（1）建筑工程和安装工程15800万元。

（2）设备工器具43800万元。

（3）建设单位管理费，勘察设计费等待摊投资2392万元。

（4）通过出让方式购置的土地使用权形成的其他投资108万元。

3. 非经营项目发生待核销基建支出40万元。

4. 应收生产单位投资借款1500万元。

5. 购置需要安装的器材49万元，其中待处理器材损失15万元。

6. 货币资金480万元。

7. 工程预付款及应收有偿调出器材款20万元。

8. 建设单位自用的固定资产原价60220万元。累计折旧10066万元。

反映在《资金平衡表》上的各类资金来源的期末余额是：

1. 预算拨款48000万元。

2. 自筹资金拨款60508万元。

3. 其他拨款300万元。

4. 建设单位向商业银行借入的借款109287万元。

5. 建设单位当年完成交付生产单位使用的资产价值中，有160万元属利用投资借款形成的待冲基建支出。

6. 应付器材销售商37万元货款和应付工程款1963万元尚未支付。

7. 未交税金28万元。

问题：

1. 计算交付使用资产与在建工程有关数据，并将其填入表6-13中。

表6-13　　　　　　　　　　交付使用资产与在建工程数据表　　　　　　单位：万元

资金项目	金　额	资金项目	金　额
（一）交付使用资产		（二）在建工程	
1. 固定资产		1. 建筑安装工程投资	
2. 流动资产		2. 设备投资	
3. 无形资产		3. 待摊投资	
4. 其他资产		4. 其他投资	

2. 编制大、中型基本建设项目竣工财务决算表，见表6-14。

表6-14　　　　　　　　　大、中型基本建设项目竣工财务决算表　　　　　单位：元

资金来源	金　额	资金占用	金　额
一、基建拨款		一、基本建设支出	
1. 预算拨款		1. 交付使用资产	
2. 基建基金拨款		2. 在建工程	
3. 进口设备转账拨款		3. 待核销基建支出	
4. 器材转账拨款		4. 非经营项目转出投资	
5. 煤代油专用基金拨款		二、应收生产单位投资借款	
6. 自筹资金拨款		三、拨付所属投资借款	
7. 其他拨款		四、器材	
二、项目资本		其中：待处理器材损失	
1. 国家资本		五、货币资金	
2. 法人资本		六、预付及应收款	
3. 个人资本		七、有价证券	
三、项目资本公积		八、固定资产	
四、基建借款		固定资产原价	
五、上级拨入投资借款		减：累计折旧	
六、企业债券资金		固定资产净值	
七、待冲基建支出		固定资产清理	
八、应付款		待处理固定资产损失	
九、未交款			
1. 未交税金			
2. 未交基建收入			
3. 未交基建包干结余			
4. 其他未交款			
十、上级拨入资金			
十一、留成收入			
合　　计		合　　计	

3. 计算基建结余资金。

分析要点：

《大、中型建设项目竣工财务决算表》是反映建设单位所有建设项目在某一特定日期的投资来源及其分布状态的财会信息资料。它是通过对建设项目中形成的大量数据进行整理后编制而成。通过编制该表，可以为考核和分析投资效果提供依据。

基本建设竣工决算，是指建设项目或单项工程竣工后，建设单位向国家主管部门汇报建设成果和财务状况的总结性文件。由竣工决算报表、竣工财务决算说明书、工程竣工图和工程造价对比分析等四个部分组成。《大、中型建设项目竣工财务决算表》是竣工决算报表体系中的一份报表。

填写《资金平衡表》中的有关数据，是为了使学员了解建设期的在建工程的核算主要在"建筑安装工程投资"、"设备投资"、"待摊投资"、"其他投资"四个会计科目中反映。当年已经完工，交付生产使用资产的核算主要在"交付使用资产"科目中反映，并分成固定资产、流动资产、无形资产及其他资产等明细科目反映。

通过编制《大、中型建设项目竣工财务决算表》，熟悉该表的整体结构及各组成部分的内容、编制依据和步骤。

通过计算基建结余资金，了解如何利用报表资料为管理服务。

答案：

问题1：

解：资金平衡表有关数据的填写见表6-15。

其中：固定资产 = 74739 + 61 = 74800（万元）。无形资产摊销期五年为干扰项，在建设期仅反映实际成本。

表6-15　　　　　　　　　　交付使用资产与在建工程数据表　　　　　　　　单位：万元

资金项目	金　额	资金项目	金　额
（一）交付使用资产	105940	（二）在建工程	62100
1. 固定资产	74800	1. 建筑安装工程投资	15800
2. 流动资产	29361	2. 设备投资	43800
3. 无形资产	1700	3. 待摊投资	2392
4. 其他资产	79	4. 其他投资	108

问题2：

解：《大、中型基本建设项目竣工财务决算表》，见表6-16。

表6-16　　　　　　　　　　大、中型基本建设项目竣工财务决算表　　　　　　　单位：元

资金来源	金　额	资金占用	金　额
一、基建拨款	1088080000	一、基本建设支出	1680800000
1. 预算拨款	480000000	1. 交付使用资产	1059400000
2. 基建基金拨款		2. 在建工程	621000000
3. 进口设备转账拨款		3. 待核销基建支出	400000
4. 器材转账拨款		4. 非经营项目转出投资	
5. 煤代油专用基金拨款		二、应收生产单位投资借款	15000000
6. 自筹资金拨款	605080000	三、拨付所属投资借款	
7. 其他拨款	3000000	四、器材	490000
二、项目资本		其中：待处理器材损失	150000
1. 国家资本		五、货币资金	4800000
2. 法人资本		六、预付及应收款	200000
3. 个人资本		七、有价证券	
三、项目资本公积		八、固定资产	501540000
四、基建借款	1092870000	固定资产原价	602200000
五、上级拨入投资借款		减：累计折旧	100660000
六、企业债券资金		固定资产净值	501540000
七、待冲基建支出	1600000	固定资产清理	
八、应付款	20000000	待处理固定资产损失	
九、未交款	280000		
1. 未交税金	280000		
2. 未交基建收入			
3. 未交基建包干结余			
4. 其他未交款			
十、上级拨入资金			
十一、留成收入			
合　　计	2202830000	合　　计	2202830000

表中部分数据计算：

（1）固定资产 = 固定资产原价 - 累计折旧 + 固定资产清理 + 待处理固定资产损失

$$= 60220 - 10066 = 50154（万元）$$

（2）应付款 = 37 + 1963 = 2000（万元）

（3）资金来源 = 资金占用

问题 3：

解：基建结余资金 = 基建拨款 + 项目资本 + 项目资本公积金 + 基建借款 + 企业债券

资金 + 待冲基建支出 - 基本建设支出 - 应收生产单位投资借款

$$= 108808 + 109287 + 160 - 168080 - 1500 = 48675（万元）$$

【案例十】

背景：

有一个单机容量为 30 万 kW 的火力发电厂工程项目。建设单位与施工单位签订了单价合同。在施工过程中，施工单位向建设单位派驻的工程师提出下列费用应由建设单位支付：

1. 职工教育经费：因该工程项目的电机等是采用国外进口的设备，在安装前，需要对安装操作的人员进行培训，培训经费为 2 万元。

2. 研究试验费：本工程项目要对铁路专用线的一座跨公路预应力拱桥的模型进行破坏性试验，需费用 9 万元；改进混凝土泵送工艺试验费 3 万元，合计 12 万元。

3. 临时设施费：为该工程项目的施工搭建的民工临时用房 15 间；为建设单位搭建的临时办公室 4 间，分别为 3 万元和 1 万元，合计 4 万元。

4. 施工机械迁移费：施工吊装机械从另一工地调入本工地的费用为 1.5 万元。

5. 施工降效费：

（1）根据施工组织设计，部分项目安排在雨季施工，由于采取防雨措施，增加费用 2 万元。

（2）由于建设单位委托的另一家施工单位进行场区道路施工，影响了本施工单位正常的混凝土浇筑运输作业，建设单位的常驻工地代表已审批了原计划和降效增加的工日及机械台班的数量，资料如下：

受影响部分的工程原计划用工 2300 工日，计划支出 40 元/工日，原计划机械台班 360 台班，综合台班单价为 180 元/台班，受施工干扰后完成该部分工程实际用工 2900 工日，实际支出 45 元/工日，实际用机械台班 410 台班，实际支出 200 元/台班。

问题：

1. 试分析以上各项费用建设单位是否应支付？为什么？

2. 第 5 条（2）中提出的降效支付要求，人工费和机械使用费各应补偿多少？

3. 建设单位派驻的工程师绘制的该工程的三种投资曲线如图 6-1 所示。

试根据图 6-1 分析：

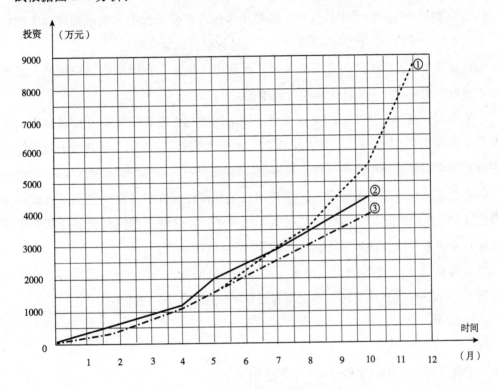

图6-1 投资曲线图

注：①拟完工程计划投资；②已完工程实际投资；③已完工程计划投资

（1）合同执行到第 5 个月底时的进度偏差和投资偏差。

（2）合同执行到第 10 个月底时的进度偏差和投资偏差。

分析要点：

本案例主要考核现行建筑安装工程费用构成，各项费用包括的具体内容；索赔条件、索赔内容和索赔计算；资金使用计划；投资偏差和进度偏差等。

答案：

问题1：

答：

（1）职工教育经费不应支付，该费用已包含在合同价中〔或该费用已计入建筑安装工程费用中的间接费（或企业管理费）〕。

（2）模型破坏性试验费用应支付，该费用未包含在合同价中〔或该费用属于建设单位应支付的研究试验费（或该费用不属于一般性的材料试验费用）〕。

混凝土泵送工艺改进试验费不应支付，该费用已包含在合同价中（或该费用属于施工单位技改支出费用，应由施工单位自己承担）。

（3）为民工搭建的用房费用不应支付，该费用已包含在合同价中（或该费用已计入建筑安装工程费中的措施费）。为建设单位搭建的用房费用应支付，该费用未包含在合同价中（或该费用属建设单位应支付的临建费）。

（4）施工机械迁移费不应支付，该费用已包含在合同价中（常规性施工机械设备迁移费用应包括在建筑安装工程费中的机械使用费中，特殊性大型机械设备迁移费用应包括在建筑安装工程费中的措施费中，并在招标投标阶段确定）。

（5）降效费（1）不应支付，属施工单位责任（或该费用已计入建筑安装工程费中的措施费）；降效费（2）应支付，该费用属建设单位应给予补偿的费用。

问题2：

解：

人工费补偿：$(2900-2300) \times 40 = 24000$（元）

机械台班费补偿：$(410-360) \times 180 = 9000$（元）

问题3：

解：

（1）合同执行到第5个月底时，进度无偏差（或进度偏差为零），投资偏差为：

超500万元（$1500-2000 = -500$万元）。

（2）合同执行到第10个月底时进度偏差为：

进度偏差 = 已完工程计划时间 - 已完工程实际时间

　　　　　$= 8.5 - 10 = -1.5$（月）

或　　　= 已完工程计划投资 - 拟完工程计划投资

　　　　　$= 4000 - 5500 = -1500$（万元）

即工期落后1.5个月（或1500万元）；

投资偏差 = 已完工程计划投资 - 已完工程实际投资

$$= 4000 - 4500 = -500 \text{（万元）}$$

即投资超 500 万元。

【案例十一】

背景：

某工程计划进度与实际进度如表 6-17 所示。表中粗实线表示计划进度（进度线上方的数据为每周计划投资），粗虚线表示实际进度（进度线上方的数据为每周实际投资），假定各分项工程每周计划进度与实际进度均为匀速进度，而且各分项工程实际完成总工程量与计划完成总工程量相等。

表6-17　　　　　　　　　　　某工程计划进度与实际进度表　　　　　　资金单位：万元

分　项　工　程	进度计划（周）											
	1	2	3	4	5	6	7	8	9	10	11	12
A（计划）	5	5	5									
A（实际）	5	5	5									
B（计划）		4	4	4	4	4						
B（实际）		4	4	4	3	3						
C（计划）				9	9	9	9					
C（实际）					9	8	7	7				
D（计划）						5	5	5	5			
D（实际）							4	4	4	5	5	
E（计划）								3	3	3		
E（实际）										3	3	3

问题：

1. 计算每周投资数据，并将结果填入表 6-18。

表6-18　　　　　　　　　　　　投资数据表　　　　　　　　　资金单位：万元

项　　目	投资数据											
	1	2	3	4	5	6	7	8	9	10	11	12
每周拟完工程计划投资												
拟完工程计划投资累计												
每周已完工程实际投资												
已完工程实际投资累计												
每周已完工程计划投资												
已完工程计划投资累计												

2. 试在图 6-2 绘制该工程三种投资曲线，即：①拟完工程计划投资曲线；②已完工程实际投资曲线；③已完工程计划投资曲线。

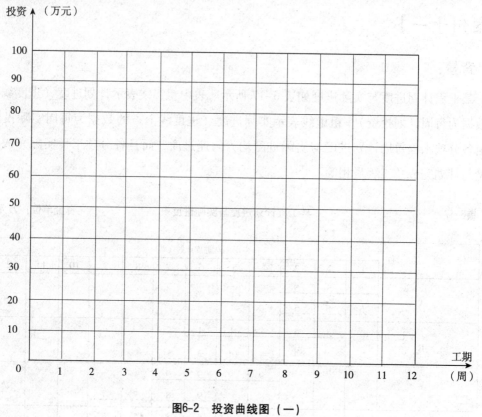

图6-2　投资曲线图（一）

3. 分析第 6 周末和第 10 周末的投资偏差和进度偏差。

分析要点：

该案例主要考核三条投资曲线（即拟完工程计划投资曲线、已完工程实际投资曲线、已完工程计划投资曲线）的概念，三种投资数据统计方法，投资曲线绘制方法，以及投资偏差、进度偏差的分析方法。

答案：

问题 1：

解：计算数据见表 6-19。

表6-19　　　　　　　　　　　　　投资数据表

项　目	投资数据											
	1	2	3	4	5	6	7	8	9	10	11	12
每周拟完工程计划投资	5	9	9	13	13	18	14	8	8	3		
拟完工程计划投资累计	5	14	23	36	49	67	81	89	97	100		
每周已完工程实际投资	5	5	9	4	4	12	15	11	11	8	8	3
已完工程实际投资累计	5	10	19	23	27	39	54	65	76	84	92	95
每周已完工程计划投资	5	5	9	4	4	13	17	13	13	7	7	3
已完工程计划投资累计	5	10	19	23	27	40	57	70	83	90	97	100

问题2：

解：根据表中数据绘出投资曲线图如图6-3所示，图中：①拟完工程计划投资曲线；②已完工程实际投资曲线；③已完工程计划投资曲线。

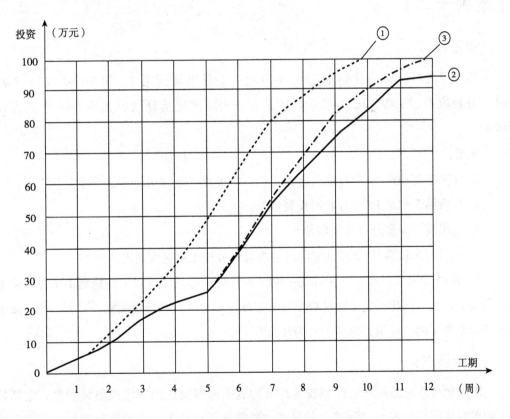

图6-3　投资曲线图（二）

问题3：

解：

（1）第6周末投资偏差与进度偏差：

投资偏差 = 已完工程计划投资 − 已完工程实际投资

$$= 40 - 39 = 1 \text{（万元）}, \text{即：投资节约 1 万元。}$$

进度偏差 = 已完工程计划时间 − 已完工程实际时间

$$= \left(4 + \frac{40 - 36}{49 - 36}\right) - 6 = -1.69 \text{（周）}, \text{即：进度拖后 1.69 周。}$$

或：进度偏差 = 已完工程计划投资 − 拟完工程计划投资

$$= 40 - 67 = -27 \text{（万元）}, \text{即：进度拖后 27 万元。}$$

（2）第 10 周末投资偏差与进度偏差：

投资偏差 = 90 − 84 = 6（万元），即：投资节约 6 万元。

$$进度偏差 = \left(8 + \frac{90 - 89}{97 - 89}\right) - 10 = -1.88 \text{ 周}, \text{即：进度拖后 1.88 周。}$$

或：进度偏差 = 90 − 100 = −10（万元），即：进度拖后 10 万元。

【案例十二】

背景：

某工程的时标网络计划如图 6-4 所示。工程进展到第 5、第 10 和第 15 个月底时，分别检查了工程进度，相应绘制了三条实际进度前锋线，如图 6-4 中的点划线所示。

问题：

1. 计算第 5 和第 10 个月底的已完工程计划投资（累计值）各为多少？

2. 分析第 5 和第 10 个月底的投资偏差。

3. 试用投资概念分析进度偏差。

4. 根据第 5 和第 10 个月底实际进度前锋线分析工程进度情况。

5. 第 15 个月底检查时，工作⑦→⑨因为特殊恶劣天气造成工期拖延 1 个月，施工单位损失 3 万元。因此，施工单位提出要求工期延长 1 个月和费用索赔 3 万元。问：造价工程师应批准工期、费用索赔多少？为什么？

分析要点：

本案例要求对工程网络计划技术部分的有关内容要达到一定的熟练程度，尤其是对工程的时标网络计划和实际进度前锋线，要能够灵活运用；并掌握投资偏差、进度偏差的基本概念和计算方法，掌握工程索赔的条件、索赔内容及相应的计算方法。

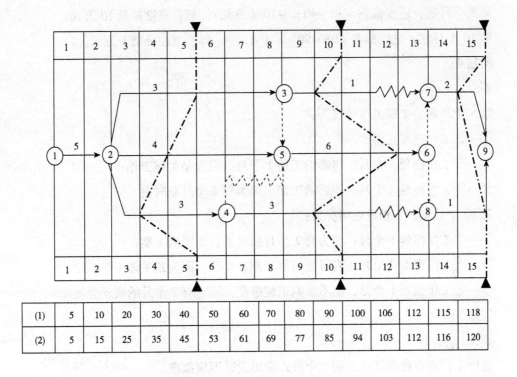

图6-4 某工程时标网络计划（单位：月）和投资数据（单位：万元）

(1)	5	10	20	30	40	50	60	70	80	90	100	106	112	115	118
(2)	5	15	25	35	45	53	61	69	77	85	94	103	112	116	120

注：1. 图中每根箭线上方数值为该项工作每月计划投资；

2. 图下方格内（1）栏数值为该工程计划投资累计值，

（2）栏数值为该工程已完工程实际投资累计值。

答案：

问题1：

答：

第5个月底，已完工程计划投资：20 + 6 + 4 = 30（万元）

第10个月底，已完工程计划投资：80 + 6 × 3 = 98（万元）

问题2：

答：

第5个月底的投资偏差 = 已完工程计划投资 − 已完工程实际投资

= 30 − 45 = − 15（万元），即：投资增加15万元。

第10个月底，投资偏差 = 98 − 85 = 13（万元），即：投资节约13万元。

问题3：

答：根据投资概念分析进度偏差为：

进度偏差 = 已完工程计划投资 − 拟完工程计划投资

第 5 个月底，进度偏差 = 30 – 40 = – 10（万元），即：进度拖延 10 万元；

第 10 个月底，进度偏差 = 98 – 90 = 8（万元），即：进度提前 8 万元。

问题 4：

答：

第 5 个月底，工程进度情况为：

②→③工作进度正常；

②→⑤工作拖延 1 个月，将影响工期 1 个月，因为是关键工作；

②→④工作拖延 2 个月，不影响工期，因为有 2 个月总时差。

第 10 个月底，工程进度情况为：

③→⑦工作拖延 1 个月，因为有 2 个月总时差，不影响工期；

⑤→⑥工作提前 2 个月，有可能缩短工期 2 个月，因为是关键工作；

④→⑧工作拖延 1 个月，但不影响工程进度，因它有 2 个月的机动时间。

问题 5：

答：

造价工程师应批准延长工期 1 个月；费用索赔不应批准。

因为，特殊恶劣的气候条件应按不可抗力处理，造成的工期拖延，可以要求顺延；但不能要求赔偿经济损失。

【案例十三】

背景：

某工程项目包括 A、B、C、D、E、F6 项分项工程。该工程采用单价合同，工期为 8 个月。工期每提前 1 个月奖励 1.5 万元，每拖后 1 个月罚款 2 万元。项目经理部编制的时标网络进度计划如表 6-20 所示，各分项工程的总工程量和计划单价、计划作业起止时间见表 6-21 中（1）、（2）、（3）栏所示。该计划在开工前已得到甲方代表的批准。

各分项工程实际作业起止时间如表 6-21 中（4）栏所示。

表6-20　　　　　　　　　　　某施工项目进度计划表　　　　　　　单位：月

表6-21 各分项工程计划和实际工程量、价格、作业时间表

序号	分项工程	A	B	C	D	E	F
(1)	总工程量（m³）	600	680	800	1200	760	400
(2)	计划单价（元/m³）	1200	1000	1000	1100	1200	1000
(3)	计划作业起止时间（月）	1~3	1~2	4~5	3~6	3~4	7~8
(4)	实际作业起止时间（月）	1~3	1~2	5~6	3~6	3~5	7~10

问题：

1. 假定各分项工程的计划进度和实际进度都是匀速的，施工期间 1~10 月各月结算价格调价系数依次为：1.00、1.00、1.05、1.05、1.05、1.08、1.10、1.10、1.05、1.05。试计算各分项工程的每月拟完工程计划投资、已完工程实际投资、已完工程计划投资，并将结果填入表6-22中。

表6-22 各分项工程每月投资数据表

分项工程	数据名称	每月投资数据（单位：万元）									
		1	2	3	4	5	6	7	8	9	10
A	拟完工程计划投资										
	已完工程实际投资										
	已完工程计划投资										
B	拟完工程计划投资										
	已完工程实际投资										
	已完工程计划投资										
C	拟完工程计划投资										
	已完工程实际投资										
	已完工程计划投资										
D	拟完工程计划投资										
	已完工程实际投资										
	已完工程计划投资										
E	拟完工程计划投资										
	已完工程实际投资										
	已完工程计划投资										
F	拟完工程计划投资										
	已完工程实际投资										
	已完工程计划投资										

2. 计算该工程项目每月投资数据，并将结果填入表6–23。

表6-23　　　　　　　　　　　　工程项目每月投资数据表　　　　　　　　　单位：万元

数据名称	数据									
	1	2	3	4	5	6	7	8	9	10
每月拟完工程计划投资										
拟完工程计划投资累计										
每月已完工程实际投资										
已完工程实际投资累计										
每月已完工程计划投资										
已完工程计划投资累计										

3. 试计算该工程进行到第8个月底的投资偏差和进度偏差。

分析要点：

此案例是利用时标网络计划编制投资计划和进行投资偏差、进度偏差分析的案例。首先要求熟悉时标网络计划的有关知识，然后根据时标网络进度计划和匀速施工的假定条件进行投资分解，确定各单位时间内各分项工程的投资数据、整个工程项目的投资数据，进而进行投资偏差、进度偏差分析。此案例的难点在于确定各分项工程每月拟完工程计划投资、已完工程实际投资和已完工程计划投资，其计算公式如下：

拟完工程计划投资 = 计划工程量 × 计划单价

已完工程实际投资 = 实际工程量 × 实际单价 = 实际工程量 ×（计划单价 × 调价系数）

式中：调价系数应理解为施工期间1～10月各月结算价格指数与计划价格指数的比值（或各月结算价格与计划价格的比值）。

已完工程计划投资 = 实际工程量 × 计划单价

投资偏差 = 已完工程计划投资 − 已完工程实际投资

进度偏差 = 已完工程计划投资 − 拟完工程计划投资

需要指出的是：该种理论主要适用于正在进行中的工程项目投资偏差与进度偏差分析。目前相关文献对在分项工程总工程量有变化的情况下，如何计算各分项工程的已完工程计划投资阐述不一致。为了回避该类问题，本案例遵从了各分项工程总工程量不变的前提。

最后需要说明的是，计算分项工程每月已完工程实际投资时，不应考虑工期奖罚金额；计算整个工程项目已完工程实际投资时，应在实际工期的最后一个月考虑工期奖罚金额。

答案：

问题1：

解：计算各分项工程每月投资数据：

计算过程略，结果见表6-24中。

问题2：

解：根据表6-24统计整个工程项目每月投资数据，见表6-25。

表6-24　　　　　　　**各分项工程每月投资数据表**

分项工程	数据名称	每月投资数据（单位：万元）									
		1	2	3	4	5	6	7	8	9	10
A	拟完工程计划投资	24	24	24							
	已完工程实际投资	24	24	25.2							
	已完工程计划投资	24	24	24							
B	拟完工程计划投资	34	34								
	已完工程实际投资	34	34								
	已完工程计划投资	34	34								
C	拟完工程计划投资				40	40					
	已完工程实际投资					42	43.2				
	已完工程计划投资					40	40				
D	拟完工程计划投资			33	33	33	33				
	已完工程实际投资			34.65	34.65	34.65	35.64				
	已完工程计划投资			33	33	33	33				
E	拟完工程计划投资			45.6	45.6						
	已完工程实际投资			31.92	31.92	31.92					
	已完工程计划投资			30.4	30.4	30.4					
F	拟完工程计划投资							20	20		
	已完工程实际投资							11	11	10.5	10.5
	已完工程计划投资							10	10	10	10

表6-25　　　　　　　　　　　工程项目每月投资数据表　　　　　　　单位：万元

数据名称	投资数据									
	1	2	3	4	5	6	7	8	9	10
每月拟完工程计划投资	58	58	102.6	118.6	73	33	20	20		
拟完工程计划投资累计	58	116	218.6	337.2	410.2	443.2	463.2	483.2		
每月已完工程实际投资	58	58	91.77	66.57	108.57	78.84	11	11	10.5	6.5
已完工程实际投资累计	58	116	207.77	274.34	382.91	461.75	472.75	483.75	494.25	500.75
每月已完工程计划投资	58	58	87.4	63.4	103.4	73	10	10	10	10
已完工程计划投资累计	58	116	203.4	266.8	370.2	443.2	453.2	463.2	473.2	483.2

注：第10个月已完工程实际投资中扣减了工期拖延罚款4万元。

问题3：

解：

（1）第8个月底投资偏差：

投资偏差＝已完工程计划投资－已完工程实际投资

　　　　　＝463.2－483.75＝－20.55（万元），即投资增加20.55万元。

（2）第8个月底进度偏差：

进度偏差＝已完工程计划时间－已完工程实际时间

　　　　　＝7－8＝－1（月），即进度拖后1个月。

或：进度偏差＝已完工程计划投资－拟完工程计划投资

　　　　　＝463.2－483.2＝－20（万元）即进度拖后20万元。